# AutoCAD 2020 完全实训手册

张云杰　编著

清华大学出版社
北　京

## 内 容 简 介

AutoCAD作为一款优秀的CAD图形设计软件，应用之广泛已经远远高于其他的软件。本书讲解最新版本AutoCAD 2020中文版的设计方法和案例，主要针对当前非常热门的AutoCAD辅助设计技术，以详尽的视频教学讲解AutoCAD 2020中文版大量设计范例。全书共分11章，通过机械设计、建筑设计和电气设计三个领域的300个范例，并配以视频教学，从实用的角度介绍了AutoCAD 2020中文版的设计方法。另外，本书还配备了包括大量模型图库、范例教学视频和网络资源介绍的海量教学资源。

本书内容丰富、通俗易懂、语言规范、实用性强，使读者能够快速、准确地掌握AutoCAD 2020中文版的绘图方法与技巧，特别适合中、高级用户学习，是广大读者快速掌握AutoCAD 2020中文版的实用指导书和工具手册，也可作为大专院校计算机辅助设计课程的指导教材。

**图书在版编目(CIP)数据**

AutoCAD 2020 完全实训手册 / 张云杰编著 . —北京：清华大学出版社，2020.12
ISBN 978-7-302-56892-6

Ⅰ .① A… Ⅱ .①张… Ⅲ .① AutoCAD 软件－手册 Ⅳ .① TP391.72-62

中国版本图书馆 CIP 数据核字 (2020) 第 226845 号

责任编辑：张彦青
封面设计：李 坤
责任校对：王明明
责任印制：吴佳雯

出版发行：清华大学出版社
　　　　　网　　　址：http://www.tup.com.cn，http://www.wqbook.com
　　　　　地　　　址：北京清华大学学研大厦 A 座　　　　　邮　　编：100084
　　　　　社 总 机：010-62770175　　　　　　　　　　　　邮　　购：010-62786544
　　　　　投稿与读者服务：010-62776969，c-service@tup.tsinghua.edu.cn
　　　　　质 量 反 馈：010-62772015，zhiliang@tup.tsinghua.edu.cn
印 装 者：北京国马印刷厂
经　　销：全国新华书店
开　　本：190mm×260mm　　　　印　　张：15.25　　　　字　　数：368 千字
版　　次：2020 年 12 月第 1 版　　　印　　次：2020 年 12 月第 1 次印刷
定　　价：58.00 元

产品编号：086815-01

前言 Preface

　　AutoCAD的英文全称是Auto Computer Aided Design（计算机辅助设计），它是美国Autodesk公司开发的用于计算机辅助绘图和设计的软件，自问世以来，已从简单的二维绘图软件发展成为一个庞大的计算机辅助设计系统，具有易于掌握、使用方便和体系结构开放等优点，深受广大工程技术人员的欢迎。如今，AutoCAD已广泛应用于机械、建筑、电子、航天、造船、石油化工、土木工程、冶金、地质、气象、纺织、轻工和商业等领域。AutoCAD 2020是Autodesk公司推出的最新版本，代表了当今CAD软件的最新潮流和未来发展趋势。

　　为了使读者能更好地学习，同时尽快熟悉AutoCAD 2020中文版的设计功能，云杰漫步科技CAX教研室根据多年在该领域的设计和教学经验精心编写了本书。本书针对目前非常热门的AutoCAD辅助设计技术，以详尽的视频教学讲解AutoCAD 2020中文版大量设计范例。

　　云杰漫步科技CAX设计教研室长期从事AutoCAD的专业设计和教学，数年来承接了大量的项目，参与AutoCAD的教学和培训工作，积累了丰富的实践经验。本书就像一位专业设计师，将设计项目时的思路、方法和技巧、操作步骤面对面地与读者共享。

　　本书由云杰漫步科技CAX设计教研室张云杰编著，其他参与编写工作的人员有尚蕾、靳翔、张云静、郝利剑等。书中的范例均由云杰漫步多媒体科技公司CAX设计教研室设计制作，多媒体光盘的制作由云杰漫步多媒体科技公司提供技术支持，同时要感谢清华大学出版社的编辑大力协助。

　　由于本书编写人员的水平有限，因此在编写过程中难免有不足之处，在此，编写人员对广大用户表示歉意，望广大用户不吝赐教，对书中的不足之处给予指正。

编　者

案例源文件

目录 Contents

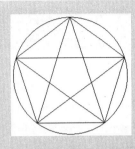
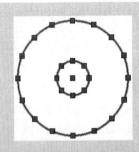

# 第1章 二维基本图形绘制

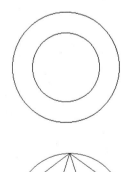
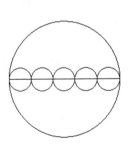
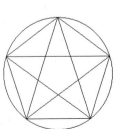
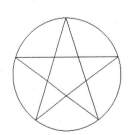

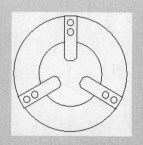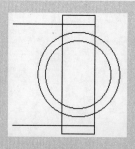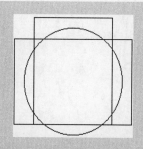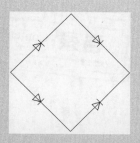

# 第2章　二维图形编辑

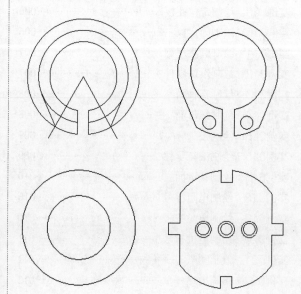

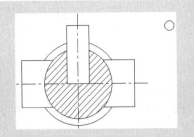
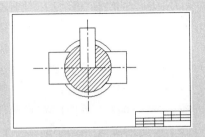
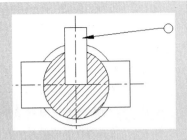

# 第3章　尺寸和文字标注

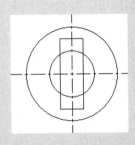
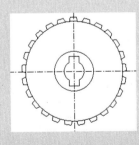
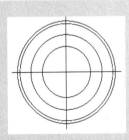

# 第4章　零件轮廓图和视图绘制

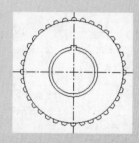 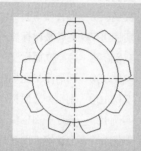 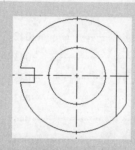 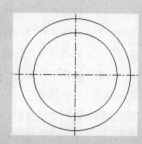

# 第5章　机械常用件与标准件绘制

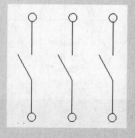   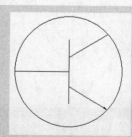

# 第6章　绘制电气元件和电路图

 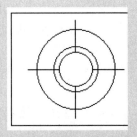  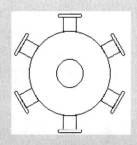

# 第7章 建筑工程图设计

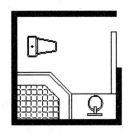 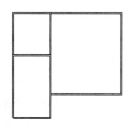

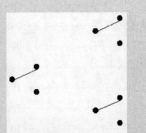
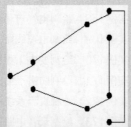

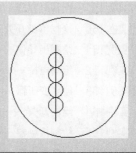

# 第8章 电气电路工程图设计

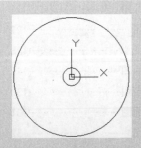
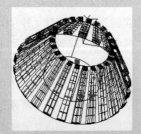

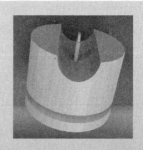

# 第9章 创建机械三维零件模型

   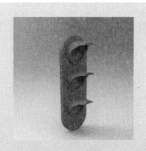

# 第10章　绘制三维电气元件

# 第11章　绘制建筑和室内三维模型

第 1 章　二维基本图形绘制

## 绘制变形体

**01** 单击【默认】选项卡【绘图】组中的【圆】按钮 ⊙，绘制半径分别为10和16的同心圆，如图1-1所示。

**02** 单击【默认】选项卡【绘图】组中的【直线】按钮 ∕，绘制45°斜线，如图1-2所示。

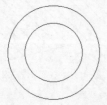 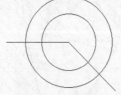

图1-1　绘制同心圆　　　图1-2　绘制斜线

**03** 单击【默认】选项卡【修改】组中的【修剪】按钮，修剪图形，如图1-3所示。

**04** 单击【默认】选项卡【修改】组中的【镜像】按钮 ⚹，镜像图形，如图1-4所示。

图1-3　修剪图形　　　图1-4　镜像圆弧

◉提示 •◦

镜像时需选择水平直线为镜像轴。

**05** 单击【默认】选项卡【修改】组中的【移动】按钮 ✛，移动图形，如图1-5所示。

**06** 单击【默认】选项卡【修改】组中的【旋转】按钮 ↻，旋转图形，如图1-6所示。

图1-5　移动圆弧　　　图1-6　旋转圆弧

**07** 使用【直线】工具绘制圆弧末端连接直线，然后修剪图形，删除多余直线，得到变形体结果，如图1-7所示。

图1-7　变形体结果

## 绘制三角形

**01** 单击【默认】选项卡【绘图】组中的【多边形】按钮 ⬠，绘制三角形，设置内接圆半径为10，如图1-8所示。

**02** 单击【默认】选项卡【绘图】组中的【定数等分】按钮，等分直线，如图1-9所示。

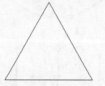 

图1-8　绘制内接三角形　　　图1-9　等分线段

**03** 再次使用【定数等分】工具，等分其余直线，如图1-10所示。

**04** 单击【默认】选项卡【绘图】组中的【直线】按钮 ∕，绘制直线图形，如图1-11所示。

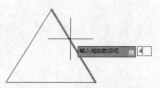
输入线段数目或 ▮ 4
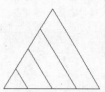

图1-10　等分其余线段　　　图1-11　绘制直线

◉提示 •◦

绘制直线时需选择上一步等分直线后的端点。

**05** 按照上面同样的方法，再次使用【直线】工具绘制其余内部直线，得到最终结果，如图1-12所示。

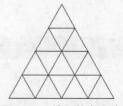

图1-12　绘制其余直线

## 绘制小熊

**01** 单击【默认】选项卡【绘图】组中的【圆】

按钮，绘制半径为10的圆，然后在圆的内部下方绘制半径为4的圆，如图1-13所示。

**02** 运用【圆】工具，绘制两个半径为2的小圆眼睛，如图1-14所示。

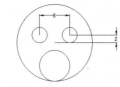

图1-13　绘制圆　　　　图1-14　绘制两个小圆

**03** 接着绘制半径为2的圆形作为小熊鼻子，再绘制半径为5的圆形得到小熊的耳朵，如图1-15所示。

**04** 绘制半径为16的大圆作为小熊的身体，如图1-16所示。

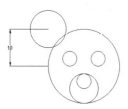
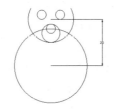

图1-15　绘制圆形　　　　图1-16　绘制大圆

**05** 单击【默认】选项卡【修改】组中的【修剪】按钮，修剪图形，如图1-17所示。

**06** 单击【默认】选项卡【修改】组中的【镜像】按钮，镜像耳朵，完成小熊轮廓绘制，如图1-18所示。

图1-17　修剪图形　　　　图1-18　镜像图形

**07** 单击【默认】选项卡【绘图】组中的【图案填充】按钮，分别填充小熊耳朵，鼻子以及身体部分，得到小熊的最终效果如图1-19所示。

图1-19　填充图形

---

**实例 004** ⊙案例源文件：ywj /01/004.dwg

# 绘制五角星

**01** 单击【默认】选项卡【绘图】组中的【多边形】按钮，绘制五边形，如图1-20所示。

**02** 单击【默认】选项卡【绘图】组中的【圆】按钮，绘制外接五边形的圆，如图1-21所示。

图1-20　绘制五边形　　图1-21　绘制圆

**03** 单击【默认】选项卡【绘图】组中的【直线】按钮，绘制连接五边形各顶点的直线，如图1-22所示。

**04** 删除五边形，得到五角星的最终图形，如图1-23所示。

图1-22　绘制直线　　　图1-23　修剪图形

---

**实例 005** ⊙案例源文件：ywj /01/005.dwg

# 绘制圆的公切线

**01** 单击【默认】选项卡【绘图】组中的【圆】按钮，分别绘制半径分别为10和5的圆，如图1-24所示。

**02** 在信息栏中，设置捕捉对象，方法如图1-25所示。

图1-24　绘制两个圆　　图1-25　设置捕捉对象

**03** 单击【默认】选项卡【绘图】组中的【直线】按钮 ✐，绘制大圆的切线，如图1-26所示。

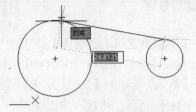

图1-26 绘制大圆的切线

**04** 同样绘制小圆的切线，如图1-27所示。

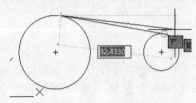

图1-27 绘制小圆的切线

**05** 单击【默认】选项卡【修改】组中的【删除】按钮 ✐，删除切线，如图1-28所示。

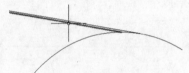

图1-28 删除切线

**06** 再次绘制大圆切线，如图1-29所示。

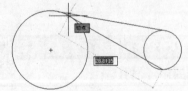

图1-29 再次绘制大圆的切线

**07** 再次绘制小圆的切线，如图1-30所示。

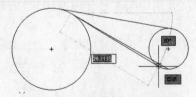

图1-30 再次绘制小圆的切线

**08** 删除切线，得到圆的公切线，如图1-31所示。

图1-31 完成公切线绘制

---

**实例 006**　⊙ 案例源文件：ywj /01/006.dwg

## 绘制雨伞

**01** 单击【默认】选项卡【绘图】组中的【圆】按钮 ⊙，绘制半径为10的圆，然后单击【默认】选项卡【绘图】组中的【直线】按钮 ✐，绘制圆的中心等分直线，如图1-32所示。

**02** 再次绘制半径为2的同心圆，如图1-33所示。

图1-32 绘制圆和直线　　图1-33 绘制同心圆

**03** 单击【默认】选项卡【修改】组中的【复制】按钮 ❀，沿中心直线复制小的同心圆，如图1-34所示。

**04** 单击【默认】选项卡【修改】组中的【修剪】按钮 ✂，修剪圆，并删除中心直线，结果如图1-35所示。

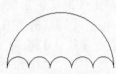

图1-34 复制圆　　　图1-35 修剪圆

**05** 单击【默认】选项卡【绘图】组中的【多段线】按钮 ⌐，绘制多段线，如图1-36所示。

**06** 修剪多段线图形，得到伞的图形，如图1-37所示。

图1-36 绘制多段线　　图1-37 伞的最终结果

---

**实例 007**　⊙ 案例源文件：ywj /01/007.dwg

## 绘制轴

**01** 单击【默认】选项卡【图层】组中的【图层特性】按钮 ⧉，创建中心线图层，如图1-38

所示。

图1-38 创建中心线图层

**02** 单击【默认】选项卡【绘图】组中的【直线】按钮 ✐，绘制长为20的中心线，如图1-39所示。

图1-39 绘制中心线

**03** 单击【默认】选项卡【绘图】组中的【矩形】按钮 ▭，绘制3×2的矩形，如图1-40所示。

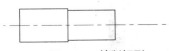

图1-40 绘制矩形

**04** 单击【默认】选项卡【绘图】组中的【矩形】按钮 ▭，绘制2×1.8的矩形，如图1-41所示。

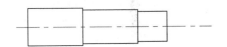

图1-41 绘制矩形

**05** 单击【默认】选项卡【绘图】组中的【矩形】按钮 ▭，绘制1.6×1.6的矩形，如图1-42所示。

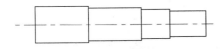

图1-42 绘制矩形

**06** 单击【默认】选项卡【绘图】组中的【矩形】按钮 ▭，绘制2×1.4的矩形，如图1-43所示。

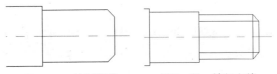

图1-43 绘制矩形

**07** 单击【默认】选项卡【修改】组中的【倒角】按钮 ◿，绘制0.2×0.2的倒角，如图1-44所示。

**08** 单击【默认】选项卡【绘图】组中的【直线】按钮 ✐，绘制直线图形，得到螺纹线，如图1-45所示。

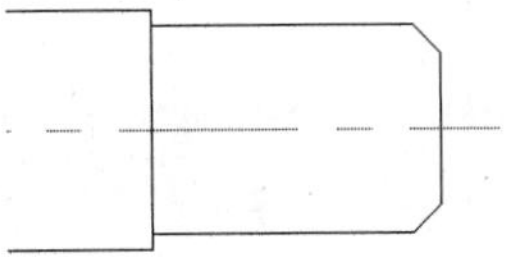

图1-44 绘制倒角　　　图1-45 绘制直线

**09** 单击【默认】选项卡【修改】组中的【镜像】按钮 ⚎，镜像图形，如图1-46所示。

图1-46 镜像图形

> ◉提示•◦
>
> 还有一种画法是先画上半部分，再镜像出下半部分。

**10** 单击【默认】选项卡【修改】组中的【修剪】按钮 ✂，修剪图形中多余的部分，得到最终结果，如图1-47所示。

图1-47 修剪图形

## 实例008　案例源文件：ywj /01/008.dwg

### 绘制方头平键

**01** 单击【默认】选项卡【绘图】组中的【矩形】按钮 ▭，绘制10×4的矩形，如图1-48所示。

**02** 在信息栏中，设置指定角度限制光标，如图1-49所示。

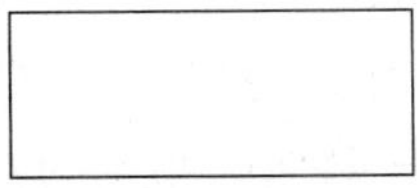

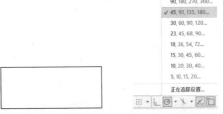

图1-48 绘制矩形　　图1-49 设置指定角度限制光标

**03** 使用【直线】工具，根据限制角度绘制出上部图形，如图1-50所示。

**04** 再次使用【直线】工具，绘制出侧面图形，得到三维平键的效果，如图1-51所示。

图1-50　绘制上部图形　　图1-51　平键最终结果

## 实例 009

### 绘制定位孔板

**01** 单击【默认】选项卡【绘图】组中的【矩形】按钮▭，绘制30×10的矩形，如图1-52所示。

**02** 单击【默认】选项卡【绘图】组中的【圆】按钮◉，绘制两个圆，如图1-53所示。

图1-52　绘制矩形　　图1-53　绘制两个圆

**03** 单击【默认】选项卡【修改】组中的【修剪】按钮✂，修剪图形，如图1-54所示。

**04** 单击【默认】选项卡【修改】组中的【偏移】按钮⊆，创建偏移图形，距离为4，如图1-55所示。

图1-54　修剪图形　　图1-55　创建偏移图形

**05** 使用【圆】工具在圆弧处绘制半径为1的圆，然后单击【默认】选项卡【修改】组中的【移动】按钮✛，向上移动圆，距离为2，如图1-56所示。

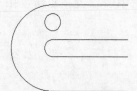

图1-56　移动圆

**06** 单击【默认】选项卡【修改】组中的【矩形阵列】按钮▦，创建矩形阵列，数量为7，如图1-57所示。

图1-57　阵列圆

---

◉**提示·◦**

　　设置矩形阵列的参数时，注意选择对象为小圆。

**07** 单击【默认】选项卡【修改】组中的【镜像】按钮⚠，镜像图形，得到的定位孔板如图1-58所示。

图1-58　镜像图形

## 实例 010

### 绘制固定板

**01** 单击【默认】选项卡【绘图】组中的【矩形】按钮▭，绘制4×10的矩形，然后在左上角再绘制一个0.62×2的矩形，如图1-59所示。

**02** 单击【默认】选项卡【修改】组中的【移动】按钮✛，移动小矩形，如图1-60所示。

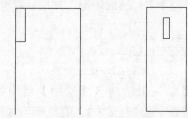

图1-59　绘制矩形　　图1-60　移动小矩形

**03** 单击【默认】选项卡【绘图】组中的【圆】按钮◉，在矩形两端绘制两个圆，并使用【修剪】工具修剪圆，如图1-61所示。

**04** 单击【默认】选项卡【修改】组中的【镜像】按钮⚠，镜像图形，如图1-62所示。

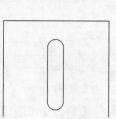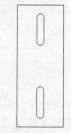

图1-61　修剪圆形　　图1-62　镜像图形

**05** 单击【默认】选项卡【绘图】组中的【矩形】按钮▭，绘制3×1.6的矩形，如图1-63

所示。

**06** 使用【圆】工具，在矩形一端绘制圆形，然后使用【修剪】工具修剪图形，完成定位板的绘制，最终结果如图1-64所示。

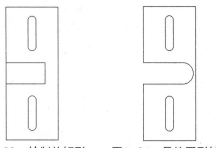

图1-63 绘制的矩形　　图1-64 最终图形结果

# 绘制圆头平键

**01** 单击【默认】选项卡【绘图】组中的【矩形】按钮⬚，绘制10×6的矩形，如图1-65所示。
**02** 在信息栏中，设置指定角度限制光标，如图1-66所示。

图1-65 绘制矩形　　图1-66 设置指定角度
限制光标

**03** 单击【默认】选项卡【绘图】组中的【直线】按钮✎，绘制直线图形，长为15，如图1-67所示。
**04** 单击【默认】选项卡【绘图】组中的【圆弧】按钮⌒，绘制圆弧，如图1-68所示。

图1-67 绘制斜线　　图1-68 绘制圆弧

**05** 单击【默认】选项卡【绘图】组中的【直线】按钮✎，绘制其余直线，得到的圆头平键

图形如图1-69所示。

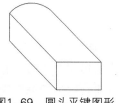

图1-69 圆头平键图形

# 绘制滚珠零件

**01** 单击【默认】选项卡【绘图】组中的【圆】按钮◉，绘制半径分别为10和4的圆，如图1-70所示。

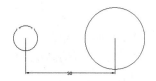

图1-70 绘制两个圆

**02** 单击【默认】选项卡【绘图】组中的【直线】按钮✎，绘制切线，如图1-71所示。

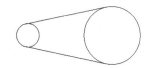

图1-71 绘制切线

**03** 单击【默认】选项卡【修改】组中的【镜像】按钮⚖，镜像图形，如图1-72所示。

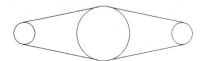

图1-72 镜像图形

**04** 单击【默认】选项卡【修改】组中的【修剪】按钮✂，修剪图形，如图1-73所示。

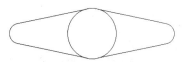

图1-73 修剪图形

**05** 单击【默认】选项卡【绘图】组中的【圆】按钮◉，在两端绘制半径为2的圆，如图1-74所示。

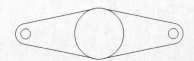

图1-74　绘制圆

06 单击【默认】选项卡【绘图】组中的【圆】按钮 ⊙，在中间绘制半径分别为5和4.6的同心圆，得到滚珠图形最终结果，如图1-75所示。

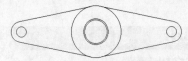

图1-75　滚珠图形最终结果

## 实例 013

案例源文件：ywj /01/013.dwg

### 绘制直轴面

01 单击【默认】选项卡【绘图】组中的【圆】按钮 ⊙，绘制半径分别为10和3的两个同心圆，如图1-76所示。

02 单击【默认】选项卡【绘图】组中的【定数等分】按钮 ，等分小圆为4段，如图1-77所示。

　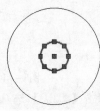

图1-76　绘制同心圆　　图1-77　等分小圆

03 单击【默认】选项卡【绘图】组中的【定数等分】按钮 ，等分大圆为16段，如图1-78所示。

04 单击【默认】选项卡【绘图】组中的【直线】按钮 ，绘制直线图形，如图1-79所示。

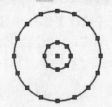　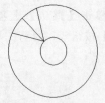

图1-78　等分大圆　　图1-79　绘制直线

05 单击【默认】选项卡【修改】组中的【环形阵列】按钮 ，选择直线创建环形阵列，数量为4，如图1-80所示。

06 单击【默认】选项卡【修改】组中的【修

剪】按钮 ，修剪图形，如图1-81所示。

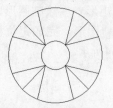　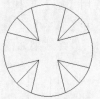

图1-80　阵列图形　　图1-81　修剪图形

📀 提示·◦·

　　设置环形阵列的参数时，选择同心圆的圆心为阵列中心，角度为360度。

07 单击【默认】选项卡【绘图】组中的【图案填充】按钮 ，填充图形，直轴面图形效果如图1-82所示。

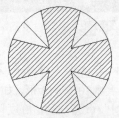

图1-82　直轴面最终结果

## 实例 014

案例源文件：ywj /01/014.dwg

### 绘制螺母面

01 单击【默认】选项卡【绘图】组中的【多边形】按钮 ，绘制外切半径为10的六边形，如图1-83所示。

02 单击【默认】选项卡【绘图】组中的【圆】按钮 ⊙，绘制多边形的内切圆，然后再以此圆的圆心为圆心绘制半径分别为5和6的同心圆，如图1-84所示。

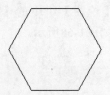　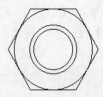

图1-83　绘制六边形　　图1-84　绘制同心圆

03 单击【默认】选项卡【绘图】组中的【直线】按钮 ，绘制中心线，如图1-85所示。

04 单击【默认】选项卡【修改】组中的【修剪】按钮 ，修剪图形，得到螺母面图形的最终结果，如图1-86所示。

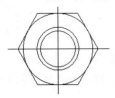 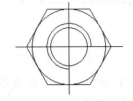

图1-85　绘制中心线　　图1-86　螺母面最终结果

## 实例015

案例源文件：ywj /01/015.dwg

# 绘制接头

**01** 在信息栏中，设置指定角度限制光标，如图1-87所示。

**02** 单击【默认】选项卡【绘图】组中的【直线】按钮，绘制四边形，如图1-88所示。

图1-87　设置指定角度　　图1-88　绘制四边形
　　　　限制光标

**03** 单击【默认】选项卡【修改】组中的【圆角】按钮，创建半径为2的圆角和半径为0.5的圆角，如图1-89所示。

**04** 单击【默认】选项卡【绘图】组中的【椭圆】按钮，创建长短半径分别为2和1.6的椭圆，如图1-90所示。

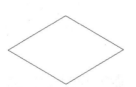

图1-89　绘制圆角　　图1-90　绘制椭圆

**05** 再次绘制椭圆，长短半径分别为0.5和0.3，如图1-91所示。

**06** 单击【默认】选项卡【修改】组中的【复制】按钮，复制椭圆，如图1-92所示。

**07** 单击【默认】选项卡【修改】组中的【偏移】按钮，绘制偏移图形，距离为2，如图1-93所示。

**08** 单击【默认】选项卡【绘图】组中的【直线】按钮，绘制直线，完成接头图形绘制，如图1-94所示。

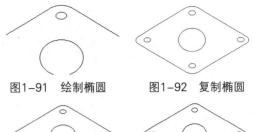

图1-91　绘制椭圆　　图1-92　复制椭圆

 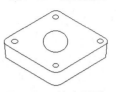

图1-93　绘制偏移图形　　图1-94　接头图形

## 实例016

案例源文件：ywj /01/016.dwg

# 绘制滚花零件

**01** 单击【默认】选项卡【绘图】组中的【矩形】按钮，绘制2×10的竖直矩形，然后绘制10×4的水平矩形，如图1-95所示。

**02** 单击【默认】选项卡【绘图】组中的【圆弧】按钮，在右侧绘制圆弧，半径为5，如图1-96所示。

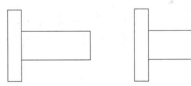

图1-95　绘制矩形　　图1-96　绘制圆弧

**03** 单击【默认】选项卡【修改】组中的【偏移】按钮，偏移水平直线，距离为0.5，如图1-97所示。

**04** 单击【默认】选项卡【修改】组中的【倒角】按钮，在竖直矩形上创建距离为0.2的倒角，如图1-98所示。

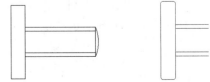

图1-97　绘制偏移图形　　图1-98　绘制倒角

**05** 单击【默认】选项卡【绘图】组中的【直线】按钮，绘制直线，如图1-99所示。

**06** 单击【默认】选项卡【修改】组中的【偏移】按钮 ⊂，偏移上边直线，距离为0.2，如图1-100所示。

图1-99　绘制直线　　图1-100　绘制偏移直线

**07** 单击【默认】选项卡【修改】组中的【矩形阵列】按钮 ▦，创建矩形阵列，数量为50，得到滚花零件最终图形，如图1-101所示。

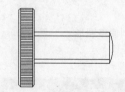

图1-101　滚花零件最终图形

## 实例 017　绘制花键面

**01** 单击【默认】选项卡【绘图】组中的【圆】按钮 ⊙，绘制半径分别为12和10的同心圆，如图1-102所示。

**02** 单击【默认】选项卡【绘图】组中的【直线】按钮 ∕，绘制直线图形，如图1-103所示。

图1-102　绘制同心圆　　图1-103　绘制直线图形

**03** 单击【默认】选项卡【修改】组中的【修剪】按钮 ⚒，修剪图形，如图1-104所示。

**04** 单击【默认】选项卡【修改】组中的【环形阵列】按钮 ⚬，创建圆形阵列，数量为24，得到花键面最终图形，如图1-105所示。

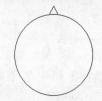 

图1-104　修剪图形　　图1-105　花键面最终图形

## 实例 018　绘制电阻符号

**01** 单击【默认】选项卡【绘图】组中的【矩形】按钮 ▢，绘制矩形，尺寸为1×0.3，如图1-106所示。

**02** 单击【默认】选项卡【绘图】组中的【直线】按钮 ∕，绘制长为0.5的直线，如图1-107所示。

图1-106　绘制矩形　　图1-107　绘制直线

**03** 单击【默认】选项卡【注释】组中的【引线】按钮 ⚲，绘制引线，得到电阻符号最终图形，如图1-108所示。

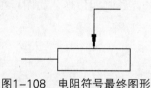

图1-108　电阻符号最终图形

## 实例 019　绘制电源符号

**01** 单击【默认】选项卡【绘图】组中的【圆】按钮 ⊙，绘制半径分别为10和3的同心圆，如图1-109所示。

**02** 在信息栏中，设置指定角度限制光标，如图1-110所示。

图1-109　绘制同心圆　　图1-110　设置指定角度
限制光标

**03** 单击【默认】选项卡【绘图】组中的【直线】按钮 ∕，绘制直线图形，并成一定角度，如图1-111所示。

**04** 单击【默认】选项卡【修改】组中的【修剪】按钮 ⚒，修剪图形，如图1-112所示。

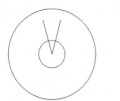

图1-111　绘制角度线　　图1-112　修剪图形

**05** 单击【默认】选项卡【绘图】组中的【直线】按钮☑，绘制直线图形，长度为2，得到电源符号图形，如图1-113所示。

图1-113　电源符号图形

## 实例 020
●案例源文件：ywj /01/020.dwg
# 绘制电机符号

**01** 单击【默认】选项卡【绘图】组中的【圆】按钮⊙，绘制半径为1的圆，然后使用【直线】按钮☑，在圆的右侧绘制直线图形，长度为10，如图1-114所示。

**02** 单击【默认】选项卡【修改】组中的【复制】按钮，复制这组图形，距离为6和12，如图1-115所示。

图1-114　绘制圆形和直线　　图1-115　复制图形

**03** 单击【复制】按钮复制多个圆，如图1-116所示。

**04** 单击【默认】选项卡【修改】组中的【修剪】按钮，修剪图形，如图1-117所示。

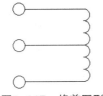

图1-116　复制圆　　　　图1-117　修剪图形

**05** 使用【圆】工具，在右侧绘制半径为10的圆形，然后使用【复制】工具，复制左侧图形并旋转90°，得到电机符号图形，如图1-118所示。

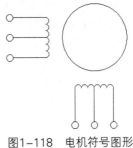

图1-118　电机符号图形

## 实例 021
●案例源文件：ywj /01/021.dwg
# 绘制喇叭

**01** 单击【默认】选项卡【绘图】组中的【矩形】按钮▭，绘制4×8的矩形，使用【倒角】工具，创建距离为0.5的倒角，如图1-119所示。

**02** 单击【默认】选项卡【绘图】组中的【直线】按钮☑，在右侧绘制竖直直线，长度为8，然后在两端绘制斜线，角度为45°，如图1-120所示。

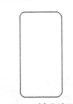

图1-119　绘制矩形　　　图1-120　绘制直线
　　　　　并倒角　　　　　　　　和斜线

**03** 单击【默认】选项卡【绘图】组中的【圆弧】按钮☑，绘制圆弧，半径为30，得到喇叭图形，如图1-121所示。

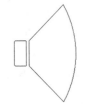

图1-121　喇叭图形

## 实例 022

案例源文件：ywj /01/022.dwg

### 绘制插座

**01** 单击【默认】选项卡【绘图】组中的【圆】按钮 ⊙，绘制半径为10的圆，然后使用【直线】工具，绘制长度为10的竖直直线，接着在圆中绘制水平直线，如图1-122所示。

**02** 使用【直线】工具，绘制斜线，角度为45°、长度为20，再绘制一条水平直线，如图1-123所示。

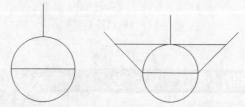

图1-122　绘制圆和直线　图1-123　绘制斜线
和直线

**03** 单击【默认】选项卡【修改】组中的【修剪】按钮 ✂，修剪图形，得到插座图形，如图1-124所示。

图1-124　插座图形

## 实例 023

案例源文件：ywj /01/023.dwg

### 绘制整流器框形符号

**01** 单击【默认】选项卡【绘图】组中的【矩形】按钮 ▭，绘制4×8的矩形，然后使用【直线】工具，绘制对角线，并在两侧各绘制长度为4的直线，如图1-125所示。

**02** 使用【直线】工具，在矩形右下角绘制长度为2的直线，然后使用【圆】工具，绘制半径为0.5的两个圆，如图1-126所示。

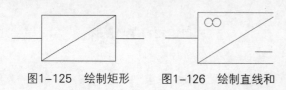

图1-125　绘制矩形　　图1-126　绘制直线和
和直线　　　　　　　　两个圆

**03** 使用【直线】工具绘制一条穿过两个圆的水平直线，如图1-127所示。

**04** 单击【默认】选项卡【修改】组中的【修剪】按钮 ✂，修剪图形，得到整流器框形符号，如图1-128所示。

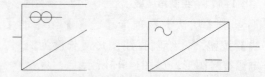

图1-127　绘制水平直线　图1-128　整流器框形符号

## 实例 024

案例源文件：ywj /01/024.dwg

### 绘制电源盒

**01** 单击【默认】选项卡【绘图】组中的【矩形】按钮 ▭，绘制4×10的矩形，然后使用【直线】工具，在矩形左下方绘制长度为1的直线，如图1-129所示。

**02** 再次使用【矩形】工具，在矩形中绘制0.5×0.5的矩形，然后复制这个矩形到下方，如图1-130所示。

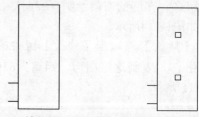

图1-129　绘制矩形和直线　图1-130　复制矩形

**03** 单击【默认】选项卡【绘图】组中的【直线】按钮 ╱，在矩形中绘制直线，长度分别为2和1，然后绘制竖直直线，得到电源盒图形，如图1-131所示。

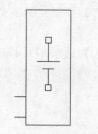

图1-131　电源盒图形

## 实例 025

### 绘制交接箱符号

**01** 单击【默认】选项卡【绘图】组中的【矩形】按钮 □ ，绘制6×10的矩形， 然后使用【直线】工具，在矩形左侧绘制三条长度为2的直线，如图1-132所示。

**02** 单击【默认】选项卡【修改】组中的【镜像】按钮 ⚠ ，镜像图形，如图1-133所示。

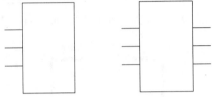

图1-132　绘制矩形和直线　图1-133　镜像图形

**03** 再次使用【矩形】工具，在中间绘制4×3的矩形，然后使用【圆】工具，绘制三个半径为0.2的圆，如图1-134所示。

**04** 再次使用【镜像】工具，镜像图形，如图1-135所示。

图1-134　绘制矩形和圆　图1-135　镜像图形

**05** 单击【默认】选项卡【注释】组中的【多行文字】按钮 A ，添加文字，然后复制文字，得到交接箱符号图形，如图1-136所示。

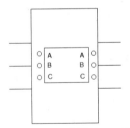

图1-136　交接箱符号图形

## 实例 026

案例源文件：ywj /01/026.dwg

### 绘制电灯符号

**01** 单击【默认】选项卡【绘图】组中的【圆】按钮 ⊙ ，绘制半径为10的圆，然后使用【直线】工具，绘制水平和竖直的中心直线，如图1-137所示。

**02** 单击【默认】选项卡【绘图】组中的【直线】按钮 ╱ ，在圆两侧绘制水平线的延长直线，长度为5，如图1-138所示。

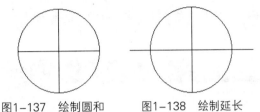

图1-137　绘制圆和　　图1-138　绘制延长
　　中心线　　　　　　　的直线

**03** 单击【默认】选项卡【修改】组中的【旋转】按钮 ↻ ，旋转圆和中心线图形45°，得到电灯符号图形，如图1-139所示。

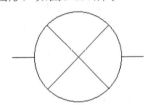

图1-139　电灯符号图形

## 实例 027

案例源文件：ywj /01/027.dwg

### 绘制电源符号

**01** 单击【默认】选项卡【绘图】组中的【直线】按钮 ╱ ，绘制两条直线，长度分别为2和1，然后向下复制这两条直线，距离为1.5，如图1-140所示。

**02** 再次使用【直线】工具，在上方绘制两条直线，长度分别为1和2，然后在下方绘制两条直线，长度分别为1和6，如图1-141所示。

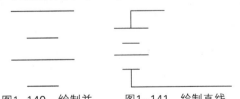

图1-140　绘制并　　图1-141　绘制直线
　　复制直线

**03** 使用【直线】工具，在上方绘制角度线，长度分别为0.4、0.8，角度为60°，然后同样绘制多条角度线，如图1-142所示。

**04** 在斜线末端绘制水平直线，得到电源符号图形，如图1-143所示。

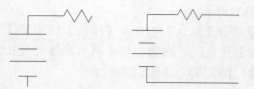

图1-142　绘制角度线　　图1-143　电源符号图形

## 实例 028

案例源文件　ywj /01/028.dwg

# 绘制进户门

**01** 单击【默认】选项卡【绘图】组中的【矩形】按钮□，绘制1×20的矩形，如图1-144所示。

**02** 单击【默认】选项卡【绘图】组中的【圆】按钮⊙，以矩形下边中心为圆心，矩形竖直边为半径，绘制圆，如图1-145所示。

图1-144　绘制矩形　　图1-145　绘制圆

**03** 单击【默认】选项卡【绘图】组中的【直线】按钮／，绘制水平直线，如图1-146所示。

**04** 单击【默认】选项卡【修改】组中的【修剪】按钮，修剪图形，得到进户门图形，如图1-147所示。

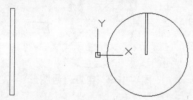

图1-146　绘制直线　　图1-147　进户门图形

◎提示·◎

　　绘制这个图形也可以采用绘制矩形和直线后，用圆弧进行连接的方法。

## 实例 029

案例源文件　ywj /01/029.dwg

# 绘制二维墙体

**01** 打开实例028的图形，在命令行中输入"mline"命令，在左侧绘制长度为10、50、

20的多线，然后在右侧绘制长度为40、50、20的多线，如图1-148所示。

**02** 在下方左右两侧再次绘制长度为10的多线，然后绘制封闭直线，如图1-149所示。

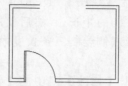 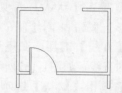

图1-148　绘制左右　　图1-149　绘制下方多线
侧多线　　　　　　　　和封闭直线

**03** 填充图形，得到二维墙体图形，如图1-150所示。

图1-150　二维墙体图形

## 实例 030

案例源文件　ywj /01/030.dwg

# 绘制中式窗

**01** 打开实例029的图形，单击【默认】选项卡【绘图】组中的【矩形】按钮□，在上方绘制两个1×2的矩形，然后使用【直线】工具，在矩形之间绘制两条连接直线，间距为0.3，如图1-151所示。

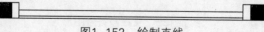

图1-151　绘制矩形和直线

**02** 再次使用【直线】工具，绘制矩形中心的连接直线，如图1-152所示。

图1-152　绘制直线

**03** 在两侧绘制竖直直线，长度为1，然后将其上端连接起来，得到中式窗图形，如图1-153所示。

图1-153　中式窗图形

第**2**章 二维图形编辑

## 实例 031

◎案例源文件：ywj /02/031.dwg

### 绘制曲柄面

**01** 使用【矩形】工具，绘制4×20的竖直矩形，然后在竖直矩形旁绘制20×4的水平矩形，如图2-1所示。

**02** 单击【默认】选项卡【修改】组中的【圆角】按钮◯，为矩形创建半径为1的圆角，如图2-2所示。

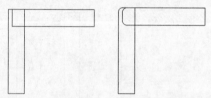

图2-1　绘制矩形　　图2-2　绘制圆角

**03** 单击【默认】选项卡【修改】组中的【修剪】按钮，修剪图形交叉的线，结果如图2-3所示。

**04** 使用【圆】工具，绘制半径分别为0.6和0.4的同心圆，如图2-4所示。

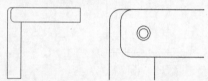

图2-3　修剪图形　　图2-4　绘制同心圆

**05** 绘制三条直线，间距为0.5，如图2-5所示。

**06** 单击【默认】选项卡【修改】组中的【旋转】按钮↻，将整个图形旋转-45°，得到曲柄面图形，如图2-6所示。

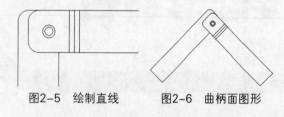

图2-5　绘制直线　　图2-6　曲柄面图形

## 实例 032

◎案例源文件：ywj /02/032.dwg

### 绘制螺钉

**01** 首先使用【矩形】工具，绘制2×6的矩形，然后绘制竖直直线，距矩形左侧间距为1，如图2-7所示。

**02** 再次使用【直线】工具，绘制两条斜线，角度分别为60°和120°，如图2-8所示。

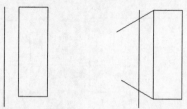

图2-7　绘制矩形和直线　　图2-8　绘制斜线

**03** 单击【默认】选项卡【修改】组中的【修剪】按钮，修剪图形，如图2-9所示。

**04** 使用【直线】工具，绘制两条直线图形，长度分别为1和1.3，如图2-10所示。

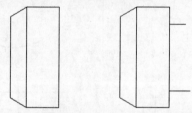

图2-9　修剪图形　　图2-10　绘制直线

**05** 绘制直线连接右侧端点，然后绘制斜线，间距为0.4，如图2-11所示。

**06** 单击【默认】选项卡【修改】组中的【偏移】按钮⊂，偏移连接线，距离为0.8，如图2-12所示。

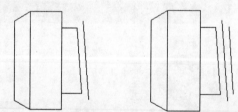

图2-11　绘制斜线　　图2-12　创建偏移直线

**07** 单击【默认】选项卡【绘图】组中的【直线】按钮／，绘制直线图形，如图2-13所示。

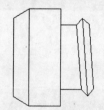

图2-13　绘制直线

**08** 单击【默认】选项卡【修改】组中的【矩形阵列】按钮，创建矩形阵列，数量为10，如图2-14所示。

**09** 单击【默认】选项卡【绘图】组中的【直线】按钮☑，绘制末端直线，完成螺钉图形，如图2-15所示。

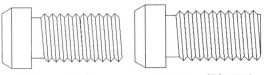

图2-14 阵列图形　　　图2-15 螺钉图形

## 实例 033
● 案例源文件：ywj /02/033.dwg

# 绘制万向轴

**01** 使用【圆】工具，绘制半径分别为4和5的同心圆，然后使用【矩形】工具绘制4×14的矩形，如图2-16所示。

**02** 使用【直线】工具，绘制直线，长度为10，距顶部间距为1，然后使用【镜像】工具镜像图形，如图2-17所示。

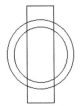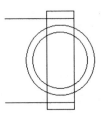

图2-16 绘制圆和矩形　图2-17 绘制和镜像直线

**03** 使用【矩形】工具，在左侧绘制2×14的矩形，如图2-18所示。

**04** 使用【圆弧】工具，在右侧绘制圆弧，如图2-19所示。

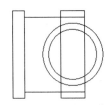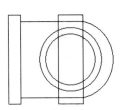

图2-18 绘制矩形　　　图2-19 绘制圆弧

**05** 使用【矩形】工具，在上方绘制6×2的矩形，然后使用【镜像】工具镜像图形，如图2-20所示。

**06** 使用【圆弧】工具，在右侧绘制圆弧，如图2-21所示。

**07** 使用【矩形】工具，绘制8×20的矩形，然后使用【修剪】工具修剪图形，如图2-22所示。

图2-20 绘制并镜像矩形　　图2-21 绘制圆弧

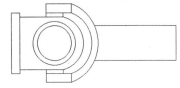

图2-22 绘制矩形并修剪

**08** 使用【矩形】工具，在最右侧绘制2×6的矩形，然后把左侧图形复制到右边，如图2-23所示。

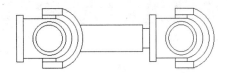

图2-23 复制图形

**09** 单击【默认】选项卡【修改】组中的【旋转】按钮☑，旋转复制后的图形，如图2-24所示。

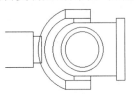

图2-24 旋转图形

💡提示••┐

　　这里的图形绘制也可以使用将左侧图形镜像过来的方法。

**10** 单击【默认】选项卡【修改】组中的【修剪】按钮☑，修剪图形，得到万向轴图形，如图2-25所示。

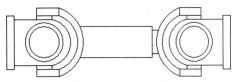

图2-25 万向轴图形

## 实例 034
● 案例源文件：ywj /02/034.dwg

# 绘制箱体面

**01** 使用【直线】工具，绘制角度线，长度为

4、10，角度为60°，然后在左侧继续绘制直线，长度为4和14，最后绘制直线将图形封闭起来，得到长方体，如图2-26所示。

02 在左侧绘制直线图形，长度为10，然后绘制内部直线，长度为7，这样即可得到箱体面图形，如图2-27所示。

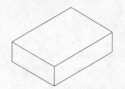 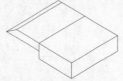

图2-26 绘制长方体图形　图2-27 箱体面图形

AutoCAD 2020 完全实训手册

## 实例 035

### 绘制箱体线

案例源文件：ywj /02/035.dwg

01 打开实例034的图形，单击【默认】选项卡【修改】组中的【圆角】按钮，在右侧创建半径为2的圆角，如图2-28所示。

02 使用【直线】工具，绘制直线图形，如图2-29所示。

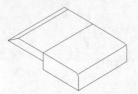 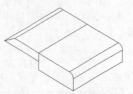

图2-28 绘制圆角　图2-29 绘制连接直线

03 单击【默认】选项卡【修改】组中的【圆角】按钮，在左侧创建半径为2的圆角，如图2-30所示。

04 单击【默认】选项卡【绘图】组中的【椭圆】按钮，绘制4×1的椭圆，然后使用【直线】工具绘制长为2的斜线，如图2-31所示。

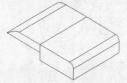 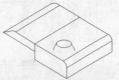

图2-30 绘制圆角　图2-31 绘制椭圆和斜线

05 单击【默认】选项卡【绘图】组中的【圆弧】按钮，绘制下部的圆弧，得到箱体线图形，如图2-32所示。

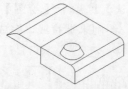

图2-32 箱体线图形

## 实例 036

### 绘制开关符号

案例源文件：ywj /02/036.dwg

01 使用【直线】工具，绘制两条直线，长均为2，间距为2，然后绘制角度直线，角度为60°，如图2-33所示。

02 单击【默认】选项卡【修改】组中的【复制】按钮，复制图形，距离为4，然后旋转图形，角度为-60°，如图2-34所示。

图2-33 绘制直线和角度线　图2-34 复制并旋转图形

03 使用【直线】工具，在右侧绘制直线图形，然后绘制虚线，长为6，如图2-35所示。

04 再绘制直线，长分别为0.4和1，得到开关符号图形，如图2-36所示。

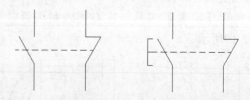

图2-35 绘制直线和虚线　图2-36 开关符号图形

## 实例 037

### 绘制轴承面

案例源文件：ywj /02/037.dwg

01 使用【矩形】工具，绘制6×10的矩形，然后使用【直线】工具绘制中心线，间距为7，如图2-37所示。

02 使用【圆】工具，绘制半径为1.6的圆，如图2-38所示。

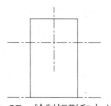
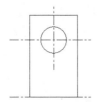

图2-37 绘制矩形和中心线　　图2-38 绘制圆

**03** 使用【直线】工具，绘制直线，如图2-39所示。

**04** 再次绘制下面的直线并进行修剪，结果如图2-40所示。

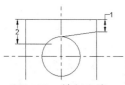
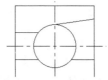

图2-39 绘制直线　　　　图2-40 修剪图形

**05** 使用【直线】工具，绘制下面的水平直线，如图2-41所示。

**06** 单击【默认】选项卡【修改】组中的【圆角】按钮，创建半径为1的圆角，如图2-42所示。

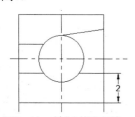
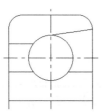

图2-41 绘制水平直线　　图2-42 绘制圆角

**07** 单击【默认】选项卡【绘图】组中的【图案填充】按钮，选择填充剖面图形，得到轴承面图形，如图2-43所示。

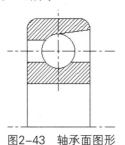

图2-43 轴承面图形

---

**实例 038** ⊗ 案例源文件：ywj /02/038.dwg

**绘制阀体面**

**01** 使用【矩形】工具，绘制4×10的矩形，然

---

后使用【直线】工具，绘制中心线，如图2-44所示。

**02** 单击【默认】选项卡【绘图】组中的【圆】按钮，绘制半径分别为3和3.6的同心圆，如图2-45所示。

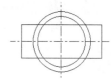

图2-44 绘制矩形　　图2-45 绘制同心圆
和中心线

**03** 单击【默认】选项卡【绘图】组中的【矩形】按钮，绘制2×5的矩形，如图2-46所示。

**04** 单击【默认】选项卡【修改】组中的【修剪】按钮，修剪图形，如图2-47所示。

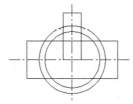
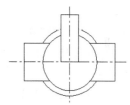

图2-46 绘制矩形　　图2-47 修剪图形

**05** 单击【默认】选项卡【绘图】组中的【图案填充】按钮，填充剖面图形，得到阀体面图形，如图2-48所示。

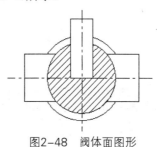

图2-48 阀体面图形

---

**实例 039** ⊗ 案例源文件：ywj /02/039.dwg

**绘制三角铁**

**01** 使用【直线】工具，绘制竖直直线图形，长度为10，再绘制水平直线，长度为6，如图2-49所示。

**02** 单击【默认】选项卡【修改】组中的【偏移】按钮，偏移图形，距离为1，如图2-50所示。

图2-49 绘制竖直线和水平线　图2-50 偏移直线

**03** 单击【默认】选项卡【绘图】组中的【圆】按钮 ⊙，绘制半径均为1的两个圆，如图2-51所示。

**04** 单击【默认】选项卡【修改】组中的【修剪】按钮，修剪图形，如图2-52所示。

图2-51 绘制切线圆　　图2-52 修剪图形

**05** 单击【默认】选项卡【修改】组中的【圆角】按钮，创建半径为1的圆角，得到三角铁图形，如图2-53所示。

图2-53 三角铁图形

**01** 使用【直线】工具，绘制中心线，然后使用【椭圆】工具，在中心线基础上绘制长半径为8、短半径为5和长半径为6、短半径为3的两个椭圆，如图2-54所示。

**02** 使用【圆】工具，绘制半径分别为1和1.6的同心圆，如图2-55所示。

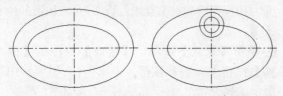

图2-54 绘制中心线和椭圆　图2-55 绘制同心圆

**03** 单击【默认】选项卡【修改】组中的【复制】按钮，复制圆形，如图2-56所示。

**04** 单击【默认】选项卡【修改】组中的【修剪】按钮，修剪图形，如图2-57所示。

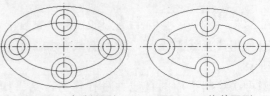

图2-56 复制图形　　　图2-57 修剪图形

> **提示**
> 修剪图形时要注意各图形相互之间的关系。

**05** 单击【默认】选项卡【修改】组中的【圆角】按钮，创建半径为0.5的圆角，得到挂轮架图形，如图2-58所示。

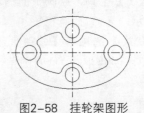

图2-58 挂轮架图形

**01** 使用【矩形】工具，绘制4×8的矩形，然后在矩形左上角绘制2×2的矩形，如图2-59所示。

**02** 单击【默认】选项卡【修改】组中的【移动】按钮，移动图形，距离分别为1、3，如图2-60所示。

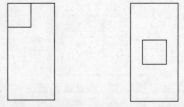

图2-59 绘制矩形　　　图2-60 移动矩形

**03** 单击【默认】选项卡【绘图】组中的【直线】按钮，绘制矩形顶点间连接直线，然后使用【圆】工具绘制半径为0.5的圆，得到底座面图形，如图2-61所示。

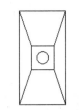

图2-61　底座面图形

●案例源文件：ywj /02/042.dwg

## 绘制挡圈

**01** 使用【圆】工具，绘制半径分别为6和8的同心圆，然后使用【矩形】工具，绘制2×10的矩形，如图2-62所示。

**02** 使用【圆】工具在矩形外侧绘制圆，然后修剪图形，结果如图2-63所示。

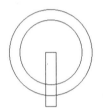 

图2-62　绘制圆和矩形　图2-63　绘制圆并修剪图形

**03** 单击【默认】选项卡【绘图】组中的【直线】按钮☑，绘制两条直线，角度分别为60°、120°，然后绘制中间圆的切线，如图2-64所示。

**04** 单击【默认】选项卡【修改】组中的【修剪】按钮☒，修剪图形，如图2-65所示。

图2-64　绘制直线和切线　　图2-65　修剪图形

**05** 单击【默认】选项卡【绘图】组中的【圆】按钮☉，绘制半径均为1的两个圆，得到挡圈图形，如图2-66所示。

图2-66　挡圈图形

●案例源文件：ywj /02/043.dwg

## 绘制机体面

**01** 使用【矩形】工具，绘制12×4的矩形，然后使用【圆】工具在矩形左侧绘制半径为1的圆，如图2-67所示。

图2-67　绘制矩形和圆

**02** 向右移动圆，距离为2，然后复制三个圆，间距为3，如图2-68所示。

图2-68　移动并复制圆

**03** 单击【默认】选项卡【绘图】组中的【圆】按钮☉，在矩形左上角，绘制半径为0.2的圆，如图2-69所示。

图2-69　绘制圆

**04** 单击【默认】选项卡【修改】组中的【矩形阵列】按钮▦，创建矩形阵列，数量为12，如图2-70所示。

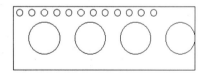

图2-70　矩形阵列

**05** 单击【默认】选项卡【绘图】组中的【直线】按钮☑，在矩形内绘制直线，距下边线间距为0.5，得到机体面图形，如图2-71所示。

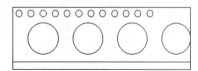

图2-71　机体面图形

## 实例 044

### 绘制卡盘

⊕案例源文件：ywj/02/044.dwg

**01** 使用【圆】工具，绘制半径分别为10和18的同心圆，如图2-72所示。

**02** 使用【圆】工具，在上方绘制半径为1的两个圆，如图2-73所示。

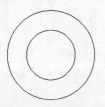 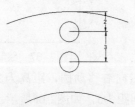

图2-72　绘制同心圆　　图2-73　绘制两个小圆

**03** 使用【矩形】工具，绘制4×14的矩形，然后给矩形创建距离为1的倒角，如图2-74所示。

**04** 单击【默认】选项卡【修改】组中的【环形阵列】按钮，创建圆形阵列，数量为3，如图2-75所示。

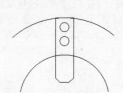 

图2-74　绘制矩形并倒角　　图2-75　阵列图形

**05** 单击【默认】选项卡【修改】组中的【修剪】按钮，修剪图形，得到卡盘图形，如图2-76所示。

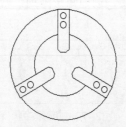

图2-76　卡盘图形

## 实例 045

### 绘制机板

⊕案例源文件：ywj/02/045.dwg

**01** 使用【矩形】工具，绘制40×40的矩形，如图2-77所示。

**02** 再次使用【矩形】工具，在大矩形内绘制6×3的矩形，然后单击【默认】选项卡【修改】组中的【矩形阵列】按钮，创建矩形阵列，间距为5，如图2-78所示。

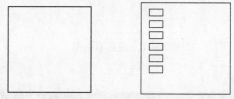

图2-77　绘制矩形　　图2-78　绘制并阵列矩形

**03** 使用【矩形】工具，绘制6×10的矩形，如图2-79所示。

**04** 在刚绘制的矩形左侧绘制1×0.3的矩形，然后使用【矩形阵列】工具创建矩形阵列，数量为20，如图2-80所示。

图2-79　绘制矩形　　图2-80　绘制并阵列矩形

**05** 使用【复制】工具，复制上面绘制的图形，然后单击【默认】选项卡【修改】组中的【缩放】按钮，将图形缩放0.5倍，如图2-81所示。

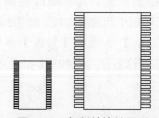

图2-81　复制并缩放图形

**06** 使用【复制】工具，复制两个缩小后的图形，然后单击【默认】选项卡【修改】组中的【旋转】按钮，旋转上面的图形，如图2-82所示。

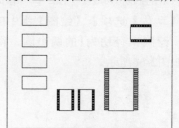

图2-82　复制并旋转图形

**07** 再复制两个图形，然后绘制半径分别为5和7的同心圆，得到机板图形，结果如图2-83所示。

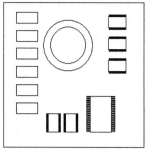

图2-83　机板图形

## 实例046　绘制孔板

案例源文件：ywj/02/046.dwg

**01** 使用【矩形】工具，绘制40×20的矩形，然后使用【圆】工具，在矩形左上角绘制半径为1的圆，距两边的距离均为2，如图2-84所示。

图2-84　绘制矩形和圆

**02** 单击【默认】选项卡【修改】组中的【矩形阵列】按钮 ⊞，创建矩形阵列，总数量为40，如图2-85所示。

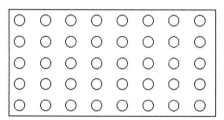

图2-85　矩形阵列

◉提示·◦

矩形阵列的参数为纵向5行，横向8列。

**03** 使用【圆】工具，在矩形右上角绘制半径为0.5的圆，距离两边分别为4和5，如图2-86所示。

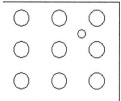

图2-86　绘制圆

**04** 单击【默认】选项卡【修改】组中的【矩形阵列】按钮 ⊞，创建矩形阵列，总数量为28，得到孔板图形，如图2-87所示。

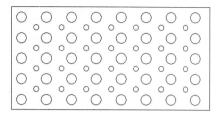

图2-87　孔板图形

◉提示·◦

矩形阵列的参数为纵向4行，横向7列。

## 实例047　绘制夹板

案例源文件：ywj/02/047.dwg

**01** 使用【矩形】工具，绘制6×30的矩形和2×30的矩形，如图2-88所示。

**02** 单击【默认】选项卡【修改】组中的【镜像】按钮 ⚠，镜像图形，如图2-89所示。

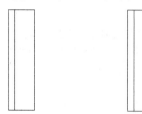

图2-88　绘制矩形　　图2-89　镜像图形

**03** 使用【矩形】工具，绘制4×5的小矩形，距离上边线为3，然后向下复制这个矩形，距离为18，如图2-90所示。

**04** 在中间再绘制12×4的矩形，如图2-91所示。

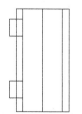 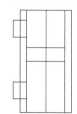

图2-90　绘制并复制矩形　图2-91　绘制中间的矩形

**05** 单击【默认】选项卡【修改】组中的【复制】按钮 ⧉，向上复制中间的矩形，距离为7.5，如图2-92所示。

**06** 单击【默认】选项卡【修改】组中的【修

剪】按钮 ，修剪图形，如图2-93所示。

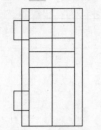 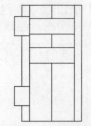

图2-92　复制矩形　　图2-93　修剪图形

**07** 单击【默认】选项卡【绘图】组中的【样条曲线】按钮，绘制样条曲线，如图2-94所示。

**08** 单击【默认】选项卡【绘图】组中的【图案填充】按钮 ，填充剖面图形，得到夹板图形，结果如图2-95所示。

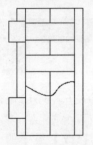 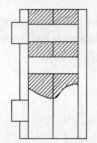

图2-94　绘制样条曲线　　图2-95　夹板图形

**实例 048** ◎案例源文件: ywj /02/048.dwg

## 绘制粗糙度图块

**01** 使用【直线】工具，绘制长为6、角度为120°的角度线，然后再绘制长为10、角度为60°的角度线，如图2-96所示。

**02** 单击【默认】选项卡【绘图】组中的【相切，相切，半径】按钮 ，绘制半径为2的圆，如图2-97所示。

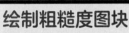 

图2-96　绘制角度线　　图2-97　绘制切线圆

**03** 单击【默认】选项卡【块】组中的【创建】按钮 ，在弹出的【块定义】对话框中，单击【选择对象】按钮 ，如图2-98所示。

**04** 在绘图区中，选择图形，如图2-99所示。

图2-98　创建粗糙度块

图2-99　选择图形

**05** 在弹出的【块定义】对话框中，设置参数如图2-100所示，单击【确定】按钮，得到粗糙度图块。

图2-100　设置图块参数

**实例 049** ◎案例源文件: ywj /02/049.dwg

## 绘制斜板

**01** 在命令行中输入"mline"命令，绘制长度为10的竖直多线，然后绘制长度为6的水平多线和长度为15的斜多线，如图2-101所示。

**02** 使用【直线】工具，绘制封闭直线，如图2-102所示。

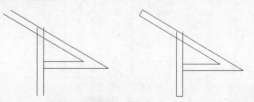

图2-101　绘制多线图形　　图2-102　绘制封闭直线

**03** 单击【默认】选项卡【修改】组中的【修剪】按钮，修剪图形，如图2-103所示。

**04** 单击【默认】选项卡【绘图】组中的【矩形】按钮，绘制0.6×6的矩形，如图2-104所示。

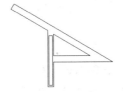

图2-103　修剪图形　　　图2-104　绘制矩形

**05** 单击【默认】选项卡【绘图】组中的【圆】按钮，绘制半径为0.2的圆，然后单击【默认】选项卡【绘图】组中的【图案填充】按钮，填充圆，如图2-105所示。

**06** 单击【默认】选项卡【修改】组中的【复制】按钮，复制圆，得到斜板图形，最终结果如图2-106所示。

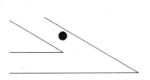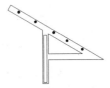

图2-105　绘制圆并填充　　　图2-106　斜板图形

---

## 实例 050　　● 案例源文件：ywj /02/050.dwg

# 绘制泵盖面

**01** 使用【直线】工具，绘制水平和竖直中心线，其中水平中心线间距为10，然后使用【圆】工具绘制半径分别为10和4的同心圆，如图2-107所示。

**02** 单击【默认】选项卡【修改】组中的【复制】按钮，向下复制同心圆，如图2-108所示。

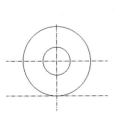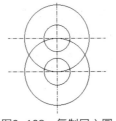

图2-107　绘制中心线和同心圆　图2-108　复制同心圆

**03** 使用【直线】工具，绘制两组圆的切线，如图2-109所示。

**04** 单击【默认】选项卡【修改】组中的【修剪】按钮，修剪图形，如图2-110所示。

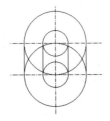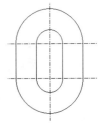

图2-109　绘制切线　　　图2-110　修剪图形

**05** 单击【默认】选项卡【绘图】组中的【圆】按钮，绘制半径分别为1和1.5的同心圆，然后再复制两个同心圆，如图2-111所示。

**06** 单击【默认】选项卡【修改】组中的【镜像】按钮，镜像圆，如图2-112所示。

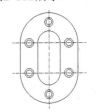

图2-111　绘制并复制　　　图2-112　镜像图形
　　　　　小同心圆

**07** 使用【直线】工具，绘制直线图形，长度为7，角度为120°，然后使用【圆】工具绘制半径为0.6的圆，如图2-113所示。

**08** 单击【默认】选项卡【修改】组中的【复制】按钮，复制图形，得到泵盖面图形，如图2-114所示。

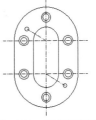

图2-113　绘制斜线和圆　　图2-114　泵盖面图形

---

## 实例 051　　● 案例源文件：ywj /02/051.dwg

# 绘制电感符号

**01** 单击【默认】选项卡【绘图】组中的【圆】按钮，绘制半径为4的圆，然后再复制3个此圆形，如图2-115所示。

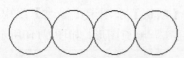

图2-115 绘制并复制圆

**02** 使用【直线】工具，绘制过圆心的水平直线，再在上方绘制直线图形，如图2-116所示。

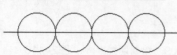

图2-116 绘制平行线

**03** 单击【默认】选项卡【修改】组中的【修剪】按钮，修剪图形，得到电感符号图形，如图2-117所示。

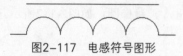

图2-117 电感符号图形

AutoCAD 2020 完全实训手册

## 实例 052

🔵 案例源文件：ywj/02/052.dwg

# 绘制电极探头符号

**01** 使用【矩形】工具，绘制30×8的矩形，然后在右侧绘制1×6的矩形，如图2-118所示。

**02** 单击【默认】选项卡【修改】组中的【复制】按钮，复制小矩形，如图2-119所示。

图2-118 绘制矩形　　图2-119 复制小矩形

**03** 单击【默认】选项卡【修改】组中的【镜像】按钮，镜像图形，如图2-120所示。

图2-120 镜像图形

**04** 单击【默认】选项卡【绘图】组中的【直线】按钮，在左侧绘制直线，长度为4，如图2-121所示。

图2-121 绘制直线

**05** 单击【默认】选项卡【绘图】组中的【直线】按钮，绘制斜线，如图2-122所示。

**06** 单击【默认】选项卡【绘图】组中的【圆弧】按钮，绘制圆弧，如图2-123所示。

图2-122 绘制斜线　　图2-123 绘制圆弧

**07** 单击【默认】选项卡【绘图】组中的【矩形】按钮，在右侧绘制6×4的矩形，然后再绘制两个2×1的矩形，如图2-124所示。

**08** 单击【默认】选项卡【绘图】组中的【圆】按钮，在两个矩形左端绘制圆，然后在右侧绘制半径为0.25的圆，如图2-125所示。

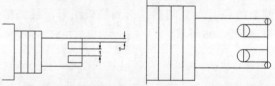

图2-124 绘制矩形　　图2-125 绘制小圆

**09** 单击【默认】选项卡【修改】组中的【修剪】按钮，修剪图形，得到电极探头符号图形，如图2-126所示。

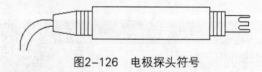

图2-126 电极探头符号

## 实例 053

🔵 案例源文件：ywj/02/053.dwg

# 绘制桥式电路

**01** 使用【矩形】工具，绘制10×10的矩形，如图2-127所示。

**02** 使用【直线】工具，绘制直线，长为1，角度为60°和120°，然后封闭成为三角形，如图2-128所示。

图2-127 绘制矩形　　图2-128 绘制三角形

**03** 在三角形端头绘制直线，然后进行复制旋

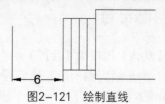

转，如图2-129所示。

**04** 将整个图形旋转-45°，如图2-130所示。

图2-129　复制旋转图形　　图2-130　旋转整个图形

**05** 单击【默认】选项卡【绘图】组中的【直线】按钮✓，绘制直线图形，如图2-131所示。

**06** 单击【默认】选项卡【绘图】组中的【圆弧】按钮✓，绘制圆弧，如图2-132所示。

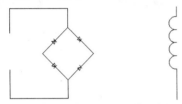

图2-131　绘制直线图形　　图2-132　绘制圆弧

**07** 单击【默认】选项卡【修改】组中的【镜像】按钮⚶，镜像图形，如图2-133所示。

**08** 单击【默认】选项卡【绘图】组中的【直线】按钮✓，绘制竖直直线，如图2-134所示。

图2-133　镜像图形　　图2-134　绘制竖直直线

**09** 单击【默认】选项卡【绘图】组中的【圆】按钮⊙，在左侧绘制半径为0.2的圆，如图2-135所示。

**10** 单击【默认】选项卡【绘图】组中的【直线】按钮✓，绘制直线，如图2-136所示。

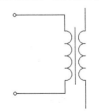
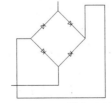

图2-135　绘制小圆　　图2-136　绘制直线

**11** 单击【默认】选项卡【绘图】组中的【矩形】按钮▭，绘制1.6×4的矩形，如图2-137所示。

**12** 单击【默认】选项卡【修改】组中的【修剪】按钮✂，修剪图形，得到桥式电路图形，

如图2-138所示。

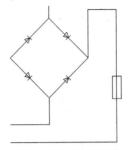
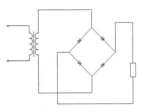

图2-137　绘制矩形　　图2-138　桥式电路图形

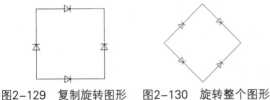

**实例 054**
● 案例源文件：ywj /02/054.dwg

# 绘制力矩式自整角发送机

**01** 使用【直线】工具，绘制直线图形，长度为10，然后使用【圆】工具，绘制半径均为1的4个圆，如图2-139所示。

**02** 单击【默认】选项卡【修改】组中的【修剪】按钮✂，修剪图形，如图2-140所示。

图2-139　绘制直线和圆形　　图2-140　修剪图形

**03** 单击【默认】选项卡【修改】组中的【环形阵列】按钮⚏，将整个图形创建圆形阵列，数量为3，如图2-141所示。

图2-141　阵列图形

**04** 单击【默认】选项卡【修改】组中的【复制】按钮⚏，复制图形，如图2-142所示。

图2-142　复制图形

**05** 单击【默认】选项卡【注释】组中的【引线】按钮，添加箭头，如图2-143所示。

图2-143　绘制引线箭头

**06** 单击【默认】选项卡【绘图】组中的【直线】按钮，绘制直线图形，得到力矩式自整角发送机图形，如图2-144所示。

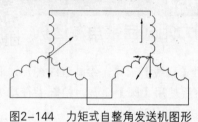

图2-144　力矩式自整角发送机图形

### 实例 055　绘制变压器

案例源文件：ywj /02/055.dwg

**01** 使用【矩形】工具，绘制8×10的矩形，然后单击【默认】选项卡【修改】组中的【偏移】按钮，偏移图形，距离为1，如图2-145所示。

**02** 单击【默认】选项卡【绘图】组中的【样条曲线】按钮，绘制样条曲线，如图2-146所示。

图2-145　绘制并偏移矩形　图2-146　绘制样条曲线

**03** 单击【默认】选项卡【修改】组中的【复制】按钮，复制图形，间距为1，如图2-147所示。

**04** 单击【默认】选项卡【绘图】组中的【直线】按钮，在左侧绘制直线，然后使用【圆】工具绘制半径为0.1的圆，如图2-148所示。

**05** 单击【默认】选项卡【修改】组中的【复制】按钮，复制样条曲线到右侧，如图2-149所示。

**06** 单击【默认】选项卡【绘图】组中的【直线】按钮，绘制直线图形，然后使用【圆】工具绘制半径为0.1的圆，得到变压器图形，如图2-150所示。

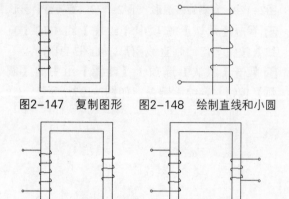

图2-147　复制图形　图2-148　绘制直线和小圆

图2-149　复制样条曲线　图2-150　变压器图形

### 实例 056　绘制固态继电器符号

案例源文件：ywj /02/056.dwg

**01** 使用【矩形】工具，绘制10×10的矩形，然后使用【直线】工具在左侧绘制直线，如图2-151所示。

**02** 单击【默认】选项卡【绘图】组中的【直线】按钮，在竖直直线上绘制三角形，角度为60°、120°，如图2-152所示。

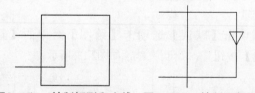

图2-151　绘制矩形和直线　图2-152　绘制三角形

**03** 使用【直线】工具，绘制水平直线，如图2-153所示。

**04** 单击【默认】选项卡【注释】组中的【引线】按钮，添加箭头，如图2-154所示。

**05** 单击【默认】选项卡【绘图】组中的【直线】按钮，绘制虚线，然后再绘制直线，如图2-155所示。

**06** 单击【默认】选项卡【绘图】组中的【直

线】按钮[图标]，绘制斜线，得到固态继电器符号图形，如图2-156所示。

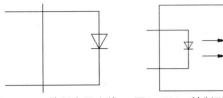

图2-153　绘制水平直线　　图2-154　绘制引线箭头

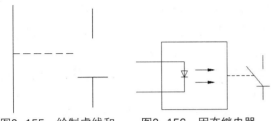

图2-155　绘制虚线和　　图2-156　固态继电器
　　　　　直线　　　　　　　　符号图形

## 实例 057

### 绘制高压避雷针
◉ 案例源文件 ywj /02/057.dwg

**01** 使用【直线】工具，绘制角度线，角度为120°，然后向下复制图形，如图2-157所示。

**02** 使用【直线】工具，绘制直线图形，然后使用【圆】工具，绘制半径为2的圆，如图2-158所示。

图2-157　绘制并复制图形　　图2-158　绘制直线和圆

**03** 单击【默认】选项卡【修改】组中的【环形阵列】按钮[图标]，将圆形创建环形阵列，数量为3，如图2-159所示。

**04** 单击【默认】选项卡【绘图】组中的【直线】按钮[图标]，绘制直线图形为接地符号，如图2-160所示。

**05** 使用【矩形】工具，绘制2×4的矩形，如图2-161所示。

**06** 修剪图形，得到高压避雷针图形，如图2-162所示。

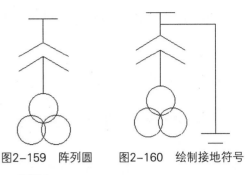

图2-159　阵列圆　　图2-160　绘制接地符号

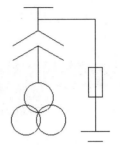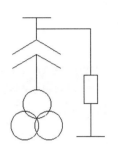

图2-161　绘制矩形　　图2-162　高压避雷针图形

## 实例 058
### 绘制变电站布置图
◉ 案例源文件 ywj /02/058.dwg

**01** 单击【默认】选项卡【绘图】组中的【矩形】按钮[图标]，绘制60×40的矩形，然后使用【偏移】工具，向内偏移图形，距离为4，如图2-163所示。

**02** 单击【默认】选项卡【修改】组中的【圆角】按钮[图标]，为内部矩形创建半径为4的圆角，如图2-164所示。

图2-163　绘制并偏移图形　　图2-164　绘制圆角

**03** 使用【矩形】工具，在内部绘制10×16的矩形和6×14的矩形，以及两个3×5的矩形，如图2-165所示。

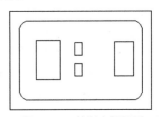

图2-165　绘制内部矩形

01
02
第2章　二维图形编辑
03
04
05
06
07
08
09
10
11

**04** 使用【直线】工具,在内部绘制直线图形,如图2-166所示。

**05** 继续绘制三条水平直线,然后向下复制图形,得到变电站布置图,如图2-167所示。

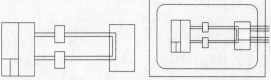

图2-166 绘制直线图形　图2-167 变电站布置图

---

## 实例 059

案例源文件 ywj /02/059.dwg

### 绘制控制电路

**01** 使用【直线】工具,绘制水平和竖直直线,长度为4,然后绘制角度线,角度60°,如图2-168所示。

**02** 单击【默认】选项卡【修改】组中的【复制】按钮,复制图形,如图2-169所示。

图2-168 绘制直线和角度线　图2-169 复制图形

**03** 单击【默认】选项卡【修改】组中的【镜像】按钮,镜像最右边的图形,如图2-170所示。

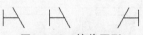

图2-170 镜像图形

**04** 单击【默认】选项卡【绘图】组中的【直线】按钮,绘制连接线,然后删除多余的线,如图2-171所示。

**05** 再次绘制直线图形,并修剪图形,如图2-172所示。

 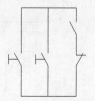

图2-171 绘制连接线并　图2-172 绘制直线并
删除多余线　　　　　　修剪图形

---

**06** 继续绘制中间的虚线,如图2-173所示。

**07** 使用【矩形】工具,在下方绘制10×5的矩形,如图2-174所示。

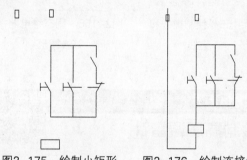

图2-173 绘制虚线　图2-174 绘制矩形

**08** 使用【矩形】工具,在上方绘制两个2×4的小矩形,如图2-175所示。

**09** 使用【直线】工具,绘制连接线,如图2-176所示。

图2-175 绘制小矩形　图2-176 绘制连接线

**10** 使用【直线】工具绘制其余连接线,得到控制电路图形,如图2-177所示。

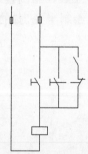

图2-177 控制电路图形

---

## 实例 060

案例源文件 ywj /02/060.dwg

### 绘制自动电路

**01** 使用【直线】工具,绘制水平直线,长度为6,然后使用【圆】工具,绘制半径均为0.4的两个圆,如图2-178所示。

**02** 使用【直线】工具,在上方绘制两条水平和竖直的直线,长度均为1,如图2-179所示。

图2-178　绘制直线和圆　　图2-179　绘制直线图形

**03** 继续绘制直线图形，然后绘制斜线，角度为60°，如图2-180所示。

**04** 单击【默认】选项卡【修改】组中的【复制】按钮，向右侧复制图形，如图2-181所示。

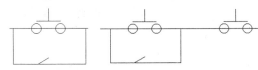

图2-180　绘制直线　　图2-181　复制图形
和角度线

**05** 单击【默认】选项卡【修改】组中的【修剪】按钮，修剪图形，如图2-182所示。

**06** 单击【默认】选项卡【修改】组中的【移动】按钮，移动图形，如图2-183所示。

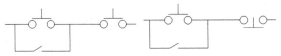

图2-182　修剪图形　　图2-183　移动图形

**07** 单击【默认】选项卡【绘图】组中的【直线】按钮，绘制直线图形，如图2-184所示。

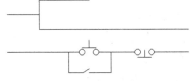

图2-184　绘制直线图形

**08** 单击【默认】选项卡【修改】组中的【复制】按钮，复制图形，如图2-185所示。

**09** 单击【默认】选项卡【绘图】组中的【矩形】按钮，绘制3×2的矩形，如图2-186所示。

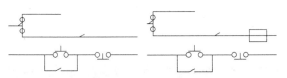

图2-185　复制图形　　图2-186　绘制矩形

**10** 单击【默认】选项卡【修改】组中的【修剪】按钮，修剪图形，如图2-187所示。

**11** 单击【默认】选项卡【绘图】组中的【直线】按钮，绘制连接线图形，如图2-188所示。

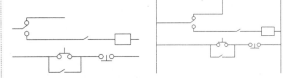

图2-187　修剪图形　　图2-188　绘制连接线

**12** 单击【默认】选项卡【修改】组中的【复制】按钮，复制圆，如图2-189所示。

**13** 单击【默认】选项卡【修改】组中的【修剪】按钮，修剪图形，得到自动电路图，如图2-190所示。

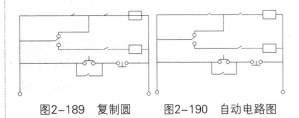

图2-189　复制圆　　图2-190　自动电路图

**实例 061**　　　案例源文件：ywj/02/061.dwg

## 绘制发送机

**01** 使用【矩形】工具，绘制4×2的矩形，然后在其中绘制1×1.4和1×0.4的矩形，如图2-191所示。

**02** 复制右侧的小矩形，如图2-192所示。

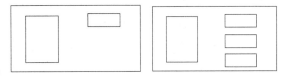

图2-191　绘制矩形　　图2-192　复制小矩形

**03** 单击【默认】选项卡【注释】组中的【引线】按钮，添加内部箭头，然后进行复制，如图2-193所示。

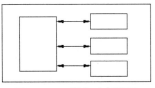

图2-193　添加内部箭头

**04** 再次添加外部箭头，并进行复制，如图2-194所示。

**05** 单击【默认】选项卡【修改】组中的【旋转】按钮，旋转外部箭头，得到发送机图形，如图2-195所示。

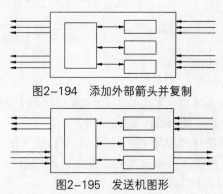

图2-194　添加外部箭头并复制

图2-195　发送机图形

## 实例 062

⊕ 案例源文件　ywj /02/062.dwg

# 绘制稳压器

**01** 使用【矩形】工具，绘制3×2的矩形，然后使用【多边形】工具，绘制三角形，内接圆半径为1，如图2-196所示。

**02** 单击【默认】选项卡【注释】组中的【引线】按钮，添加箭头，如图2-197所示。

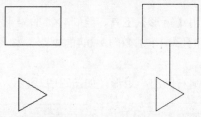

图2-196　绘制矩形和三角形　图2-197　绘制引线箭头

**03** 使用【直线】工具，绘制连接直线图形，如图2-198所示。

**04** 使用【圆】工具，在左侧端头绘制半径为0.2的圆，如图2-199所示。

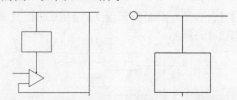

图2-198　绘制连接直线　图2-199　绘制圆

**05** 单击【默认】选项卡【修改】组中的【复制】按钮，复制圆，如图2-200所示。

**06** 单击【默认】选项卡【绘图】组中的【图案填充】按钮，填充圆形，如图2-201所示。

**07** 使用【直线】工具，绘制直线图形，长度分别为0.5和0.2，如图2-202所示。

**08** 单击【默认】选项卡【修改】组中的【复制】按钮，复制图形，间距为0.5，如图2-203所示。

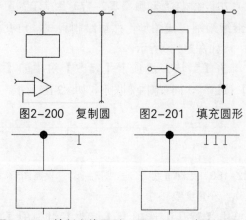

图2-200　复制圆　图2-201　填充圆形

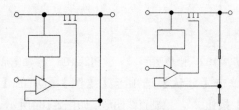

图2-202　绘制直线图形　图2-203　复制图形

**09** 使用【直线】工具，绘制连接直线图形，如图2-204所示。

**10** 使用【矩形】工具，绘制矩形，如图2-205所示。

图2-204　绘制连接直线　图2-205　绘制矩形

**11** 单击【默认】选项卡【修改】组中的【修剪】按钮，修剪图形，如图2-206所示。

**12** 使用【直线】工具，绘制其余直线图形，得到稳压器图形，如图2-207所示。

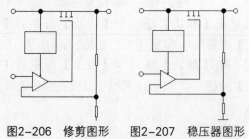

图2-206　修剪图形　图2-207　稳压器图形

## 实例 063

⊕ 案例源文件　ywj /02/063.dwg

# 绘制高压柜

**01** 使用【直线】工具，绘制直线图形，如图2-208所示。

**02** 使用【矩形】工具，绘制0.2×0.4的矩形，如图2-209所示。

图2-216 绘制角度线　　图2-217 复制图形

**11** 绘制并复制圆，如图2-218所示。

**12** 绘制直线图形，如图2-219所示。

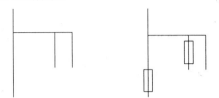

图2-208 绘制直线图形　　图2-209 绘制矩形

**03** 单击【默认】选项卡【绘图】组中的【图案填充】按钮▨，填充矩形，如图2-210所示。

**04** 使用【圆】工具，绘制半径均为0.2的两个圆，如图2-211所示。

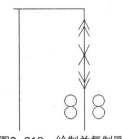
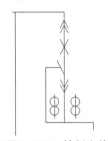

图2-218 绘制并复制圆　　图2-219 绘制直线

**13** 单击【默认】选项卡【修改】组中的【修剪】按钮✂，修剪图形，如图2-220所示。

**14** 使用【引线】工具，再次添加箭头，如图2-221所示。

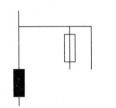
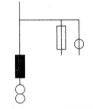

图2-210 填充矩形　　图2-211 绘制圆

**05** 使用【直线】工具，绘制直线图形，如图2-212所示。

**06** 单击【默认】选项卡【修改】组中的【修剪】按钮✂，修剪图形，如图2-213所示。

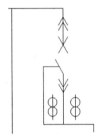
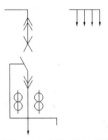

图2-220 修剪图形　　图2-221 绘制引线箭头

**15** 使用【直线】工具，绘制其余连接直线，得到高压柜图形，如图2-222所示。

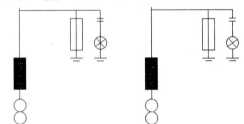

图2-212 绘制直线图形　　图2-213 修剪图形

**07** 单击【默认】选项卡【注释】组中的【引线】按钮⌁，添加箭头，如图2-214所示。

**08** 使用【直线】工具，绘制直线图形，如图2-215所示。

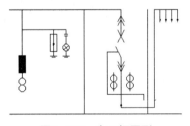

图2-222 高压柜图形

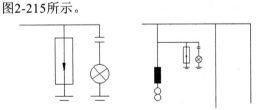

图2-214 绘制引线箭头　　图2-215 绘制直线图形

**09** 使用【直线】工具，绘制斜线，角度为60°，如图2-216所示。

**10** 单击【默认】选项卡【修改】组中的【复制】按钮🕂，复制图形，如图2-217所示。

**实例 064** 　🔘案例源文件·ywj/02/064.dwg　

**绘制低压柜**

**01** 使用【矩形】工具，绘制40×10的矩形，如图2-223所示。

图2-223　绘制矩形

02 单击【默认】选项卡【修改】组中的【偏移】按钮⊂，偏移图形，距离为1，如图2-224所示。

图2-224　偏移图形

03 使用【直线】工具，绘制竖直直线，间距为6，如图2-225所示。

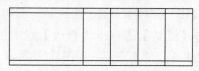

图2-225　绘制竖直直线

04 使用【直线】工具，绘制直线图形，如图2-226所示。

05 使用【矩形】工具，绘制0.5×1.5的矩形，如图2-227所示。

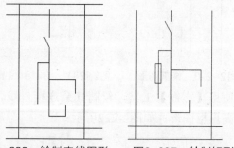

图2-226　绘制直线图形　　图2-227　绘制矩形

06 使用【圆】工具，绘制半径为0.2的圆，如图2-228所示。

07 使用【直线】工具，绘制直线图形，如图2-229所示。

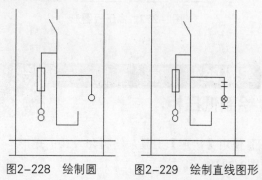

图2-228　绘制圆　　图2-229　绘制直线图形

08 单击【默认】选项卡【修改】组中的【修剪】按钮，修剪图形，如图2-230所示。

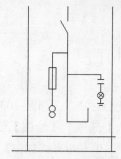

图2-230　修剪图形

09 单击【默认】选项卡【修改】组中的【复制】按钮，复制图形，如图2-231所示。

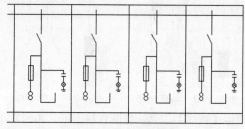

图2-231　复制图形

10 使用【直线】工具，绘制其余连接线，得到低压柜图形，如图2-232所示。

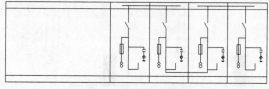

图2-232　低压柜图形

## 实例 065
◉ 案例源文件：ywj /02/065.dwg

# 绘制普通继电器符号

01 使用【直线】工具，绘制竖直直线，长度为6，然后绘制角度线，角度为60°，如图2-233所示。

02 单击【默认】选项卡【修改】组中的【修剪】按钮，修剪图形，如图2-234所示。

图2-233　绘制直线和角度线　图2-234　修剪图形

**03** 使用【直线】工具，在左侧绘制直线图形，然后绘制虚线，如图2-235所示。

**04** 移动图形，得到普通继电器符号图形，如图2-236所示。

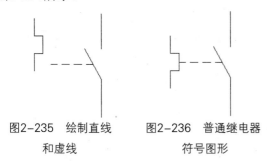

图2-235 绘制直线
和虚线

图2-236 普通继电器
符号图形

## 实例066
### 绘制多极插头

**01** 使用【圆】工具，绘制半径为10的圆，然后使用【直线】工具，绘制中心线，如图2-237所示。

**02** 单击【默认】选项卡【修改】组中的【偏移】按钮，往两侧偏移竖直中心线，距离为8，如图2-238所示。

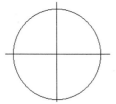
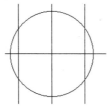

图2-237 绘制圆和中心线　图2-238 偏移直线

**03** 使用【矩形】工具，绘制2×2的矩形，如图2-239所示。

**04** 单击【默认】选项卡【修改】组中的【镜像】按钮，镜像矩形，如图2-240所示。

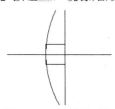
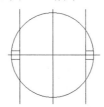

图2-239 绘制矩形　图2-240 镜像矩形

**05** 单击【默认】选项卡【修改】组中的【旋转】按钮，旋转复制图形，角度为90°、270°，如图2-241所示。

**06** 单击【默认】选项卡【修改】组中的【修剪】按钮，修剪图形，如图2-242所示。

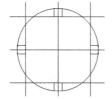

图2-241 旋转复制图形　图2-242 修剪图形

**07** 使用【圆】工具，绘制半径分别为1和1.4的同心圆，然后再复制两个同样大小的同心圆，距离为4，如图2-243所示。

**08** 单击【默认】选项卡【修改】组中的【删除】按钮，删除中间的外圆，并向上移动图形，距离为5，得到多极插头图形，如图2-244所示。

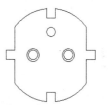

图2-243 绘制和复制
同心圆

图2-244 多极插头图形

## 实例067
### 绘制三极开关

**01** 使用【矩形】工具，绘制2×6的矩形，然后在右侧绘制4×6的矩形，接下来在左侧矩形中绘制半径为0.2的圆，如图2-245所示。

**02** 使用【直线】工具，绘制斜线，如图2-246所示。

图2-245 绘制矩形和圆　图2-246 绘制斜线

**03** 单击【默认】选项卡【修改】组中的【复制】按钮，复制图形，如图2-247所示。

图2-247 复制图形

**04** 使用【直线】工具，绘制连接直线，如图2-248所示。

**05** 使用【圆】工具，绘制半径为0.8的圆，如图2-249所示。

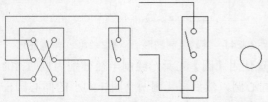

图2-248　绘制其余连接线　　图2-249　绘制圆

**06** 使用【直线】工具，绘制其余连接线，得到三级开关图形，如图2-250所示。

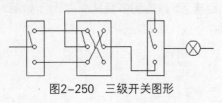

图2-250　三级开关图形

## 实例 068
● 案例源文件：ywj /02/068.dwg

## 绘制浴室

**01** 使用【矩形】工具，绘制两个2×20的矩形，如图2-251所示。

**02** 单击【默认】选项卡【绘图】组中的【图案填充】按钮，填充图形，如图2-252所示。

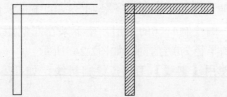

图2-251　绘制矩形　　图2-252　填充图形

**03** 使用【直线】工具，绘制直线图形，长度为16，如图2-253所示。

**04** 单击【默认】选项卡【修改】组中的【圆角】按钮，创建半径为6的圆角，如图2-254所示。

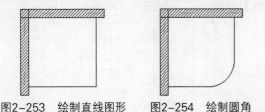

图2-253　绘制直线图形　　图2-254　绘制圆角

**05** 单击【默认】选项卡【修改】组中的【偏移】按钮，偏移图形，距离分别为2和1，如图2-255所示。

**06** 使用【直线】工具，绘制直线图形，得到浴室图形，结果如图2-256所示。

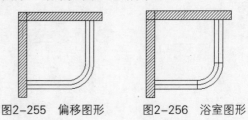

图2-255　偏移图形　　图2-256　浴室图形

## 实例 069
● 案例源文件：ywj /02/069.dwg

## 绘制衣橱

**01** 使用【矩形】工具，绘制18×4的矩形，如图2-257所示。

**02** 单击【默认】选项卡【修改】组中的【偏移】按钮，偏移边线，距离为1，如图2-258所示。

图2-257　绘制矩形　　图2-258　偏移边线

**03** 使用【直线】工具，绘制中间的两条直线，间距为0.2，如图2-259所示。

图2-259　绘制直线

**04** 单击【默认】选项卡【修改】组中的【复制】按钮，复制图形，如图2-260所示。

图2-260　复制图形

**05** 单击【默认】选项卡【修改】组中的【移动】按钮，移动图形，如图2-261所示。

图2-261　移动图形

**06** 单击【默认】选项卡【绘图】组中的【图案填充】按钮，填充图形，如图2-262所示。

图2-262　填充图形

**07** 使用【矩形】工具，绘制7.6×0.2的矩形，然后再绘制3.8×0.2的矩形，得到衣橱图形，如图2-263所示。

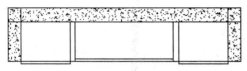

图2-263　衣橱图形

## 实例 070

案例源文件：ywj /02/070.dwg

### 绘制洁具

**01** 使用【矩形】工具，绘制10×4的矩形，然后使用【圆角】工具，创建半径为1的圆角，如图2-264所示。

**02** 使用【椭圆】工具，绘制椭圆，设置长半径为5，短半径为4，如图2-265所示。

图2-264　绘制矩形　　　图2-265　绘制椭圆
　　　　　并倒圆角

**03** 使用【偏移】工具，向内偏移椭圆，距离为1，如图2-266所示。

**04** 使用【直线】工具，绘制直线图形，然后进行修剪，如图2-267所示。

图2-266　偏移椭圆　　　图2-267　修剪图形

**05** 使用【圆弧】工具，绘制圆弧，得到洁具图

形，如图2-268所示。

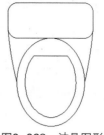

图2-268　洁具图形

## 实例 071

案例源文件：ywj /02/071.dwg

### 绘制餐桌

**01** 使用【矩形】工具，绘制32×20的矩形，然后在左上方绘制8×1的矩形，如图2-269所示。

**02** 使用【直线】工具，绘制两条斜线，如图2-270所示。

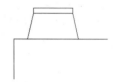

图2-269　绘制矩形　　　图2-270　绘制斜线

**03** 使用【圆】工具，在小矩形两端绘制圆，然后进行修剪，如图2-271所示。

**04** 单击【默认】选项卡【修改】组中的【复制】按钮，复制图形，如图2-272所示。

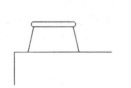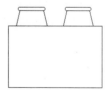

图2-271　绘制并修剪图形　　图2-272　复制图形

**05** 单击【默认】选项卡【修改】组中的【镜像】按钮，向下镜像图形，如图2-273所示。

**06** 单击【默认】选项卡【修改】组中的【复制】按钮，复制图形并旋转，如图2-274所示。

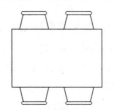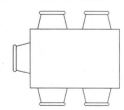

图2-273　镜像图形　　　图2-274　复制旋转图形

07 单击【默认】选项卡【修改】组中的【镜像】按钮△，在右侧镜像图形，得到餐桌图形，如图2-275所示。

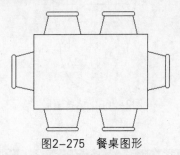

图2-275　餐桌图形

## 实例072
### 绘制欧式窗
案例源文件：ywj /02/072.dwg

01 使用【圆】工具，绘制半径分别为10和3的同心圆，如图2-276所示。

02 使用【直线】工具，绘制水平线和角度线，角度分别为60°、120°，如图2-277所示。

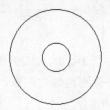 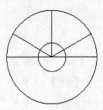

图2-276　绘制同心圆　　图2-277　绘制角度线

03 单击【默认】选项卡【修改】组中的【修剪】按钮▼，修剪图形，如图2-278所示。

04 单击【默认】选项卡【修改】组中的【偏移】按钮⊂，向下偏移水平直线，距离为2，如图2-279所示。

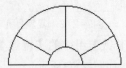 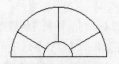

图2-278　修剪图形　　　图2-279　偏移直线

05 使用【矩形】工具，绘制20×20的矩形，如图2-280所示。

06 使用【直线】工具，在矩形内部绘制直线，间距均为5，如图2-281所示。

07 使用【偏移】工具，偏移上部的半圆，距离分别为2和4，如图2-282所示。

08 再次使用【偏移】工具，向外偏移下部的矩

形，距离分别为2和4，得到欧式窗的效果，如图2-283所示。

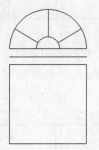 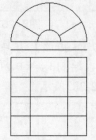

图2-280　绘制矩形　　图2-281　绘制间距直线

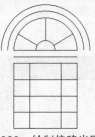 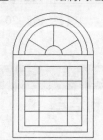

图2-282　绘制偏移半圆　　图2-283　欧式窗图形

## 实例073
案例源文件：ywj /02/073.dwg

### 绘制洗脸台盆

01 使用【直线】工具，绘制水平和竖直直线，长度分别为10和4，如图2-284所示。

02 使用【椭圆】工具，绘制椭圆，长半径为4，短半径为3，如图2-285所示。

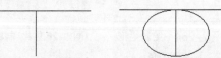

图2-284　绘制直线图形　　图2-285　绘制椭圆

03 使用【偏移】工具，向内偏移椭圆，距离为0.5，如图2-286所示。然后向下移动小椭圆，距离为0.4，如图2-287所示。

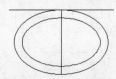 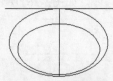

图2-286　偏移椭圆　　图2-287　移动椭圆

04 单击【默认】选项卡【修改】组中的【删除】按钮✍，删除竖直直线，然后使用【圆】工具，在内部绘制半径分别为0.2和0.3的同心圆，如图2-288所示。

**05** 使用【圆弧】工具，绘制圆弧，如图2-289
所示。

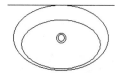 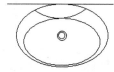

图2-288 删除直线并　　图2-289 绘制圆弧
　　绘制同心圆

**06** 使用【圆】工具，绘制半径均为0.1的三个小
圆，得到洗脸台盆图形，如图2-290所示。

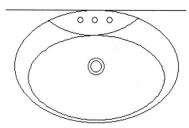

图2-290 洗脸台盆图形

## 实例 074
### 绘制休闲座椅

（案例源文件：ywj /02/074.dwg）

**01** 使用【矩形】工具，绘制20×2的矩形，如
图2-291所示。

**02** 使用【直线】工具，绘制两条斜线，角度分
别为45°和10°，如图2-292所示。

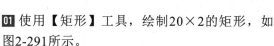

　图2-291 绘制矩形　　　图2-292 绘制角度线

**03** 使用【圆弧】工具，在右侧绘制圆弧，如
图2-293所示。

**04** 使用【直线】工具，在左侧绘制角度线，长
度为26，角度为135°，如图2-294所示。

 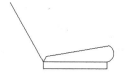

　图2-293 绘制圆弧　　　图2-294 绘制角度线

**05** 使用【偏移】工具，偏移角度线，距离为
1，如图2-295所示。

**06** 使用【圆】工具，在上部绘制半径为3的
圆，如图2-296所示。

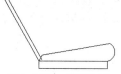 

　图2-295 偏移直线　　　图2-296 绘制圆

**07** 使用【样条曲线】工具，绘制样条曲线，如
图2-297所示。

**08** 修剪图形，得到休闲座椅图形，如图2-298
所示。

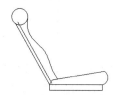 

　图2-297 绘制样条曲线　　图2-298 休闲座椅图形

## 实例 075
### 绘制旋转座椅

（案例源文件：ywj /02/075.dwg）

**01** 使用【圆】工具，绘制半径为10的圆，然
后使用【矩形】工具，绘制16×16的矩形，
如图2-299所示。

**02** 使用【直线】工具，继续绘制3个矩形，如
图2-300所示。

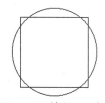 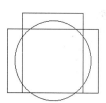

　图2-299 绘制圆和矩形　　图2-300 绘制3个矩形

**03** 使用【圆】工具，在上部矩形两端绘制圆，
如图2-301所示。

**04** 使用【修剪】工具修剪图形，得到旋转座椅
图形，如图2-302所示。

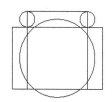 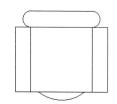

　图2-301 绘制圆　　　　图2-302 旋转座椅图形

## 绘制背景墙

**01** 使用【矩形】工具，绘制30×20的矩形，如图2-303所示。

**02** 使用【偏移】工具，向内偏移矩形边线，距离为4，如图2-304所示。

 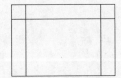

图2-303　绘制矩形　　　图2-304　偏移边线

**03** 再次使用【偏移】工具，偏移中间的直线，距离为6，如图2-305所示。

**04** 使用【修剪】工具，修剪图形，如图2-306所示。

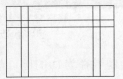 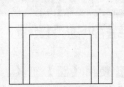

图2-305　绘制偏移直线　　图2-306　修剪图形

**05** 使用【移动】工具，向下移动上边直线，距离为2，如图2-307所示。

**06** 使用【圆】工具，绘制半径为3的圆，如图2-308所示。

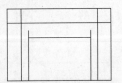 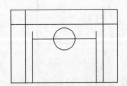

图2-307　移动直线　　　图2-308　绘制圆

**07** 修剪图形，如图2-309所示。

**08** 使用【偏移】工具，偏移图形，距离为1，如图2-310所示。

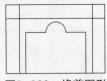 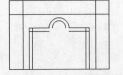

图2-309　修剪图形　　图2-310　绘制偏移图形

**09** 使用【圆弧】工具，绘制连接圆弧，如图2-311所示。

**10** 继续修剪图形，如图2-312所示。

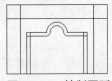 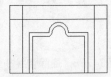

图2-311　绘制圆弧　　图2-312　修剪图形

**11** 使用【矩形】工具，绘制2×6的矩形，然后向上复制矩形，距离为7，如图2-313所示。

**12** 使用【圆】工具，绘制半径为1.6的圆，如图2-314所示。

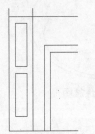 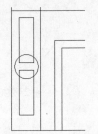

图2-313　绘制并复制矩形　　图2-314　绘制圆

**13** 修剪图形，如图2-315所示。

**14** 使用【偏移】工具，向内偏移圆，距离为0.3，如图2-316所示。

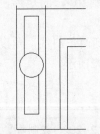 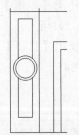

图2-315　修剪图形　　　图2-315　偏移圆

**15** 使用【镜像】工具，镜像图形，得到背景墙效果，如图2-317所示。

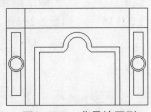

图2-317　背景墙图形

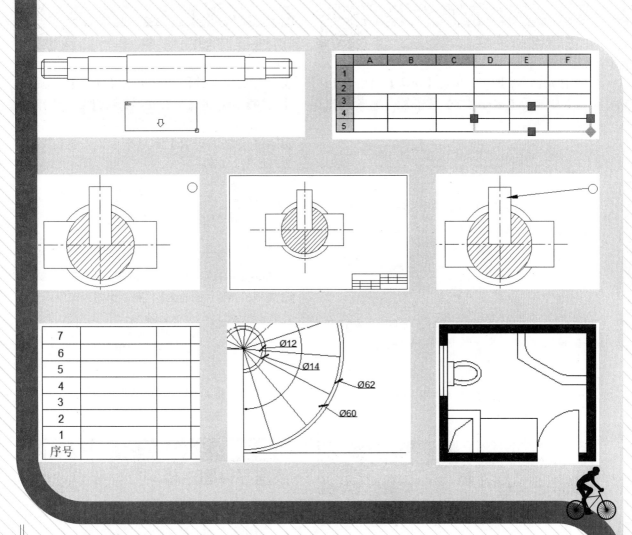

# 第**3**章 尺寸和文字标注

## 轴零件图注释

**01** 打开轴零件图形，单击【默认】选项卡【注释】组中的【多行文字】按钮 **A**，选择文字区域，如图3-1所示。

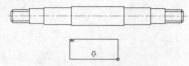

图3-1　选择文字区域

**02** 在文字区域输入文字，如图3-2所示。

图3-2　添加文字

**03** 完成轴零件图的文字注释，如图3-3所示。

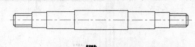

图3-3　轴零件图注释

## 螺栓零件图注释

**01** 打开螺栓图形，单击【默认】选项卡【注释】组中的【多行文字】按钮 **A**，选择文字区域，如图3-4所示。

**02** 在文字区域输入文字，如图3-5所示。

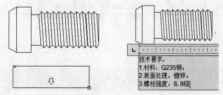

图3-4　选择文字区域　　图3-5　添加文字

**03** 在【文字编辑器】选项卡中，设置文字参数，如图3-6所示。

**04** 完成螺栓零件图的文字注释，如图3-7所示。

技术要求:
1.材料: Q235钢;
2.表面处理: 镀锌;
3.螺栓强度: 8.8级

图3-6　设置文字参数　图3-7　螺栓零件图注释

## 机座零件图注释

**01** 打开机座零件图形，单击【默认】选项卡【注释】组中的【多行文字】按钮 **A**，选择文字区域，在文字区域输入文字，如图3-8所示。

**02** 在【文字编辑器】选项卡中，设置文字参数，如图3-9所示。

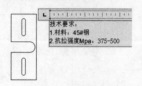

图3-8　添加文字　　　图3-9　设置文字参数

**03** 完成机座零件图的文字注释，如图3-10所示。

技术要求:
1.材料: 45#钢
2.抗拉强度Mpa: 375-500

图3-10　机座零件图注释

## 底座零件图注释

**01** 打开底座零件图形，单击【默认】选项卡【注释】组中的【多行文字】按钮 **A**，选择文字区域，在文字区域输入文字，如图3-11所示。

**02** 在【文字编辑器】选项卡中，设置文字参数，如图3-12所示。

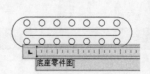
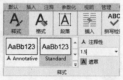

图3-11　添加文字　　　图3-12　设置文字参数

**03** 完成底座零件图的文字注释，如图3-13所示。

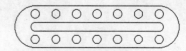

底座零件图

图3-13　底座零件图注释

## 实例 081

### 修改轴零件图注释

案例源文件：ywj /03/082. dwg

**01** 打开轴承零件图形，单击【默认】选项卡【注释】组中的【多行文字】按钮 **A**，添加文字"外环"，如图3-14所示。

**02** 再次单击【默认】选项卡【注释】组中的【多行文字】按钮 **A**，添加文字"内环"，如图3-15所示。

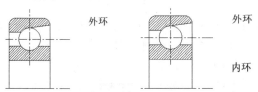

图3-14　添加文字1　　图3-15　添加文字2

**03** 单击【默认】选项卡【注释】组中的【引线】按钮，添加引线箭头，完成轴承零件图的注释，如图3-16所示。

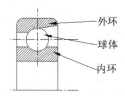

图3-16　添加文字和引线

## 实例 082

### 轴承零件图注释

案例源文件：ywj /03/081. dwg

**01** 打开实例077文件，在图纸上双击文字，如图3-17所示。

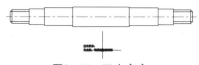

图3-17　双击文字

**02** 在【文字编辑器】选项卡中，修改文字参数，如图3-18所示。

图3-18　修改文字参数

**03** 在文字区域调整输入文字，如图3-19所示。

**04** 完成轴零件图纸的文字修改，如图3-20所示。

图3-19　调整文字内容　　图3-20　轴零件图纸注释修改

## 实例 083
### 装配体零件表

案例源文件：ywj /03/083. dwg

**01** 单击【默认】选项卡【注释】组中的【表格】按钮，在弹出的【插入表格】对话框中，设置参数，如图3-21所示。

图3-21　【插入表格】对话框

**02** 在绘图区，选择表格，调整表格的尺寸，如图3-22所示。

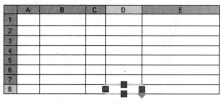

图3-22　调整表格尺寸

**03** 双击表格，添加序号的文字内容，如图3-23所示。

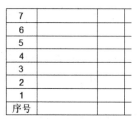

图3-23　添加序号

**04** 双击表格，添加标题文字内容，如图3-24所示。

| 7 | | | | |
|---|---|---|---|---|
| 6 | | | | |
| 5 | | | | |
| 4 | | | | |
| 3 | | | | |
| 2 | | | | |
| 1 | | | | |
| 序号 | 名称 | 数量 | 材料 | 规格 |

图3-24　添加标题文字

**05** 双击表格，添加具体零件文字内容，得到最终的装配零件表，如图3-25所示。

| 7 | 活动钳身 | 1 | HT200 | |
|---|---|---|---|---|
| 6 | 螺钉M6 | 1 | HT200 | GB/T 68-2000 |
| 5 | 垫圈 | 1 | HT200 | |
| 4 | 活动钳口 | 1 | HT200 | |
| 3 | 固定钳口 | 1 | 45 | |
| 2 | 固定钳身 | 1 | 45 | |
| 1 | 螺钉M10*45 | 2 | HT200 | GB/T 701-2000 |
| 序号 | 名称 | 数量 | 材料 | 规格 |

图3-25　装配零件表

## 实例 084　绘制空白标题栏

案例源文件：ywj /03/084.dwg

**01** 单击【默认】选项卡【注释】组中的【表格】按钮，在弹出的【插入表格】对话框中，设置参数，如图3-26所示。

图3-26　【插入表格】对话框

**02** 在绘图区，选择表格，调整表格的尺寸，如图3-27所示。

图3-27　调整表格尺寸

**03** 在绘图区，选择表格进行删除，如图3-28所示。

**04** 在绘图区，选择表格，单击【表格单元】选项卡中的【合并全部】按钮，进行合并，如图3-29所示。

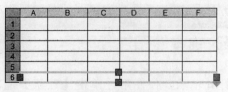

图3-28　删除表格

图3-29　合并表格

**05** 在绘图区，选择表格，单击【表格单元】选项卡中的【合并全部】按钮，再次进行合并，如图3-30所示。

图3-30　合并表格

**06** 完成空白标题栏的绘制，如图3-31所示。

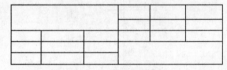

图3-31　空白标题栏

## 实例 085　填写阀体标题栏

案例源文件：ywj /03/085.dwg

**01** 选择实例084中绘制的标题栏，选择【编辑】|【复制】和【编辑】|【粘贴】菜单命令，复制标题栏到阀体零件图中，如图3-32所示。

**02** 使用【直线】工具，绘制图框，如图3-33所示。

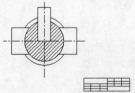

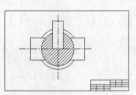

图3-32　复制标题栏　　　图3-33　绘制图框

**03** 单击【默认】选项卡【注释】组中的【多行文字】按钮A，添加零件名文字，如图3-34所示。

**04** 单击【默认】选项卡【注释】组中的【多行

文字】按钮 A，添加其余文字，得到阀体标题栏，如图3-35所示。

图3-34 添加文字1

| 阀体 | | 比例 | | |
| | | 件数 | 1 | |
| 设计 | | 材料 | HT200 | |
| 制图 | | | | |
| 审核 | | | | |

图3-35 阀体标题栏

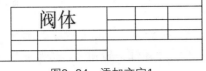
**01** 在阀体零件图中使用【圆】工具，绘制半径为0.4的圆，如图3-36所示。

**02** 单击【默认】选项卡【注释】组中的【引线】按钮，添加引线，如图3-37所示。

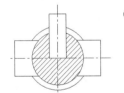
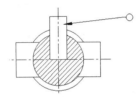

图3-36 绘制小圆　　　图3-37 绘制引线

**03** 单击【默认】选项卡【块】组中的【创建】按钮，在弹出的【块定义】对话框中，选择对象，创建图块，如图3-38所示。

图3-38 创建块

**04** 单击【默认】选项卡【块】组中的【插入】按钮，添加新创建的图块，如图3-39所示。

**05** 单击【默认】选项卡【注释】组中的【多行文字】按钮 A，添加数字标号，结果如图3-40所示。

图3-39 添加块　　　图3-40 添加数字标号

**01** 打开三角形图形，单击【默认】选项卡【注释】组中的【标注样式】按钮，在弹出的【标注样式管理器】对话框中，单击【修改】按钮，如图3-41所示。

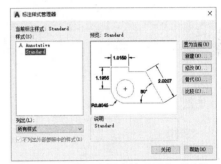

图3-41 【标注样式管理器】对话框

**02** 在弹出的【修改标注样式：Standard】对话框中，修改箭头大小，如图3-42所示。

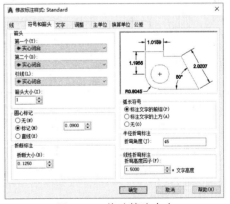

图3-42 修改箭头大小

**03** 在【文字】选项卡中，修改文字高度，如图3-43所示。

**04** 在【主单位】选项卡中，修改精度，如图3-44所示。

**05** 单击【默认】选项卡【注释】组中的【线性】按钮，添加整体的线性标注，如图3-45

所示。

**06** 继续添加中间小三角形线性标注，如图3-46所示。

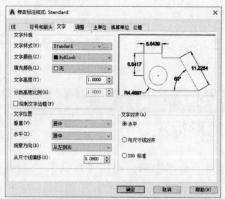

图3-43　修改文字高度

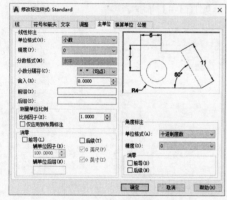

图3-44　修改精度

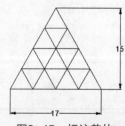

图3-45　标注整体
线性图形

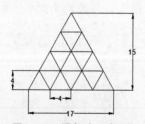

图3-46　添加小三角形
线性标注

**07** 单击【默认】选项卡【注释】组中的【角度】按钮△，添加角度标注，完成标注的结果如图3-47所示。

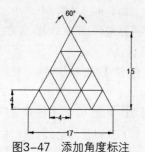

图3-47　添加角度标注

**实例 088**　　🌐 案例源文件：ywj/03/088.dwg

# 角钢零件图标注

**01** 打开角钢图形，单击【默认】选项卡【注释】组中的【线性】按钮┌┤，添加长宽线性标注，如图3-48所示。

**02** 添加厚度线性标注，如图3-49所示。

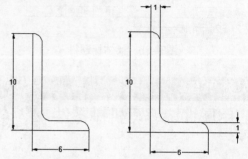

图3-48　添加长宽标注　　图3-49　添加厚度标注

**03** 单击【默认】选项卡【注释】组中的【半径】按钮⌒，添加半径标注，完成结果如图3-50所示。

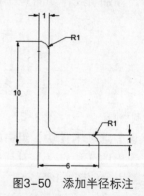

图3-50　添加半径标注

**实例 089**　　🌐 案例源文件：ywj/03/089.dwg

# 定位板标注

**01** 打开定位板图形，单击【默认】选项卡【注释】组中的【线性】按钮┌┤，添加定位线性标注，如图3-51所示。

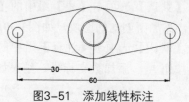

图3-51　添加线性标注

**02** 单击【默认】选项卡【注释】组中的【半径】按钮△，添加半径标注，如图3-52所示。

**03** 单击【默认】选项卡【注释】组中的【直径】按钮◎，添加中间圆的直径标注，如图3-53所示。

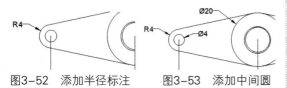

图3-52 添加半径标注　　图3-53 添加中间圆
直径标注

**04** 单击【默认】选项卡【注释】组中的【直径】按钮◎，添加其余直径标注，完成结果如图3-54所示。

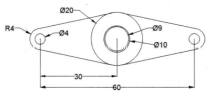

图3-54 添加其余直径标注

## 实例 090
### 轴零件图标注
◉ 案例源文件：ywj /03/090. dwg

**01** 打开轴零件图形，单击【默认】选项卡【注释】组中的【线性】按钮╟，添加长度线性标注，如图3-55所示。

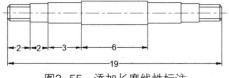

图3-55 添加长度线性标注

**02** 单击【默认】选项卡【注释】组中的【引线】按钮╱和【多行文字】按钮A，添加斜角标注，如图3-56所示。

**03** 单击【默认】选项卡【注释】组中的【线性】按钮╟，添加轴直径的线性标注，如图3-57所示。

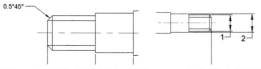

图3-56 添加斜角标注　　图3-57 添加轴直径标注

**04** 单击【默认】选项卡【注释】组中的【线性】按钮╟，添加其余线性标注，完成结果如图3-58所示。

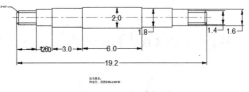

图3-58 完成标注

## 实例 091
### 阀盖零件图标注
◉ 案例源文件：ywj /03/091. dwg

**01** 打开阀盖零件图形，单击【默认】选项卡【注释】组中的【线性】按钮╟，添加定位线性标注，如图3-59所示。

**02** 单击【默认】选项卡【注释】组中的【直径】按钮◎，添加左侧圆直径标注，如图3-60所示。

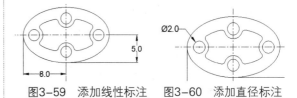

图3-59 添加线性标注　　图3-60 添加直径标注

**03** 单击【默认】选项卡【注释】组中的【半径】按钮△，添加半径标注，如图3-61所示。

**04** 继续添加其余定位线性标注，如图3-62所示。

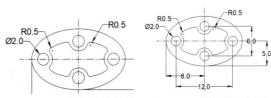

图3-61 添加半径标注　　图3-62 添加线性标注

**05** 添加其余半径标注，完成结果如图3-63所示。

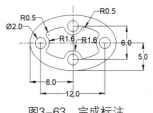

图3-63 完成标注

## 实例 092

案例源文件：ywj /03/092. dwg

# 轴承零件图标注

**01** 打开轴承零件图形，单击【默认】选项卡【注释】组中的【线性】按钮，添加长宽线性标注，如图3-64所示。

**02** 继续添加轴承内外径线性标注，如图3-65所示。

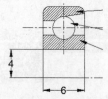
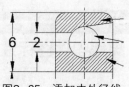

图3-64 添加长宽线　　图3-65 添加内外径线
　　　性标注　　　　　　　　　　性标注

**03** 单击【默认】选项卡【注释】组中的【半径】按钮，添加倒角的半径标注，如图3-66所示。

**04** 单击【默认】选项卡【注释】组中的【直径】按钮，添加直径标注，完成结果如图3-67所示。

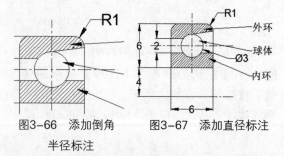

图3-66 添加倒角　　　图3-67 添加直径标注
　半径标注

## 实例 093

案例源文件：ywj /03/093. dwg

# 楼梯平面标注

**01** 打开楼梯平面图形，单击【默认】选项卡【注释】组中的【线性】按钮，添加整体长宽线性标注，如图3-68所示。

**02** 继续添加楼梯距离墙的线性标注，如图3-69所示。

**03** 添加楼梯宽度线性标注，如图3-70所示。

**04** 添加踏步宽度线性标注，如图3-71所示。

**05** 添加其余线性标注，完成结果如图3-72所示。

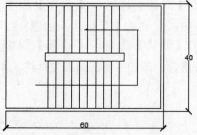

图3-68　添加整体长宽线性标注

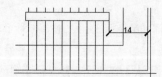

图3-69　添加楼梯距离墙标注

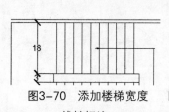

图3-70　添加楼梯宽度　　图3-71　添加踏步宽
　线性标注　　　　　　　度线性标注

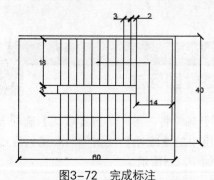

图3-72　完成标注

## 实例 094

案例源文件：ywj /03/094. dwg

# 客厅平面标注

**01** 打开客厅平面图形，单击【默认】选项卡【注释】组中的【线性】按钮，添加整体长宽线性标注，如图3-73所示。

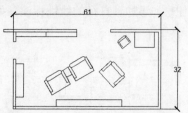

图3-73　添加整体长宽线性标注

**02** 添加线性标注标出门宽，如图3-74所示。

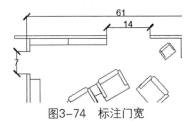

图3-74 标注门宽

**03** 用线性标注标出墙的宽度，如图3-75所示。

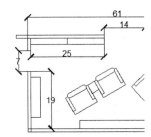

图3-75 标注墙的宽度

**04** 添加其余线性标注，完成结果如图3-76所示。

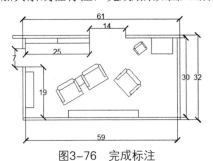

图3-76 完成标注

## 实例 095
案例源文件：ywj /03/095. dwg

### 卫生间平面标注

**01** 打开卫生间平面图形，单击【默认】选项卡【绘图】组中的【图案填充】按钮，填充图形，如图3-77所示。

**02** 单击【默认】选项卡【注释】组中的【线性】按钮，添加整体长宽线性标注，如图3-78所示。

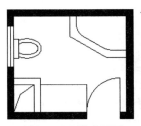

图3-77 填充图形 图3-78 添加整体长宽
线性标注

**03** 添加线性标注标出窗的宽度，如图3-79所示。

**04** 添加门宽线性标注，如图3-80所示。

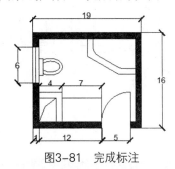

图3-79 标注窗的宽度 图3-80 标注门宽

**05** 添加其余线性标注，完成结果如图3-81所示。

图3-81 完成标注

## 实例 096
案例源文件：ywj /03/096. dwg

### 办公楼平面标注

**01** 打开办公楼平面图形，单击【默认】选项卡【注释】组中的【线性】按钮，添加整体长宽线性标注，如图3-82所示。

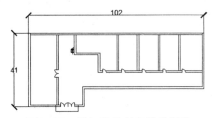

图3-82 添加整体长宽线性标注

**02** 添加内部房间长度线性标注，如图3-83所示。

**03** 添加内部房间宽度线性标注，如图3-84所示。

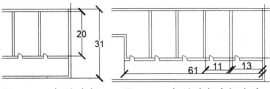

图3-83 标注内部 图3-84 标注内部房间宽度
房间长度

**04** 添加房间门宽线性标注，如图3-85所示。

**05** 添加楼门宽度线性标注，如图3-86所示。

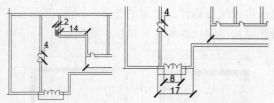

图3-85　标注房间门宽　　图3-86　标注楼门宽度

06 添加其余线性标注，完成结果如图3-87所示。

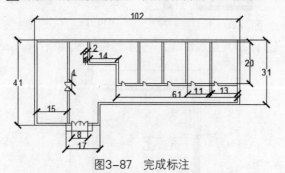

图3-87　完成标注

## 实例 097　　◎案例源文件：ywj /03/097.dwg

## 旋转楼梯标注

01 打开旋转楼梯图形，单击【默认】选项卡【注释】组中的【线性】按钮，添加楼梯长宽线性标注，如图3-88所示。

02 添加旋转楼梯距离线性标注，如图3-89所示。

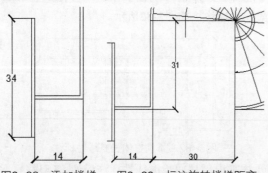

图3-88　添加楼梯　　图3-89　标注旋转楼梯距离
长宽线性标注

03 单击【默认】选项卡【注释】组中的【直径】按钮，添加旋转楼梯内外圆直径标注，如图3-90所示。

04 继续添加楼梯扶手内外圆直径标注，如图3-91所示。

05 单击【默认】选项卡【注释】组中的【角度】按钮，添加楼梯角度标注，如图3-92所示。

06 添加其余线性标注，完成结果如图3-93所示。

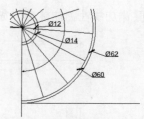

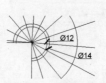

图3-90　标注旋转　　图3-91　标注楼梯扶手内外
楼梯内外圆直径　　　　　圆直径

图3-92　添加楼梯角度标注

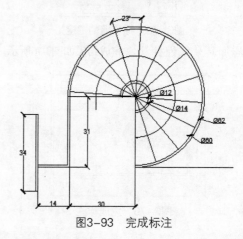

图3-93　完成标注

## 实例 098　　◎案例源文件：ywj /03/098.dwg

## 凉亭立面标注

01 打开凉亭立面图形，单击【默认】选项卡【注释】组中的【线性】按钮，添加整体高度和宽度线性标注，如图3-94所示。

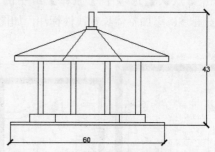

图3-94　添加整体高度和宽度线性标注

02 继续添加台阶高度和宽度线性标注，如图3-95

所示。

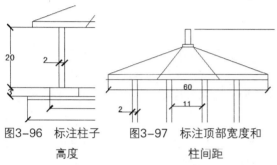

图3-95　标注台阶高度和宽度

**03** 添加柱子高度线性标注，如图3-96所示。

**04** 单击【默认】选项卡【注释】组中的【线性】按钮，添加顶部宽度和柱间距线性标注，如图3-97所示。

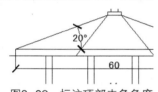

图3-96　标注柱子　　图3-97　标注顶部宽度和
　　　　高度　　　　　　　　　柱间距

**05** 添加顶部夹角的角度标注，如图3-98所示。

图3-98　标注顶部夹角角度

**06** 添加其余的标注，完成结果如图3-99所示。

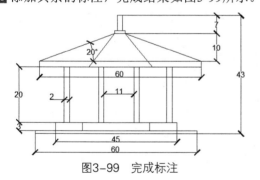

图3-99　完成标注

---

## 实例099

　案例源文件：ywj/03/099.dwg

## 两居室平面标注

**01** 打开两居室平面图形，单击【默认】选项卡【注释】组中的【线性】按钮，添加整体长宽线性标注，如图3-100所示。

**02** 添加房间开间线性标注，如图3-101所示。

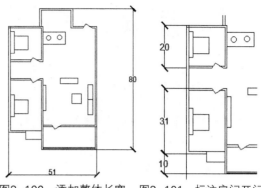

图3-100　添加整体长宽　　图3-101　标注房间开间
　　　　　线性标注

**03** 添加房间进深线性标注，如图3-102所示。

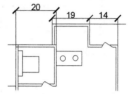

图3-102　标注房间进深

**04** 添加其余线性标注，完成结果如图3-103所示。

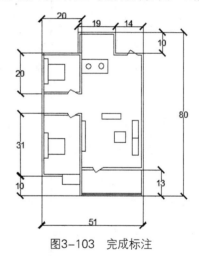

图3-103　完成标注

## 实例100

　案例源文件：ywj/03/100.dwg

## 别墅外立面标注

**01** 打开别墅外立面图形，单击【默认】选项卡【注释】组中的【线性】按钮，添加整体高度和宽度线性标注，如图3-104所示。

**02** 添加门窗宽度线性标注，如图3-105所示。

**03** 添加窗高线性标注，如图3-106所示。

**04** 添加窗宽和高度线性标注，如图3-107所示。

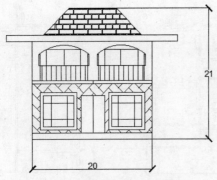

图3-104 添加整体高度和宽度线性标注

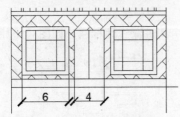

图3-105 标注门窗宽度

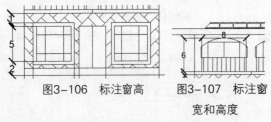

图3-106 标注窗高　图3-107 标注窗
　　　　　　　　　　　　　宽和高度

**05** 添加屋顶宽度和高度线性标注，如图3-108
所示。

**06** 单击【默认】选项卡【注释】组中的【角度】
按钮，添加屋檐角度标注，如图3-109所示。

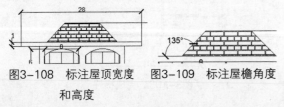

图3-108 标注屋顶宽度　图3-109 标注屋檐角度
和高度

**07** 添加其余标注，完成结果如图3-110所示。

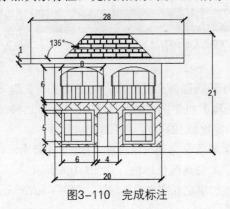

图3-110 完成标注

AutoCAD 2020 完全实训手册

# 餐厅平面标注

**01** 打开餐厅平面图形，单击【默认】选项卡
【注释】组中的【线性】按钮，添加整体长
宽线性标注，如图3-111所示。

**02** 添加房间和窗宽度线性标注，如图3-112所示。

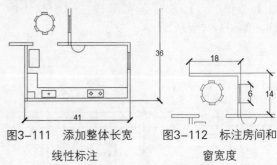

图3-111 添加整体长宽　图3-112 标注房间和
线性标注　　　　　　　　窗宽度

**03** 添加房间门洞和台面宽度线性标注，如
图3-113所示。

**04** 添加灶台宽度线性标注，如图3-114所示。

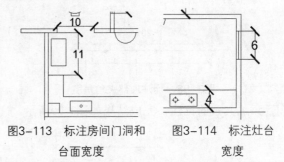

图3-113 标注房间门洞和　图3-114 标注灶台
台面宽度　　　　　　　　宽度

**05** 添加其余线性标注，完成结果如图3-115所示。

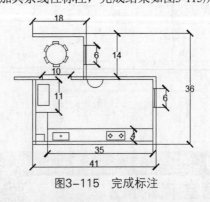

图3-115 完成标注

# 会议室立面注释

**01** 打开会议室立面图形，单击【默认】选项

卡【注释】组中的【多行文字】按钮A和【引线】按钮，添加文字标注"会议音箱"，如图3-116所示。

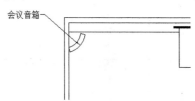

图3-116　添加文字标注"会议音箱"

02 添加文字标注"建筑顶面"和"天花板吊顶"，如图3-117所示。

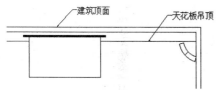

图3-117　添加文字标注"建筑顶面"
和"天花板吊顶"

03 添加文字标注"投影幕"，如图3-118所示。

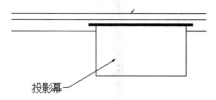

图3-118　添加文字标注"投影幕"

04 标注其他文字，至此完成图纸注释，结果如图3-119所示。

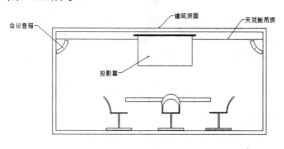

会议室布置图
图3-119　完成注释标注

01 打开实验楼外立面图形，单击【默认】选项卡【注释】组中的【线性】按钮，添加整体长宽线性标注，如图3-120所示。

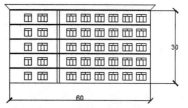

图3-120　添加整体长宽线性标注

02 添加层高度和分别宽度线性标注，如图3-121所示。

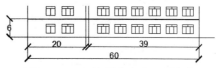

图3-121　标注层高度和分别宽度

03 添加窗宽度和高度线性标注，如图3-122所示。

04 添加窗间距线性标注，如图3-123所示。

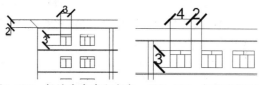

图3-122　标注窗宽度和高度　　图3-123　标注窗间距

05 添加其余线性标注，完成结果如图3-124所示。

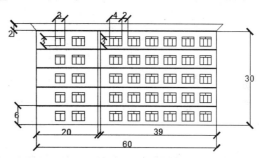

图3-124　完成标注

01 打开实例094的标注文件，单击【默认】选项卡【注释】组中的【多行文字】按钮A和【引线】按钮，添加文字标注"电视墙"，如图3-125所示。

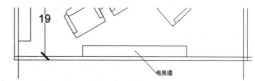

图3-125　添加文字标注"电视墙"

**02** 添加文字标注"沙发"和"橱柜",如图3-126所示。

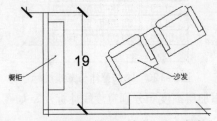

图3-126　添加文字标注"沙发"和"橱柜"

**03** 添加文字标注"玻璃柜",如图3-127所示。

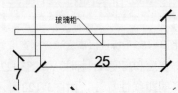

图3-127　添加文字标注"玻璃柜"

**04** 添加其余文字标注,这样即可完成图纸的文字注释,如图3-128所示。

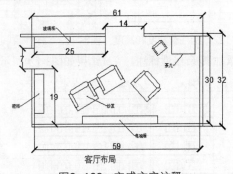

图3-128　完成文字注释

## 实例 105 ● 案例源文件: ywj /03/105. dwg

### 绘制门窗表

**01** 单击【默认】选项卡【注释】组中的【表格】按钮▦,在弹出的【插入表格】对话框中设置参数,如图3-129所示。

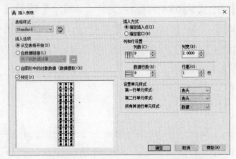

图3-129　【插入表格】对话框

**02** 在绘图区,选择表格,调整表格的尺寸,如图3-130所示。

**03** 在绘图区,选择表格,单击【表格单元】选项卡中的【合并全部】按钮▦,进行合并,如图3-131所示。

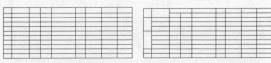

图3-130　调整表格　　图3-131　合并表格

**04** 双击表格,添加表格抬头文字内容,如图3-132所示。

| 类别 | 设计编号 | 尺寸 | | 窗台高 | 检验 | 图案名称 | 页次 | 备注 |
|---|---|---|---|---|---|---|---|---|
| | | 宽度 | 高度 | | | | | |
| 门 | | | | | | | | |
| 窗 | | | | | | | | |
| 小窗 | | | | | | | | |
| 附件 | | | | | | | | |

图3-132　添加表格抬头文字

**05** 双击表格,继续添加文字内容,完成门窗表,结果如图3-133所示。

| 类别 | 设计编号 | 尺寸 | | 窗台高 | 检验 | 图案名称 | 页次 | 备注 |
|---|---|---|---|---|---|---|---|---|
| | | 宽度 | 高度 | | | | | |
| 门 | 2014 | 1000 | 3300 | | 1 | | | |
| | SM1224 | 1001 | 3301 | | 2 | | | |
| | SM1224 | 1002 | 3302 | | 3 | | | |
| 窗 | SM2433 | 1000 | 1800 | | 4 | | | |
| | SM2433 | 1001 | 1801 | | 5 | | | |
| | SM2433 | 1002 | 1802 | | 6 | | | |
| | SM2433 | 1003 | 1803 | | 7 | | | |
| | | | | | 8 | | | |
| 小窗 | | 1800 | 1800 | | 9 | | | |
| 附件 | 2015 | | | | | | | |

图3-133　门窗表

## 实例 106 ● 案例源文件: ywj /03/106. dwg

### 绘制建筑大样表

**01** 单击【默认】选项卡【注释】组中的【表格】按钮▦,在弹出的【插入表格】对话框中设置参数,如图3-134所示。

图3-134　【插入表格】对话框

**02** 在绘图区,选择表格,调整表格的尺寸,如

图3-135所示。

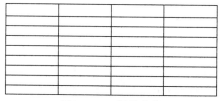

图3-135　调整表格

**03** 双击表格，添加表格抬头文字内容，如图3-136所示。

| 名称 | 编号 | 组成 | 备注 |
| --- | --- | --- | --- |
|  |  |  |  |
|  |  |  |  |
|  |  |  |  |
|  |  |  |  |
|  |  |  |  |
|  |  |  |  |

图3-136　添加表格抬头文字

**04** 双击表格，继续添加文字内容，完成建筑大样表，如图3-137所示。

| 名称 | 编号 | 组成 | 备注 |
| --- | --- | --- | --- |
| 基础 | 1 |  |  |
| 墙体 | 2 |  |  |
| 屋顶 | 3 |  |  |
| 门窗 | 4 |  |  |
| 地层 | 5 |  |  |
| 楼板 | 6 |  |  |
| 地板 | 7 |  |  |
| 天花板 | 8 |  |  |

图3-137　建筑大样表

## 实例107　绘制电气设备表
●案例源文件：ywj /03/107.dwg

**01** 单击【默认】选项卡【注释】组中的【表格】按钮▦，在弹出的【插入表格】对话框中设置参数，如图3-138所示。

图3-138　【插入表格】对话框

**02** 在绘图区，选择表格，调整表格的尺寸，如图3-139所示。

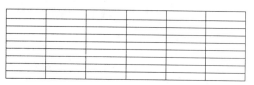

图3-139　调整表格

**03** 双击表格，添加表格抬头文字内容，如图3-140所示。

| 序号 | 名称 | 型号及规范 | 单位 | 数量 | 备注 |
| --- | --- | --- | --- | --- | --- |
|  |  |  |  |  |  |
|  |  |  |  |  |  |
|  |  |  |  |  |  |
|  |  |  |  |  |  |
|  |  |  |  |  |  |

图3-140　添加表格抬头文字

**04** 双击表格，添加序号和名称文字内容，如图3-141所示。

| 序号 | 名称 | 型号及规范 | 单位 | 数量 | 备注 |
| --- | --- | --- | --- | --- | --- |
| 1.1 | 1KV直流电缆 |  |  |  |  |
| 1.2 | 1KV直流电缆 |  |  |  |  |
| 1.3 | 1KV直流电缆 |  |  |  |  |
| 1.4 | 电缆保护钢管 |  |  |  |  |
| 1.5 | PVC管 |  |  |  |  |
| 1.6 | 接地线 |  |  |  |  |
| 1.7 | 汇流框 |  |  |  |  |
| 1.8 | 通讯电缆 |  |  |  |  |

图3-141　添加序号和名称文字

**05** 双击表格，添加其余文字内容，完成电气设备表，如图3-142所示。

| 序号 | 名称 | 型号及规范 | 单位 | 数量 | 备注 |
| --- | --- | --- | --- | --- | --- |
| 1.1 | 1KV直流电缆 | YJV22-0.6/1-2*50 | km | 650 |  |
| 1.2 | 1KV直流电缆 | YJV22-0.6/1-2*50 | km | 30 |  |
| 1.3 | 1KV直流电缆 | YJV22-0.6/1-2*50 | km | 70 |  |
| 1.4 | 电缆保护钢管 | Ø50 | km | 5 |  |
| 1.5 | PVC管 | Ø20 | km | 7 |  |
| 1.6 | 接地线 | BVR-1-1*16 | km | 800 |  |
| 1.7 | 汇流框 | 16回路 | 台 | 9 |  |
| 1.8 | 通讯电缆 | 1MW | km | 800 |  |

图3-142　电气设备表

## 实例108　绘制电气材料表
●案例源文件：ywj /03/108.dwg

**01** 单击【默认】选项卡【注释】组中的【表格】按钮▦，在弹出的【插入表格】对话框中设置参数，如图3-143所示。

图3-143　【插入表格】对话框

**02** 在绘图区，选择表格，调整表格的尺寸，然后进行合并，如图3-144所示。

图3-144 合并表格

**03** 双击表格，添加表格抬头文字内容，如图3-145所示。

| 材料 | 组 | 自燃温度 | |
|---|---|---|---|
| | | °F | °C |
| | | | |
| | | | |
| | | | |
| | | | |

图3-145 添加表格抬头文字

**04** 双击表格，添加其余文字内容，完成电气材料表，如图3-146所示。

| 材料 | 组 | 自燃温度 | |
|---|---|---|---|
| | | °F | °C |
| 甲酸甲脂 | D | 840 | 238 |
| 甲流醇 | D | - | - |
| 2甲基-1丙醇 | D | 792 | 422 |
| 石油 | C | 550 | 288 |
| 硝基甲烷 | D | 785 | 418 |

图3-146 电气材料表

---

## 实例 109    案例源文件：ywj /03/109. dwg

## 电气元件标注

**01** 打开电气元件图形，单击【默认】选项卡【注释】组中的【多行文字】按钮 **A**，添加文字"三向开关"，如图3-147所示。

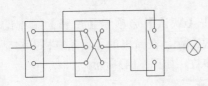

三向开关

图3-147 添加文字"三向开关"

**02** 复制文字，如图3-148所示。

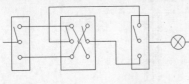

三向开关            三向开关

图3-148 复制文字

---

**03** 添加文字"六向开关"，如图3-149所示。

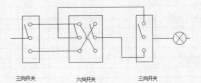

三向开关    六向开关    三向开关

图3-149 添加文字"六向开关"

**04** 添加其余文字，完成文字注释，如图3-150所示。

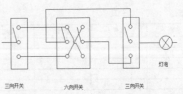

灯泡

三向开关    六向开关    三向开关

图3-150 完成文字注释

---

## 实例 110    案例源文件：ywj /03/110. dwg

## 电路图标注

**01** 打开电路图图形，单击【默认】选项卡【注释】组中的【多行文字】按钮 **A**，添加文字"220V"，如图3-151所示。

**02** 添加电阻的标号文字，如图3-152所示。

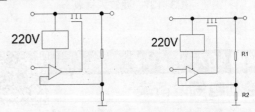

图3-151 添加文字"220V"    图3-152 添加电阻标号文字

**03** 添加其余标号的文字，完成文字注释，如图3-153所示。

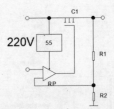

图3-153 完成文字注释

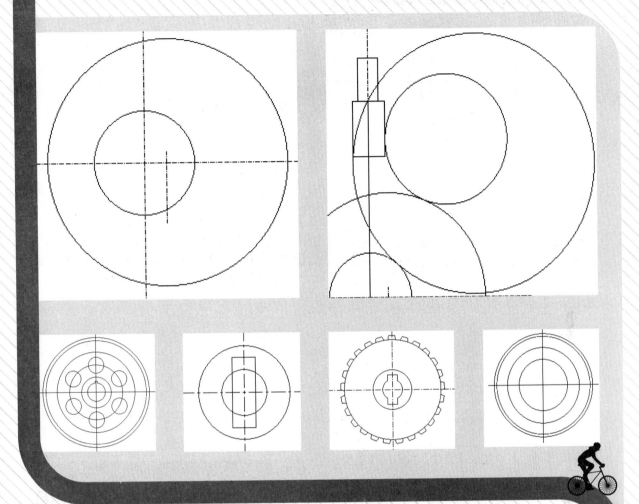

第**4**章 零件轮廓图和视图绘制

## 绘制手柄

**01** 使用【矩形】工具，首先绘制22×12的矩形，然后在右侧再绘制7×16的矩形，如图4-1所示。

**02** 使用【倒角】工具，创建距离为1的倒角，然后绘制直线图形，如图4-2所示。

图4-1　绘制矩形　　图4-2　创建倒角并绘制直线

**03** 使用【圆弧】工具，绘制两段圆弧，如图4-3所示。

**04** 使用【直线】工具，绘制中心线，如图4-4所示。

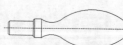

图4-3　绘制两段圆弧　　图4-4　绘制中心线

**05** 使用【圆弧】工具，绘制右端圆弧，如图4-5所示。

**06** 单击【默认】选项卡【修改】组中的【镜像】按钮 ⚠，镜像图形，得到手柄图形，如图4-6所示。

图4-5　绘制右端圆弧　　图4-6　手柄图形

## 绘制吊钩

**01** 使用【矩形】工具，绘制8×2的矩形，然后在下方绘制1.5×6和3×14的矩形，如图4-7所示。

**02** 使用【圆】工具，在最下方绘制半径分别为2和5的两个同心圆，如图4-8所示。

**03** 使用【直线】工具，绘制60°的直线图形，如图4-9所示。修剪图形，结果如图4-10所示。

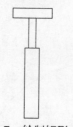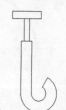

图4-7　绘制矩形　　　图4-8　绘制同心圆

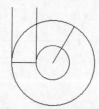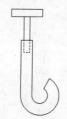

图4-9　绘制角度线　　图4-10　修剪图形

**04** 使用【矩形】工具，绘制1.5×3的虚线矩形，得到吊钩图形，如图4-11所示。

图4-11　吊钩图形

## 绘制锁钩

**01** 使用【矩形】工具，绘制12×16的矩形，然后使用【直线】工具，绘制角度分别为60°、120°，长度分别为30、20的直线图形，如图4-12所示。

**02** 继续绘制角度分别为60°、120°，长度分别为40、30的直线图形，如图4-13所示。

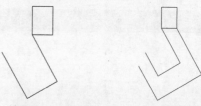

图4-12　绘制矩形和角度线　图4-13　继续绘制角度线

**03** 使用【圆】工具，绘制两个圆，如图4-14所示。

**04** 修剪图形，结果如图4-15所示。

**05** 单击【默认】选项卡【修改】组中的【圆

角】按钮◯，创建半径分别为30、20的圆角，如图4-16所示。

☑ 使用【矩形】工具，绘制10×44的矩形，然后将矩形旋转-30°，如图4-17所示。

图4-14　绘制圆　　　　图4-15　修剪图形

图4-16　绘制圆角　　　图4-17　绘制并旋转矩形

☑ 使用【圆】工具，绘制半径为2.5的圆，如图4-18所示。

☑ 修剪图形，得到锁钩图形，如图4-19所示。

图4-18　绘制圆　　　　图4-19　锁钩图形

## 实例114
🔘 案例源文件：ywj /04/114. dwg

### 绘制连杆

☑ 使用【直线】工具，绘制中心线图形，然后绘制半径分别为3和4的同心圆，如图4-20所示。

☑ 绘制半径为7的圆，作为连杆大头，如图4-21所示。

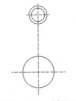

图4-20　绘制中心线和同心圆　　图4-21　绘制圆

☑ 绘制4×20的矩形，作为连杆杆体，如图4-22

所示。

☑ 使用【圆角】工具，创建半径为10的圆角，如图4-23所示。

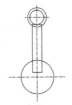

图4-22　绘制矩形　　　图4-23　绘制圆角

☑ 在连杆大头上绘制20×6的矩形，然后绘制连接圆弧，如图4-24所示。

☑ 镜像连接弧线图形，如图4-25所示。

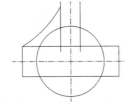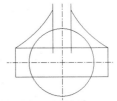

图4-24　绘制矩形和圆弧　　图4-25　镜像图形

☑ 绘制细节部分的圆弧，如图4-26所示。

☑ 修剪图形，得到连杆图形，如图4-27所示。

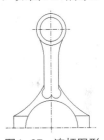

图4-26　绘制圆弧　　　图4-27　连杆图形

## 实例115
🔘 案例源文件：ywj /04/115. dwg

### 绘制垫片

☑ 使用【圆】工具，绘制半径分别为20和8的同心圆，如图4-28所示。

☑ 在同心圆右侧绘制中心线，然后在上面绘制3×40的矩形，如图4-29所示。

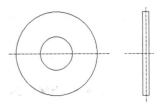

图4-28　绘制同心圆　　　图4-29　绘制中心线和矩形

**03** 绘制小圆和矩形的连接直线，如图4-30所示。

**04** 修剪直线图形，如图4-31所示。

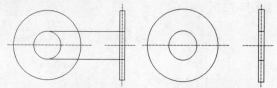

图4-30 绘制连接直线 　 图4-31 修剪图形

**05** 使用【图案填充】工具，填充剖面图形，得到垫片图形，如图4-32所示。

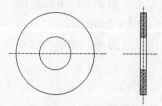

图4-32 垫片图形

---

**实例 116** 　 ◉ 案例源文件：ywj./04/116.dwg

## 绘制摇柄

**01** 使用【直线】工具，绘制中心线，间距为20，如图4-33所示。

**02** 在左侧中心线上绘制半径分别为2和2.6的同心圆，如图4-34所示。

图4-33 绘制中心线 　 图4-34 绘制同心圆

**03** 在两侧中心线上绘制半径为3.8的圆，如图4-35所示。

图4-35 绘制圆

**04** 绘制两个外圆的公切直线，如图4-36所示。

**05** 修剪图形，如图4-37所示。

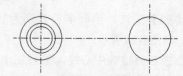

图4-36 绘制公切直线 　 图4-37 修剪图形

**06** 再次在上方绘制中心线，如图4-38所示。

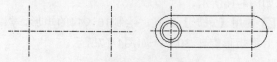

图4-38 绘制中心线

**07** 在中心线上绘制宽为3的矩形，然后在下方也绘制矩形，如图4-39所示。

**08** 在上方绘制2×15的矩形，如图4-40所示。

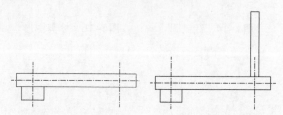

图4-39 绘制矩形 　 图4-40 绘制上方矩形

**09** 这样即可完成摇柄图纸的绘制，如图4-41所示。

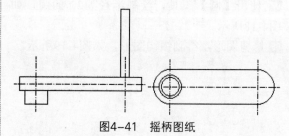

图4-41 摇柄图纸

**实例 117** 　 ◉ 案例源文件：ywj./04/117.dwg

## 绘制椭圆压盖

**01** 首先绘制中心线，然后在上面绘制椭圆，长短半径分别为11和7，如图4-42所示。

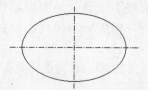

图4-42 绘制中心线和椭圆

**02** 再次绘制中心线，如图4-43所示。

图4-43 绘制中心线

**03** 绘制长为2的直线图形，如图4-44所示。

**04** 绘制长为5的直线图形，如图4-45所示。

图4-44　绘制直线　　　　图4-45　绘制直线

**05** 绘制连接圆弧，如图4-46所示。

**06** 在连接处创建半径为2的圆角，如图4-47所示。

图4-46　绘制圆弧　　　　图4-47　绘制圆角

**07** 向内偏移图形，距离为1，如图4-48所示。

**08** 填充剖面图形，完成椭圆压盖图形，如图4-49所示。

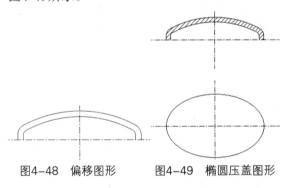

图4-48　偏移图形　　　　图4-49　椭圆压盖图形

---

## 实例 118
🔲 案例源文件：ywj /04/118. dwg
## 绘制起重钩

**01** 首先绘制间距为6的中心线，如图4-50所示。

**02** 在两个中心线上分别绘制半径为13.5和32的圆，如图4-51所示。

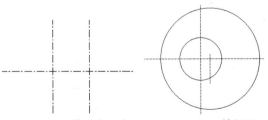

图4-50　绘制中心线　　　　图4-51　绘制圆

**03** 在左侧绘制直线图形，如图4-52所示。

**04** 以直线的上下端点绘制两个圆，半径分别为

---

15和28，如图4-53所示。

**05** 单击【默认】选项卡【绘图】组中的【相切，相切，半径】按钮⚪，绘制半径为3的圆，如图4-54所示。

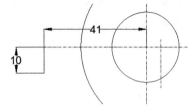

图4-52　绘制直线图形

图4-53　绘制圆　　　　图4-54　绘制切线圆

**06** 修剪图形为钩尾形状，如图4-55所示。

**07** 在上方绘制11×20的矩形，如图4-56所示。

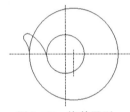

图4-55　修剪图形　　　　图4-56　绘制矩形1

**08** 绘制7×13的矩形，如图4-57所示。

**09** 使用【相切，相切，半径】的绘制圆工具，绘制半径分别为20和40的圆，如图4-58所示。

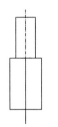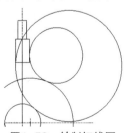

图4-57　绘制矩形2　　　　图4-58　绘制切线圆

**10** 修剪图形，得到起重钩图形，如图4-59所示。

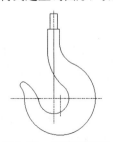

图4-59　起重钩图形

## 绘制齿轮架

**01** 首先绘制中心线，然后绘制半径分别为85和45的同心圆，如图4-60所示。

**02** 继续绘制半径分别为90和66的同心圆，如图4-61所示。

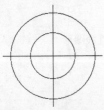 

图4-60　绘制同心圆1　　图4-61　绘制同心圆2

**03** 绘制半径分别为25和15的同心圆，如图4-62所示。

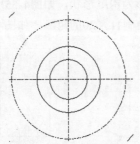

图4-62　绘制同心圆3

**04** 绘制4×4的矩形，如图4-63所示。

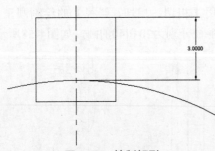

3.0000

图4-63　绘制矩形

**05** 修剪图形得到架的图形，如图4-64所示。

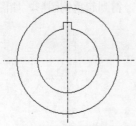

图4-64　修剪图形

**06** 绘制半径为13的圆，如图4-65所示。

**07** 使用【环形阵列】工具对刚绘制的圆创建环形阵列，数量为6，得到齿轮架图形，如图4-66所示。

 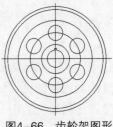

图4-65　绘制圆　　　图4-66　齿轮架图形

## 绘制拨叉轮

**01** 首先绘制中心线，然后绘制半径分别为2和4的同心圆，如图4-67所示。

**02** 绘制2×6的矩形，如图4-68所示。

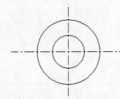 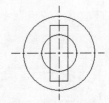

图4-67　绘制中心线和同心圆　图4-68　绘制矩形

**03** 修剪图形，如图4-69所示。

**04** 绘制半径分别为10和10.8的同心圆，如图4-70所示。

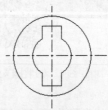 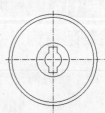

图4-69　修剪图形　　　图4-70　绘制同心圆

**05** 绘制圆弧，如图4-71所示。

**06** 镜像圆弧图形，如图4-72所示。

图4-71　绘制圆弧　　　图4-72　镜像圆弧

**07** 修剪图形形成齿廓，如图4-73所示。

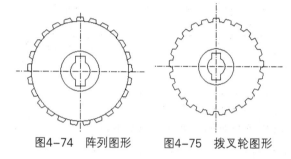

图4-73　修剪图形

**08** 使用【环形阵列】工具为齿廓创建环形阵列，数量为25，如图4-74所示。

**09** 修剪图形，得到拨叉轮图形，如图4-75所示。

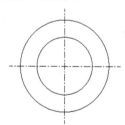

图4-74　阵列图形　　　图4-75　拨叉轮图形

**01** 首先绘制中心线，然后绘制半径分别为5和8的同心圆，如图4-76所示。

图4-76　绘制中心线和同心圆

**02** 向右侧复制图形，距离为40，如图4-77所示。

图4-77　复制同心圆

**03** 移动复制后的图形，距离为向下30，如图4-78所示。

图4-78　移动同心圆

**04** 绘制连接的直线图形，角度为30°、-30°，如图4-79所示。

**05** 接着绘制直线图形，连接线为60°，如图4-80所示。

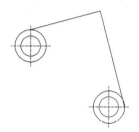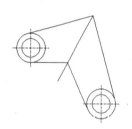

图4-79　绘制角度线　　　图4-80　绘制直线图形

**06** 使用【圆角】工具创建半径为20的圆角，如图4-81所示。

**07** 继续创建半径为10的圆角，得到曲柄图形，如图4-82所示。

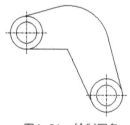

图4-81　绘制圆角　　　图4-82　曲柄图形

**01** 首先绘制中心线，然后绘制半径分别为4和10的同心圆，如图4-83所示。

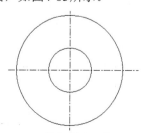

图4-83　绘制中心线和同心圆

**02** 绘制半径为1的圆，如图4-84所示。

**03** 创建环形阵列，数量为6，如图4-85所示。

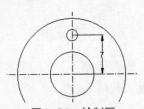
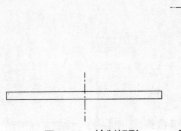
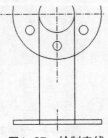

图4-84　绘制圆　　　图4-85　阵列圆

**04** 在下方绘制20×1的矩形，如图4-86所示。

**05** 绘制连接直线，如图4-87所示。

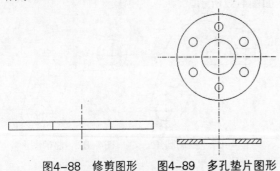

图4-86　绘制矩形　　　图4-87　绘制直线

**06** 修剪图形，如图4-88所示。

**07** 填充剖面图形，得到多孔垫片图形，如图4-89所示。

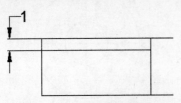

图4-88　修剪图形　　图4-89　多孔垫片图形

### 实例 123
案例源文件：ywj /04/123. dwg

# 绘制推力球轴承

**01** 首先绘制20×5的矩形，然后在矩形上方绘制直线图形，如图4-90所示。

图4-90　绘制矩形和直线

**02** 为直线创建矩形阵列，如图4-91所示。

图4-91　阵列直线

**03** 继续绘制十字线图形，如图4-92所示。

**04** 绘制半径为0.8的圆，如图4-93所示。

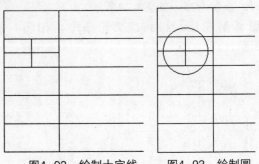

图4-92　绘制十字线　　　图4-93　绘制圆

**05** 向下复制圆，如图4-94所示。

**06** 修剪图形，如图4-95所示。

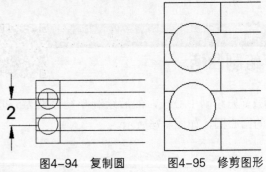

图4-94　复制圆　　　图4-95　修剪图形

**07** 绘制直线图形，如图4-96所示。

**08** 修剪图形，如图4-97所示。

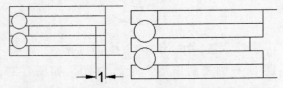

图4-96　绘制直线　　　图4-97　修剪图形

**09** 填充图形，得到推力球轴承图形，如图4-98所示。

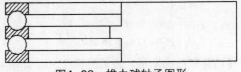

图4-98　推力球轴承图形

案例源文件：ywj /04/124.dwg

## 绘制轴零件视图

**01** 首先绘制中心线，然后分别绘制7×20和2×16的矩形，如图4-99所示。

图4-99　绘制中心线和两个矩形

**02** 继续在右侧分别绘制8×25、2×20、35×22、2×14和30×16的矩形，如图4-100所示。

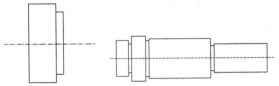

图4-100　绘制右侧矩形

**03** 在中间绘制20×6的矩形，如图4-101所示。

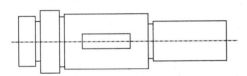

图4-101　绘制中间矩形

**04** 在矩形两端绘制圆，如图4-102所示。

**05** 修剪图形，如图4-103所示。

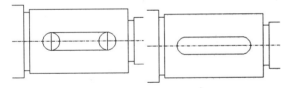

图4-102　绘制圆　　　图4-103　修剪图形

**06** 在下方绘制中心线，然后绘制半径为11的圆，如图4-104所示。

**07** 在圆的右侧绘制10×6的矩形，如图4-105所示。

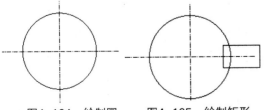

图4-104　绘制圆　　　图4-105　绘制矩形

**08** 修剪图形，如图4-106所示。

**09** 填充圆形，得到轴零件视图，如图4-107所示。

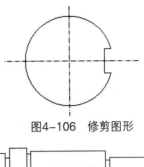

图4-106　修剪图形

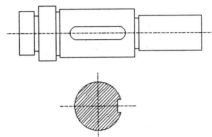

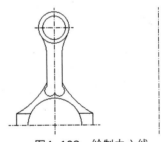

图4-107　轴零件视图

案例源文件：ywj /04/125.dwg

## 绘制连杆零件视图

**01** 打开连杆图形，在右侧绘制中心线，如图4-108所示。

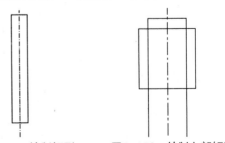

图4-108　绘制中心线

**02** 绘制4×26的矩形，如图4-109所示。

**03** 在上部绘制6×6的矩形，如图4-110所示。

图4-109　绘制矩形　　　图4-110　绘制上部矩形

**04** 绘制样条曲线作为剖断线，如图4-111所示。

**05** 绘制连接圆弧，如图4-112所示。

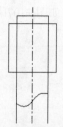 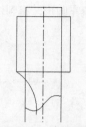

图4-111　绘制样条曲线　　图4-112　绘制圆弧

**06** 镜像圆弧图形，如图4-113所示。

**07** 修剪图形，如图4-114所示。

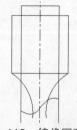 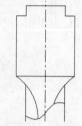

图4-113　镜像圆弧　　图4-114　修剪图形

**08** 绘制半径为0.4的圆角，如图4-115所示。

**09** 绘制连接的直线图形，如图4-116所示。

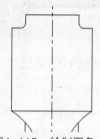 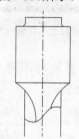

图4-115　绘制圆角　　图4-116　绘制直线

**10** 填充剖面图形，如图4-117所示。

**11** 在下部绘制8×3的矩形，如图4-118所示。

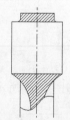 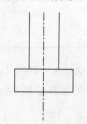

图4-117　填充图形　　图4-118　绘制下部矩形

**12** 修剪图形，如图4-119所示。

**13** 创建半径为2的圆角，如图4-120所示。

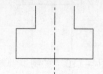 

图4-119　修剪图形　　图4-120　绘制圆角

**14** 完成连杆零件视图，如图4-121所示。

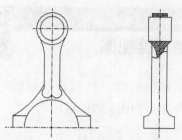

图4-121　完成连杆零件视图

## 实例 126

⊙ 案例源文件：ywj /04/126. dwg

## 绘制轮盘零件视图

**01** 首先绘制中心线，然后绘制半径分别为2和3的同心圆，半径分别为7和8的同心圆，以及半径分别为16和18的同心圆，如图4-122所示。

**02** 绘制角度为45°的直线，如图4-123所示。

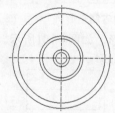 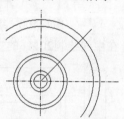

图4-122　绘制中心线　　图4-123　绘制角度线
　　　　和同心圆

**03** 偏移直线图形，距离为0.5，如图4-124所示。

**04** 修剪图形，得到外部轮辐图形，如图4-125所示。

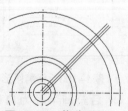 

图4-124　偏移图形　　图4-125　修剪图形

**05** 绘制竖直直线图形，如图4-126所示。

**06** 偏移直线图形，距离为0.5，如图4-127所示。

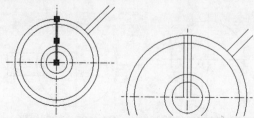

图4-126　绘制竖直直线　　图4-127　绘制偏移直线

**07** 修剪图形，得到内部轮辐图形，如图4-128所示。

**08** 给内外部轮辐图形分别创建环形阵列，数量均为4，如图4-129所示。

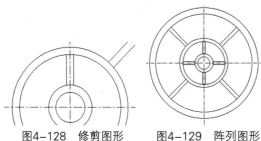

图4-128 修剪图形    图4-129 阵列图形

**09** 绘制5×2的矩形，如图4-130所示。

**10** 在矩形右端绘制圆，如图4-131所示。

图4-130 绘制矩形    图4-131 绘制圆

**11** 修剪图形，如图4-132所示。

**12** 绘制0.4×2.6的矩形，如图4-133所示。

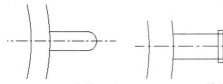

图4-132 修剪图形    图4-133 绘制矩形

**13** 再复制两个矩形，间距均为1，如图4-134所示。

**14** 修剪图形，如图4-135所示。

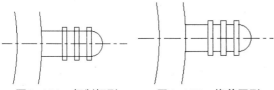

图4-134 复制矩形    图4-135 修剪图形

**15** 镜像图形，得到轮盘正视图，如图4-136所示。

图4-136 镜像图形

**16** 在正视图右侧绘制中心线，然后绘制6×36

的矩形，如图4-137所示。

**17** 绘制半径分别为1和1.3的同心圆，如图4-138所示。

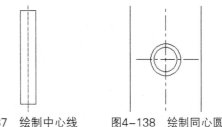

图4-137 绘制中心线    图4-138 绘制同心圆
和矩形

**18** 至此完成轮盘零件视图的绘制，如图4-139所示。

图4-139 轮盘零件视图

**实例127**

● 案例源文件: ywj /04/127. dwg

# 绘制轮盖零件图

**01** 首先绘制中心线，然后绘制半径分别为8、4和2的同心圆，如图4-140所示。

**02** 在右侧绘制4×16的矩形，如图4-141所示。

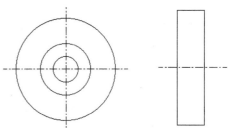

图4-140 绘制中心线和同心圆    图4-141 绘制矩形

**03** 绘制连接的直线图形，如图4-142所示。

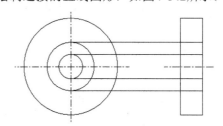

图4-142 绘制直线

**04** 修剪图形，如图4-143所示。

**05** 绘制直线图形，如图4-144所示。

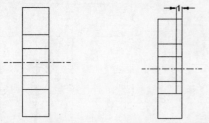

图4-143　修剪图形　　图4-144　绘制直线

**06** 修剪图形，如图4-145所示。

**07** 填充剖面图形，得到轮盖零件图，如图4-146所示。

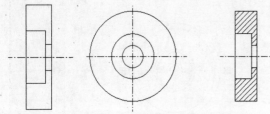

图4-145　修剪图形　图4-146　轮盖零件图

## 实例128

⊕ 案例源文件：ywj /04/128. dwg

## 绘制座体零件视图

**01** 首先绘制中心线，然后绘制半径分别为10和14的同心圆，如图4-147所示。

**02** 在下方绘制46×4的矩形，如图4-148所示。

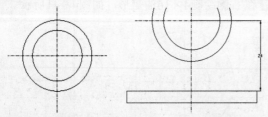

图4-147　绘制同心圆　图4-148　绘制矩形

**03** 绘制竖直直线图形，和中心线间距1，如图4-149所示。

**04** 绘制角度直线图形，角度为45°，如图4-150所示。

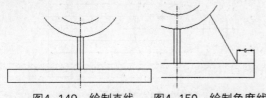

图4-149　绘制直线　图4-150　绘制角度线

**05** 镜像角度线，如图4-151所示。

**06** 绘制16×2的矩形，如图4-152所示。

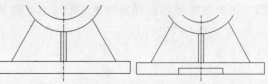

图4-151　镜像角度线　图4-152　绘制矩形

**07** 创建半径为2的圆角，如图4-153所示。

**08** 创建半径为1的圆角，如图4-154所示。

图4-153　绘制圆角　图4-154　绘制圆角

**09** 在右侧绘制50×28的矩形，如图4-155所示。

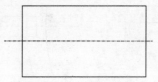

图4-155　绘制矩形

**10** 绘制连接直线图形，如图4-156所示。

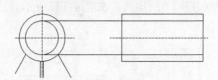

图4-156　绘制直线

**11** 绘制20×25的矩形，如图4-157所示。

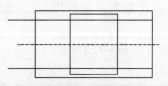

图4-157　绘制矩形

**12** 修剪图形，如图4-158所示。

**13** 绘制34×14的矩形，如图4-159所示。

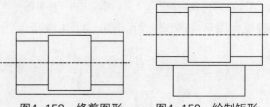

图4-158　修剪图形　图4-159　绘制矩形

**14** 向内偏移矩形，距离为2，如图4-160所示。

**15** 修剪图形，如图4-161所示。

**16** 填充剖面图形，得到座体零件视图，如图

4-162所示。

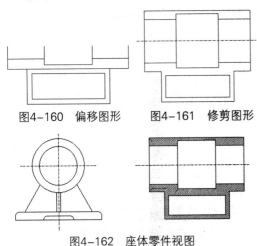

图4-160　偏移图形　　　图4-161　修剪图形

图4-162　座体零件视图

## 实例129
案例源文件：ywj/04/129.dwg

# 绘制阀体零件视图

**01** 首先绘制中心线，然后绘制72×57的矩形，如图4-163所示。

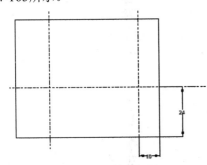

图4-163　绘制矩形

**02** 绘制半径分别为8和24的同心圆，如图4-164所示。

**03** 绘制64×24的矩形，如图4-165所示。

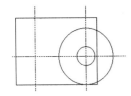
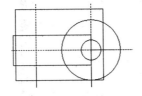

图4-164　绘制同心圆　　图4-165　绘制矩形

**04** 修剪图形，如图4-166所示。

**05** 创建半径为2的圆角，如图4-167所示。

**06** 绘制半径为1.6的圆，如图4-168所示。

**07** 再绘制半径为2的同心圆，如图4-169所示。

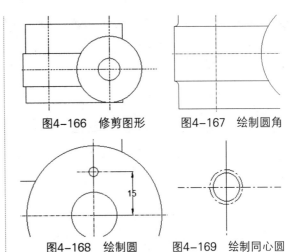

图4-166　修剪图形　　　图4-167　绘制圆角

图4-168　绘制圆　　　图4-169　绘制同心圆

**08** 修剪图形，如图4-170所示。

**09** 旋转图形45°，如图4-171所示。

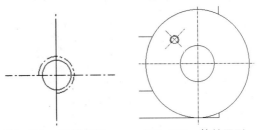

图4-170　修剪图形　　　图4-171　旋转图形

**10** 为此图形创建环形阵列，数量为4，如图4-172所示。

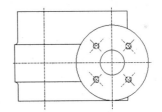

图4-172　阵列图形

**11** 在右侧复制图形，如图4-173所示。

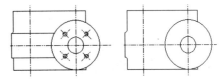

图4-173　复制图形

**12** 绘制半径为9的同心圆，如图4-174所示。

**13** 绘制3×30的矩形，如图4-175所示。

**14** 修剪图形，如图4-176所示。

**15** 分别绘制4×8、20×8和16×41的矩形，如图4-177所示。

**16** 填充剖面图形，得到阀体零件视图，如图4-178所示。

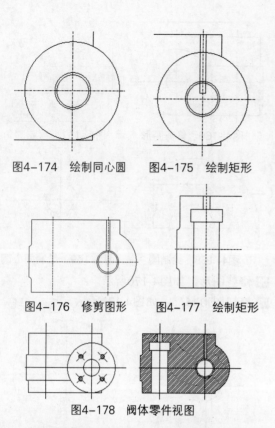

图4-174 绘制同心圆　　图4-175 绘制矩形

图4-176 修剪图形　　图4-177 绘制矩形

图4-178 阀体零件视图

## 实例 130

**绘制壳体零件视图**

案例源文件：ywj /04/130. dwg

01 绘制中心线，如图4-179所示。

02 在左侧绘制30×2的矩形，然后在上方绘制16×20的矩形，如图4-180所示。

图4-179 绘制中心线　　图4-180 绘制矩形

03 绘制直线图形，如图4-181所示。

04 修剪图形，如图4-182所示。

图4-181 绘制直线图形　　图4-182 修剪图形

05 创建半径为0.6的圆角，如图4-183所示。

06 绘制角度直线，如图4-184所示。

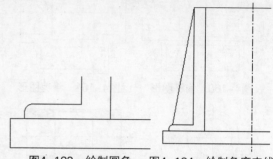

图4-183 绘制圆角　　图4-184 绘制角度直线

07 镜像角度线图形，如图4-185所示。

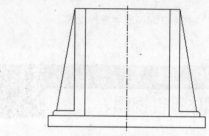

图4-185 镜像图形

08 在右侧绘制10×2的矩形，然后在上方绘制8×20的矩形，如图4-186所示。

09 绘制半径为1.6的圆，如图4-187所示。

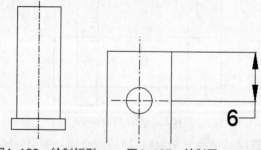

图4-186 绘制矩形　　图4-187 绘制圆

10 填充剖面图形，得到壳体零件视图，如图4-188所示。

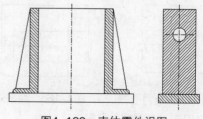

图4-188 壳体零件视图

## 实例 131

案例源文件：ywj /04/131. dwg

## 绘制棘轮零件视图

**01** 绘制中心线，如图4-189所示。

**02** 在左侧绘制半径分别为2、4和10的同心圆，如图4-190所示。

图4-189 绘制中心线　　图4-190 绘制同心圆

**03** 绘制角度直线图形，角度为120°，如图4-191所示。

**04** 绘制半径为9的同心圆，如图4-192所示。

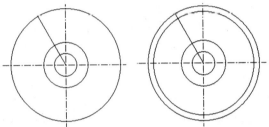

图4-191 绘制角度线　　图4-192 绘制圆

**05** 绘制切线图形，如图4-193所示。

**06** 修剪图形，如图4-194所示。

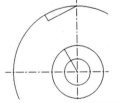

图4-193 绘制切线　　图4-194 修剪图形

**07** 为图形创建环形阵列，数量为12，如图4-195所示。

**08** 绘制1×3的矩形，如图4-196所示。

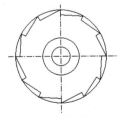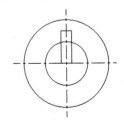

图4-195 阵列图形　　图4-196 绘制矩形

**09** 修剪图形，如图4-197所示。

**10** 在右侧绘制4×20和5×12的矩形，如图4-198所示。

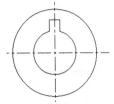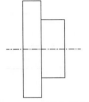

图4-197 修剪图形　　图4-198 绘制矩形

**11** 绘制连接直线图形，如图4-199所示。

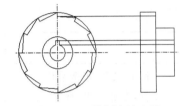

图4-199 绘制连接直线

**12** 镜像直线图形，如图4-200所示。

**13** 修剪图形，如图4-201所示。

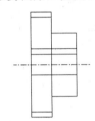

图4-200 镜像直线　　图4-201 修剪图形

**14** 填充剖面图形，得到棘轮零件视图，如图4-202所示。

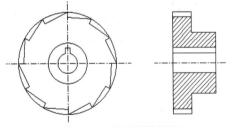

图4-202 棘轮零件视图

## 实例 132

案例源文件：ywj /04/132. dwg

## 绘制导向块二视图

**01** 首先绘制12×2的矩形，然后在左上方绘制1.6×0.6和2.5×0.8的矩形，如图4-203所示。

**02** 修剪图形，如图4-204所示。

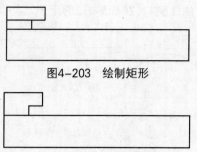

图4-203　绘制矩形

图4-204　修剪图形

**03** 镜像图形，如图4-205所示。

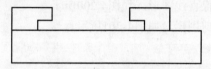

图4-205　镜像图形

**04** 向左移动右侧图形，距离为2，如图4-206所示。

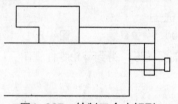

图4-206　移动图形

**05** 绘制3×0.6、0.4×1.2、1.4×0.4以及0.2×0.5的四个小矩形，如图4-207所示。

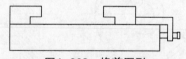

图4-207　绘制四个小矩形

**06** 修剪图形，如图4-208所示。

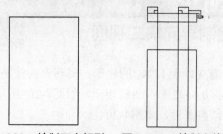

图4-208　修剪图形

**07** 在整个图形下方绘制12×18的矩形，如图4-209所示。

**08** 绘制连接直线，如图4-210所示。

图4-209　绘制下方矩形　　图4-210　绘制直线

**09** 绘制3×2的矩形，如图4-211所示。

**10** 复制上方的小图形，如图4-212所示。

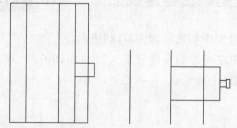

图4-211　绘制矩形　　　图4-212　复制图形1

**11** 再复制整体图形到下方，间距为4，如图4-213所示。

**12** 修剪图形，得到导向块二视图，如图4-214所示。

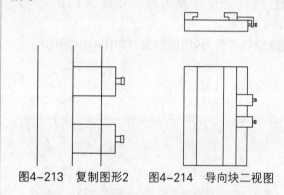

图4-213　复制图形2　　图4-214　导向块二视图

## 实例 133

案例源文件：ywj /04/133. dwg

## 绘制基板二视图

**01** 首先绘制30×2的矩形，然后在上方绘制30×1、18×5和12×2的矩形，如图4-215所示。

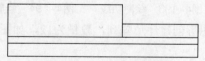

图4-215　绘制四个矩形

**02** 在内部绘制8×1、10×1.8和12×2.6的矩形，如图4-216所示。

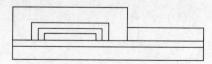

图4-216　绘制内部矩形

**03** 继续绘制5×2.8的矩形，如图4-217所示。

**04** 修剪图形，如图4-218所示。

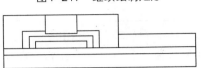

图4-217 继续绘制矩形

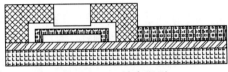

图4-218 修剪图形

**05** 分别填充不同图案给各图形，结果如图4-219所示。

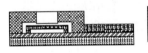

图4-219 填充图形

**06** 在下方绘制30×30的矩形，如图4-220所示。

**07** 绘制直线图形，得到基板二视图，如图4-221所示。

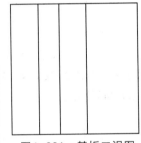

图4-220 绘制下方矩形　　图4-221 基板二视图

## 实例 134
🔵 案例源文件：ywj /04/134. dwg

# 绘制球轴承二视图

**01** 绘制中心线，如图4-222所示。

图4-222 绘制中心线

**02** 在左侧先绘制剖视图，绘制12×30的矩形，如图4-223所示。

**03** 绘制直线图形，如图4-224所示。

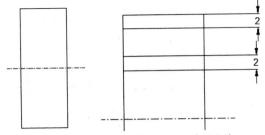

图4-223 绘制矩形　　图4-224 绘制直线

**04** 绘制半径为2.7的圆，如图4-225所示。

**05** 修剪图形，如图4-226所示。

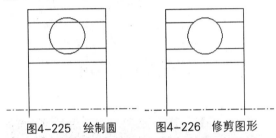

图4-225 绘制圆　　图4-226 修剪图形

**06** 填充剖面图形，如图4-227所示。

**07** 绘制样条曲线作为剖断线，这样左侧的剖视图绘制完成，如图4-228所示。

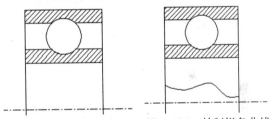

图4-227 填充图形　　图4-228 绘制样条曲线

**08** 绘制正视图。在右侧绘制半径分别为7和15的同心圆，然后再绘制半径分别为9、13的同心圆，如图4-229所示。

**09** 绘制圆，如图4-230所示。

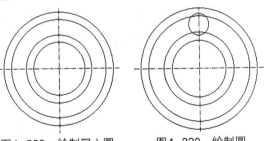

图4-229 绘制同心圆　　图4-230 绘制圆

**10** 修剪图形，得到滚珠图形，如图4-231所示。

**11** 为滚珠创建环形阵列，数量为8，这样就完成了球轴承二视图的绘制，如图4-232所示。

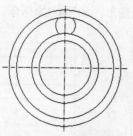

图4-231　修剪图形

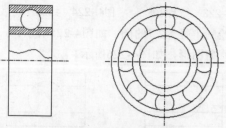

图4-232　球轴承二视图

## 实例 135

⊕ 案例源文件：ywj /04/135. dwg

# 绘制底座二视图

**01** 首先绘制20×8的矩形，如图4-233所示。

**02** 在左侧绘制1×1.4和0.6×1的矩形，如图4-234所示。

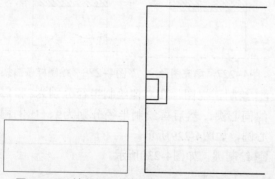

图4-233　绘制矩形　　图4-234　绘制两个矩形

**03** 在矩形端头绘制两个圆，如图4-235所示。

**04** 修剪图形，如图4-236所示。

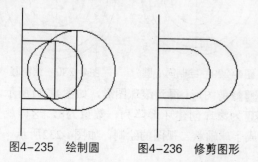

图4-235　绘制圆　　图4-236　修剪图形

**05** 镜像图形，如图4-237所示。

图4-237　镜像图形

**06** 在中间绘制半径分别为1.4和2.8的同心圆，如图4-238所示。

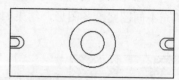

图4-238　绘制同心圆

**07** 向左移动图形，距离为3，如图4-239所示。

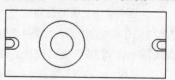

图4-239　移动同心圆

**08** 创建距离为4和2的倒角，如图4-240所示。

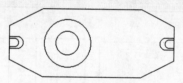

图4-240　绘制倒角

**09** 在上方绘制20×4的矩形，完成主视图，如图4-241所示。

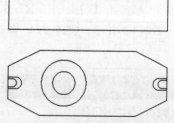

图4-241　绘制矩形

**10** 在内部绘制14×1的矩形，如图4-242所示。

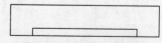

图4-242　绘制内部矩形

**11** 创建半径为0.5的圆角，如图4-243所示。

图4-243　绘制圆角

⓬ 绘制5.6×2的矩形和连接直线，如图4-244
所示。

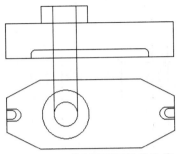
图4-244　绘制矩形及连接直线

⓭ 修剪图形，结果如图4-245所示。

图4-245　修剪图形

⓮ 绘制直线图形，如图4-246所示。

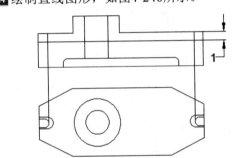
图4-246　绘制直线

⓯ 修剪图形，如图4-247所示。

图4-247　修剪图形

⓰ 填充剖面图形，完成底座二视图的绘制，如
图4-248所示。

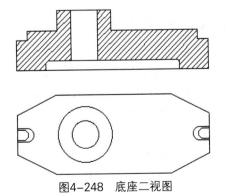
图4-248　底座二视图

実例 136　　⊙ 案例源文件：ywj /04/136. dwg

## 绘制杆剖视图

⓵ 绘制中心线，然后绘制3×4的矩形，如图
4-249所示。

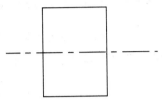
图4-249　绘制矩形

⓶ 在右侧绘制0.8×2.8、2.4×6和12×3.6的矩
形，如图4-250所示。

图4-250　绘制三个矩形

⓷ 修剪图形，如图4-251所示。

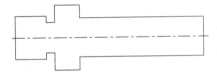
图4-251　修剪图形

⓸ 在左侧绘制2×2.6的矩形，然后再绘制
16.2×2的矩形，如图4-252所示。

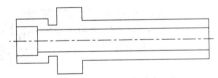
图4-252　绘制两个矩形

⓹ 创建距离为0.2的倒角和半径为0.2的圆角，
如图4-253所示。

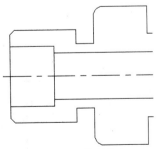
图4-253　绘制圆角

⓺ 绘制角度直线，角度为60°、120°，如
图4-254所示。

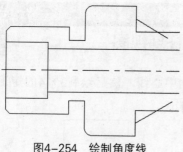

图4-254　绘制角度线

**07** 修剪图形，如图4-255所示。

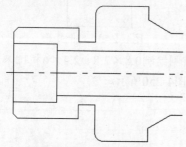

图4-255　修剪图形

**08** 填充剖面图形，完成杆剖视图，如图4-256所示。

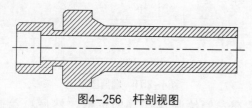

图4-256　杆剖视图

### 实例 137
◉ 案例源文件：ywj /04/137.dwg

## 绘制轮盖断面图

**01** 首先绘制中心线，然后绘制4×12的矩形，如图4-257所示。

**02** 在右侧绘制6×20、4×18和10×6的矩形，如图4-258所示。

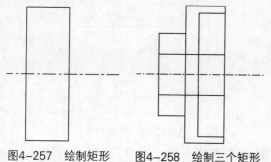

图4-257　绘制矩形　　图4-258　绘制三个矩形

**03** 绘制竖直直线，如图4-259所示。

**04** 修剪图形，如图4-260所示。

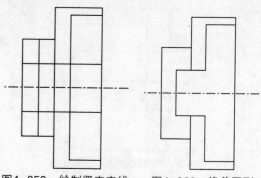

图4-259　绘制竖直直线　　图4-260　修剪图形

**05** 填充剖面图形，得到轮盖断剖面，如图4-261所示。

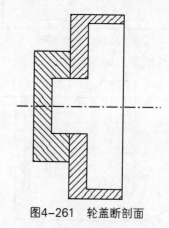

图4-261　轮盖断剖面

### 实例 138
◉ 案例源文件：ywj /04/138.dwg

## 绘制导向块局部放大图

**01** 打开导向块图形，进行复制，如图4-262所示。

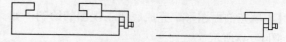

图4-262　复制图形

**02** 绘制样条曲线作为剖断线，如图4-263所示。

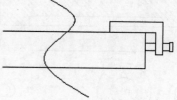

图4-263　绘制样条曲线

**03** 修剪图形，如图4-264所示。

图4-264　修剪图形

**04** 使用【缩放】工具，将图形放大2倍，如图4-265所示。

图4-265　放大图形

**05** 绘制3×0.8的矩形，如图4-266所示。

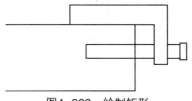

图4-266　绘制矩形

**06** 绘制角度直线，角度为10°，如图4-267所示。

**07** 修剪图形，如图4-268所示。

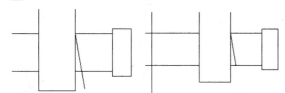

图4-267　绘制角度线　　　图4-268　修剪图形

**08** 复制斜线，如图4-269所示。

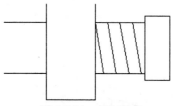

图4-269　复制斜线

**09** 偏移左侧上下边线，距离为0.1，如图4-270所示。

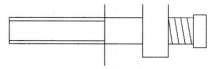

图4-270　偏移图形

**10** 修剪图形，如图4-271所示。

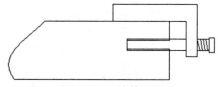

图4-271　修剪图形

**11** 填充剖面图形，得到导向块局部放大图，如图4-272所示。

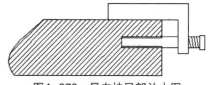

图4-272　导向块局部放大图

第 **5** 章 机械常用件与
标准件绘制

## 实例 139

案例源文件：ywj /05/139. dwg

### 绘制螺母

**01** 绘制中心线，如图5-1所示。

图5-1 绘制中心线

**02** 绘制半径为8的圆，如图5-2所示。

**03** 修剪图形，如图5-3所示。

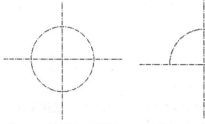

图5-2 绘制中心线圆      图5-3 修剪图形

**04** 绘制半径分别为7.5和12的同心圆，如图5-4所示。

**05** 绘制六边形，完成螺母正视图，如图5-5所示。

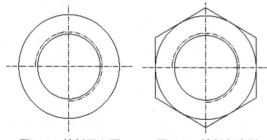

图5-4 绘制同心圆      图5-5 绘制六边形

**06** 在右侧绘制宽为14的矩形，如图5-6所示。

**07** 绘制连接直线图形，如图5-7所示。

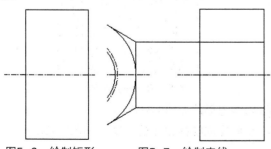

图5-6 绘制矩形      图5-7 绘制直线

**08** 偏移矩形左侧边，距离为1，如图5-8所示。

**09** 修剪图形，如图5-9所示。

图5-8 偏移图形      图5-9 修剪图形

**10** 绘制连接圆弧，如图5-10所示。

**11** 镜像图形，如图5-11所示。

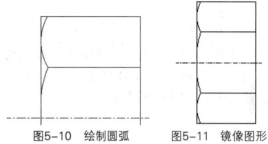

图5-10 绘制圆弧      图5-11 镜像图形

**12** 完成螺母的整个视图，如图5-12所示。

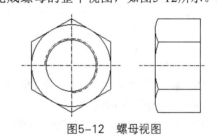

图5-12 螺母视图

## 实例 140

案例源文件：ywj /05/140. dwg

### 绘制螺栓

**01** 绘制中心线，如图5-13所示。

图5-13 绘制中心线

**02** 在左侧绘制半径为6的圆，如图5-14所示。

**03** 绘制两个六边形，其中小六边形的外切圆半径为3，得到螺栓主视图，如图5-15所示。

**04** 在右侧绘制宽为4的矩形，如图5-16所示。

**05** 绘制直线图形，如图5-17所示。

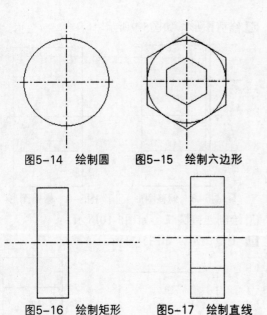

图5-14　绘制圆　　　图5-15　绘制六边形

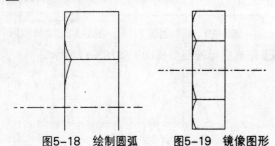

图5-16　绘制矩形　　　图5-17　绘制直线

**06** 绘制连接圆弧，如图5-18所示。

**07** 镜像图形，如图5-19所示。

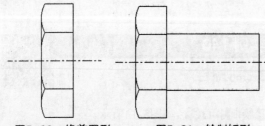

图5-18　绘制圆弧　　　图5-19　镜像图形

**08** 修剪图形，如图5-20所示。

**09** 在右侧绘制12×7的矩形，如图5-21所示。

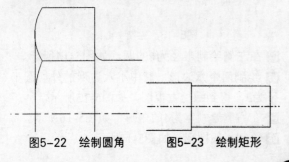

图5-20　修剪图形　　　图5-21　绘制矩形

**10** 创建半径为0.6的圆角，如图5-22所示。

**11** 继续绘制12×6的矩形，如图5-23所示。

图5-22　绘制圆角　　　图5-23　绘制矩形

**12** 绘制角度直线，角度为30°、120°，如图5-24所示。

**13** 绘制竖直直线图形，进行修剪，如图5-25所示。

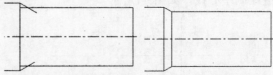

图5-24　绘制角度直线　　　图5-25　修剪图形

**14** 绘制长度为0.5、1的直线图形，角度为30°、60°，如图5-26所示。

**15** 镜像图形，如图5-27所示。

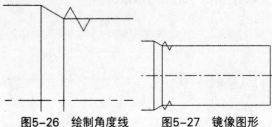

图5-26　绘制角度线　　　图5-27　镜像图形

**16** 向右移动镜像后的图形，距离为0.5，如图5-28所示。

**17** 绘制连接直线，得到螺纹图形，如图5-29所示。

图5-28　移动图形　　　图5-29　绘制直线

**18** 给螺纹创建矩形阵列，数量为11，如图5-30所示。

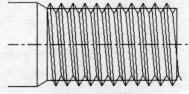

图5-30　阵列图形

**19** 修剪图形，如图5-31所示。

**20** 至此完成螺栓视图的绘制，如图5-32所示。

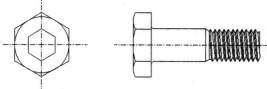

图5-31　修剪图形

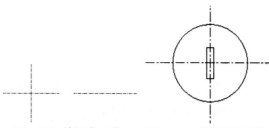

图5-32　螺栓视图

## 实例141

案例源文件：ywj /05/141.dwg

# 绘制螺钉

01 绘制中心线，如图5-33所示。

02 在左侧绘制半径为5的圆，然后在其中绘制1×4的矩形，如图5-34所示。

图5-33　绘制中心线　　图5-34　绘制圆和矩形

03 旋转复制矩形，如图5-35所示。

04 修剪图形，完成左视图，如图5-36所示。

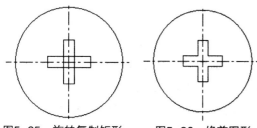

图5-35　旋转复制矩形　　图5-36　修剪图形

05 在右侧绘制0.5×10的矩形，然后绘制18×4的矩形，如图5-37所示。

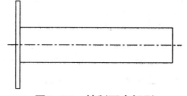

图5-37　绘制两个矩形

06 向右移动长矩形，距离为3，如图5-38所示。

图5-38　移动矩形

07 绘制连接直线图形，如图5-39所示。

图5-39　绘制直线

08 创建半径为1的圆角，如图5-40所示。

09 绘制长度为0.5和1的直线图形，角度为30°、60°，如图5-41所示。

图5-40　绘制圆角　　　图5-41　绘制角度线

10 镜像图形，如图5-42所示。

11 向右移动镜像后的图形，距离为0.5，如图5-43所示。

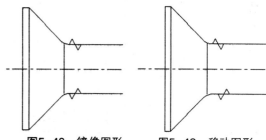

图5-42　镜像图形　　　图5-43　移动图形

12 复制图形，如图5-44所示。

13 绘制连接直线图形，得到螺纹形状，如图5-45所示。

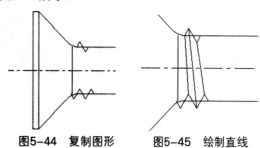

图5-44　复制图形　　　图5-45　绘制直线

**14** 给螺纹创建矩形阵列，数量为17，如图5-46所示。

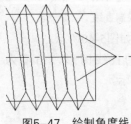

图5-46　阵列图形

**15** 绘制角度为60°、120°的直线图形，如图5-47所示。

**16** 修剪图形，得到螺钉尖，如图5-48所示。

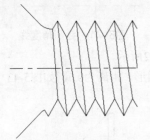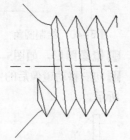

图5-47　绘制角度线　　　图5-48　修剪图形

**17** 修剪图形，如图5-49所示。

**18** 绘制直线图形，如图5-50所示。

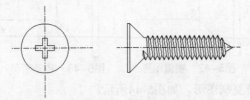

图5-49　修剪图形　　　图5-50　绘制直线图形

**19** 完成螺钉图形，如图5-51所示。

图5-51　螺钉图形

## 实例142

绘制花键

**01** 绘制中心线，如图5-52所示。

**02** 在左侧绘制半径分别为4和6的同心圆，如图5-53所示。

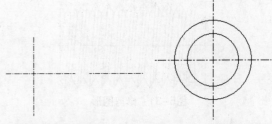

图5-52　绘制中心线　　　图5-53　绘制同心圆

**03** 在上方绘制2×1的矩形，如图5-54所示。

**04** 修剪图形，如图5-55所示。

图5-54　绘制上方矩形　　　图5-55　修剪图形

**05** 将图形旋转-45°，如图5-56所示。

**06** 创建环形阵列，数量为6，如图5-57所示。

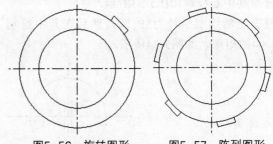

图5-56　旋转图形　　　图5-57　阵列图形

**07** 修剪图形，得到花键主视图，如图5-58所示。

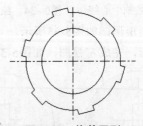

图5-58　修剪图形

**08** 在右侧绘制20×12的矩形，然后在其中绘制12×4的矩形和另一个矩形，如图5-59所示。

**09** 绘制角度直线图形，角度为45°，倒角距离为1，如图5-60所示。

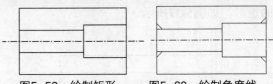

图5-59　绘制矩形　　　图5-60　绘制角度线

**10** 继续绘制直线图形，如图5-61所示。

**11** 修剪图形，如图5-62所示。

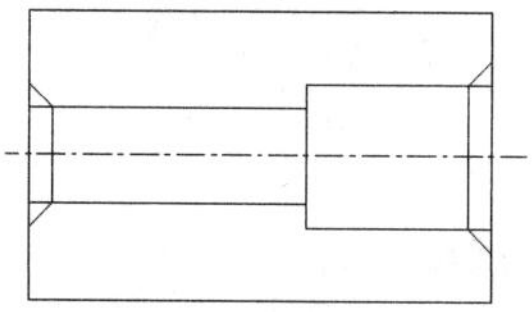

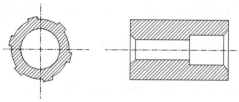

图5-61　绘制直线

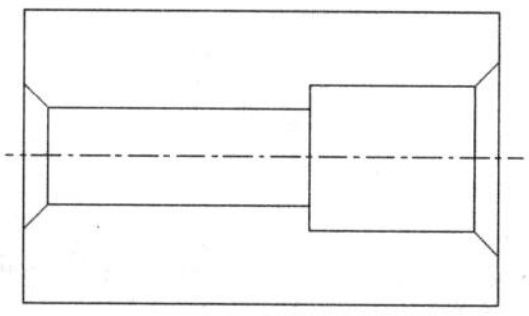

图5-62　修剪图形

**12** 填充剖面图形，得到花键二视图，如图5-63所示。

图5-63　花键二视图

## 实例 143　绘制开口销

案例源文件：ywj /05/143. dwg

**01** 绘制半径分别为2和4的同心圆，如图5-64所示。

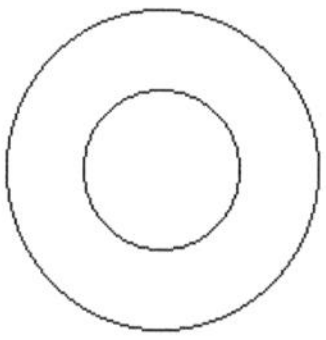

图5-64　绘制同心圆

**02** 绘制直线图形，长度为40，如图5-65所示。

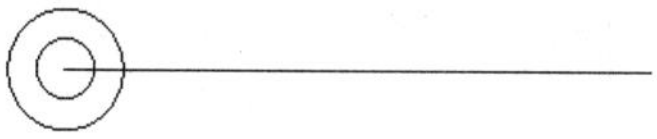

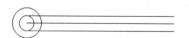

图5-65　绘制直线

**03** 偏移直线图形，距离为2，如图5-66所示。

图5-66　偏移直线

**04** 创建半径为6的圆角，然后再创建半径为4的圆角，如图5-67所示。

**05** 修剪图形，如图5-68所示。

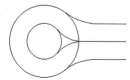

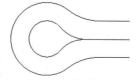

图5-67　绘制圆角

图5-68　修剪图形

**06** 绘制45°的角度直线图形，然后绘制45°的角度直线图形，如图5-69所示。

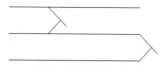

图5-69　绘制角度线

**07** 修剪图形，得到开口销图形，如图5-70所示。

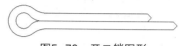

图5-70　开口销图形

## 实例 144　绘制圆柱销

案例源文件：ywj /05/144. dwg

**01** 绘制中心线，如图5-71所示。

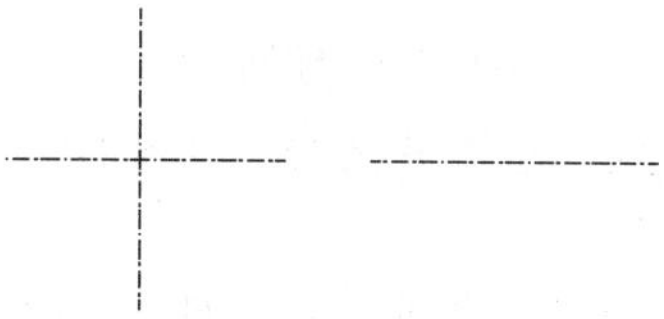

图5-71　绘制中心线

**02** 在左侧绘制半径分别为1.6、2和3的同心圆，如图5-72所示。

**03** 继续绘制半径分别为4.6和5的同心圆，完成左视图，如图5-73所示。

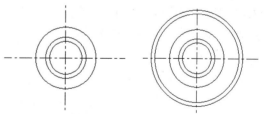

图5-72　绘制同心圆

图5-73　绘制同心圆

**04** 在右侧绘制28×10的矩形，如图5-74所示。

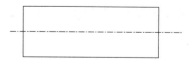

图5-74　绘制矩形

**05** 偏移左右边线，距离为2，如图5-75所示。

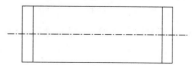

图5-75　偏移直线

06 绘制150°、30°的角度直线图形，如图5-76所示。

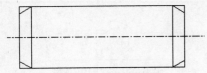

图5-76 绘制角度线

07 修剪图形，如图5-77所示。

图5-77 修剪图形

08 绘制连接直线，如图5-78所示。

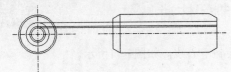

图5-78 绘制直线

09 偏移直线，距离分别为2、6和10，如图5-79所示。

10 继续绘制角度直线图形，如图5-80所示。

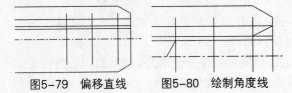

图5-79 偏移直线    图5-80 绘制角度线

11 修剪图形，如图5-81所示。

12 镜像下部图形，如图5-82所示。

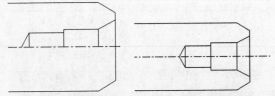

图5-81 修剪图形    图5-82 镜像图形

13 绘制样条曲线作为剖断线，如图5-83所示。

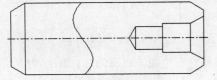

图5-83 绘制样条曲线

14 填充剖面图形，得到圆柱销二视图，如图5-84所示。

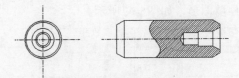

图5-84 圆柱销二视图

## 实例145    ⊕ 案例源文件　ywj /05/145. dwg

# 绘制圆形垫圈

01 绘制中心线，然后绘制半径分别为1和9的同心圆，如图5-85所示。

02 向上复制小圆，距离为3，如图5-86所示。

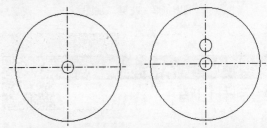

图5-85 绘制同心圆    图5-86 复制圆

03 为复制后的小圆创建环形阵列，数量为6，如图5-87所示。

04 绘制半径分别为7和8的同心圆，如图5-88所示。

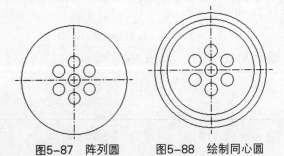

图5-87 阵列圆    图5-88 绘制同心圆

05 绘制30°、60°和120°的角度直线图形，如图5-89所示。

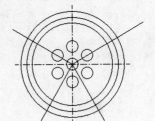

图5-89 绘制角度线

06 修剪图形，如图5-90所示。

AutoCAD 2020 完全实训手册

**07** 绘制半径为6的圆，如图5-91所示。

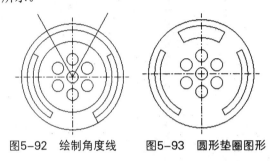

图5-90 修剪图形          图5-91 绘制圆

**08** 绘制60°和120°的角度直线图形，如图5-92所示。

**09** 修剪图形，得到圆形垫圈图形，如图5-93所示。

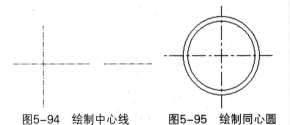

图5-92 绘制角度线      图5-93 圆形垫圈图形

## 实例 146 ●案例源文件: ywj /05/146.dwg

## 绘制齿轮

**01** 绘制中心线，如图5-94所示。

**02** 在左侧绘制半径分别为3和3.4的同心圆，如图5-95所示。

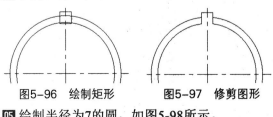

图5-94 绘制中心线      图5-95 绘制同心圆

**03** 绘制1×1的矩形，如图5-96所示。

**04** 修剪图形，如图5-97所示。

图5-96 绘制矩形      图5-97 修剪图形

**05** 绘制半径为7的圆，如图5-98所示。

**06** 绘制长度为0.4的直线图形，如图5-99所示。

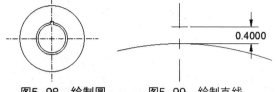

图5-98 绘制圆          图5-99 绘制直线

**07** 绘制连接圆弧，如图5-100所示。

**08** 镜像圆弧，得到齿廓图形，如图5-101所示。

图5-100 绘制圆弧      图5-101 镜像圆弧

**09** 为齿廓创建环形阵列，数量为36，如图5-102所示。

**10** 修剪图形，完成主视图，如图5-103所示。

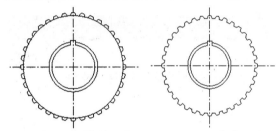

图5-102 阵列图形      图5-103 修剪图形

**11** 在右侧绘制6×10的矩形，然后绘制4×14.8的矩形，并在其中绘制10×6的矩形，如图5-104所示。

**12** 绘制长度为0.4、夹角为45°的角度直线图形，并绘制连接直线，如图5-105所示。

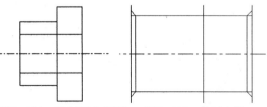

图5-104 绘制三个矩形      图5-105 绘制直线

**13** 继续绘制连接直线，如图5-106所示。

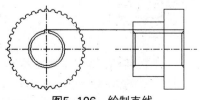

图5-106 绘制直线

**14** 修剪图形，如图5-107所示。

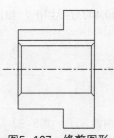

图5-107　修剪图形

**15** 填充剖面图形，得到齿轮二视图，如图5-108所示。

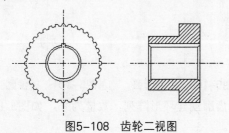

图5-108　齿轮二视图

AutoCAD 2020 完全实训手册

## 实例 147

（图标）案例源文件：ywj /05/147. dwg

### 绘制弹簧

**01** 首先绘制中心线，然后绘制10×16的矩形，如图5-109所示。

**02** 绘制半径均为1的三个圆，如图5-110所示。

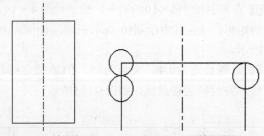

图5-109　绘制矩形　　　图5-110　绘制圆

**03** 复制圆，间距为4，如图5-111所示。

**04** 绘制直线图形，如图5-112所示。

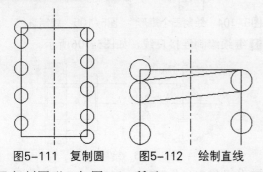

图5-111　复制圆　　　图5-112　绘制直线

**05** 复制图形，如图5-113所示。

**06** 继续绘制下部直线图形，如图5-114所示。

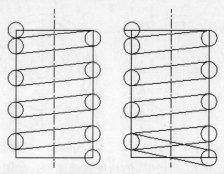

图5-113　复制图形　　　图5-114　绘制下部直线

**07** 修剪图形，得到弹簧图形，如图5-115所示。

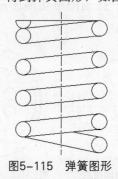

图5-115　弹簧图形

## 实例 148

（图标）案例源文件：ywj /05/148. dwg

### 绘制轴承

**01** 绘制中心线，如图5-116所示。

图5-116　绘制中心线

**02** 在左侧绘制半径分别为5和6的同心圆，然后再绘制半径分别为7、7.6和9的同心圆，完成左视图，如图5-117所示。

**03** 在右侧绘制6×18的矩形，如图5-118所示。

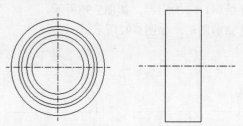

图5-117　绘制同心圆　　　图5-118　绘制矩形

**04** 绘制水平直线图形，如图5-119所示。

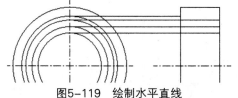

图5-119　绘制水平直线

**05** 绘制120°的角度直线，如图5-120所示。

**06** 镜像角度线，如图5-121所示。

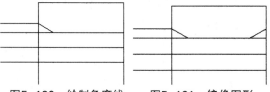

图5-120　绘制角度线　　图5-121　镜像图形

**07** 绘制3×2的矩形，如图5-122所示。

**08** 修剪图形，如图5-123所示。

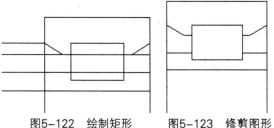

图5-122　绘制矩形　　图5-123　修剪图形

**09** 镜像图形，如图5-124所示。

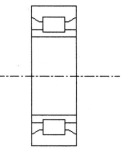

图5-124　镜像图形

**10** 填充剖面图形，得到轴承二视图，如图5-125所示。

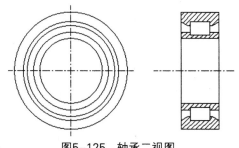

图5-125　轴承二视图

---

实例 149　　◉ 案例源文件：ywj /05/149. dwg

## 绘制蜗轮

**01** 绘制中心线，如图5-126所示。

**02** 在左侧绘制半径分别为4和6的同心圆，如图5-127所示。

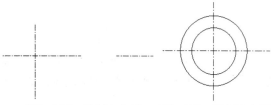

图5-126　绘制中心线　　图5-127　绘制同心圆

**03** 绘制长度为2的直线图形，如图5-128所示。

**04** 绘制连接圆弧，形成齿廓，如图5-129所示。

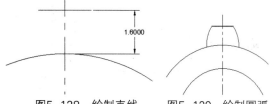

图5-128　绘制直线　　图5-129　绘制圆弧

**05** 为齿廓创建环形阵列，数量为9，如图5-130所示。

**06** 修剪图形，完成主视图，如图5-131所示。

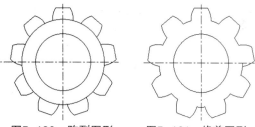

图5-130　阵列图形　　图5-131　修剪图形

**07** 在右侧绘制4×15的矩形和对应矩形，以及2×4的矩形，如图5-132所示。

**08** 绘制半径为1.4的圆，如图5-133所示。

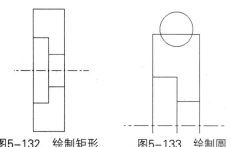

图5-132　绘制矩形　　图5-133　绘制圆

**09** 镜像圆，如图5-134所示。

**10** 修剪图形，如图5-135所示。

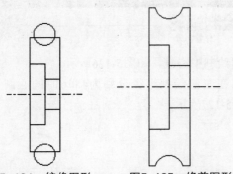

图5-134　镜像图形　　　　图5-135　修剪图形

**11** 填充剖面图形，得到蜗轮二视图，如图5-136所示。

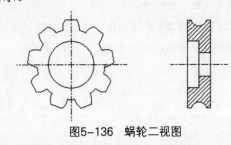

图5-136　蜗轮二视图

AutoCAD 2020 完全实训手册

## 实例 150
### 绘制圆螺母止动垫圈

案例源文件　ywj/05/150.dwg

**01** 绘制中心线，如图5-137所示。

图5-137　绘制中心线

**02** 在左侧绘制半径分别为2和4的同心圆，如图5-138所示。

**03** 在大圆右侧绘制竖直切线，如图5-139所示。

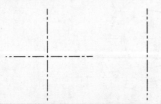

图5-138　绘制同心圆　　图5-139　绘制切线

**04** 偏移直线，距离为0.4和1.2，如图5-140所示。

**05** 修剪图形，如图5-141所示。

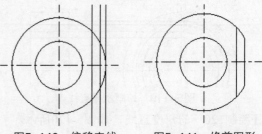

图5-140　偏移直线　　　　图5-141　修剪图形

**06** 在左侧绘制3×1的矩形，如图5-142所示。

**07** 修剪图形，得到左视图，如图5-143所示。

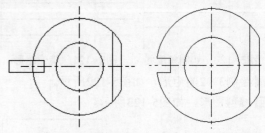

图5-142　绘制矩形　　　　图5-143　修剪图形

**08** 在右侧绘制6.5×1的矩形，然后绘制0.7×1.5的矩形，如图5-144所示。

**09** 绘制竖直直线，距离中心线间距为2.25和1.75，如图5-145所示。

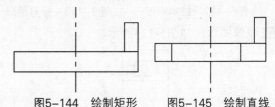

图5-144　绘制矩形　　　图5-145　绘制直线

**10** 修剪图形，如图5-146所示。

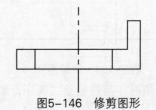

图5-146　修剪图形

**11** 填充剖面图形，得到圆螺母止动垫圈二视图，如图5-147所示。

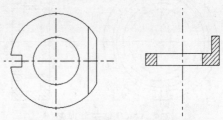

图5-147　圆螺母止动垫圈二视图

## 实例 151

### 绘制半圆键

**01** 绘制中心线，如图5-148所示。

图5-148　绘制中心线

**02** 在左侧绘制半径为4的圆，如图5-149所示。

**03** 绘制水平切线，如图5-150所示。

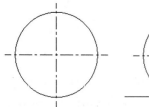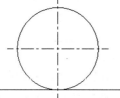

图5-149　绘制圆　　　图5-150　绘制直线

**04** 向上移动直线，距离为3，如图5-151所示。

**05** 修剪图形，如图5-152所示。

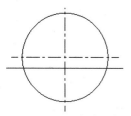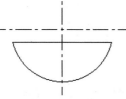

图5-151　移动直线　　　图5-152　修剪图形

**06** 在右侧绘制对应矩形，得到半圆键二视图，结果如图5-153所示。

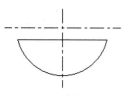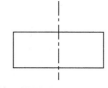

图5-153　半圆键二视图

## 实例 152

### 绘制弹性垫圈

**01** 绘制中心线，如图5-154所示。

**02** 在左侧绘制半径分别为6和8的同心圆，如图5-155所示。

**03** 绘制直线图形，与中心线间距为0.5，如图5-156所示。

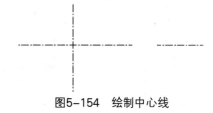

图5-154　绘制中心线

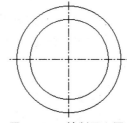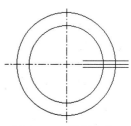

图5-155　绘制同心圆　　　图5-156　绘制直线

**04** 修剪图形，如图5-157所示。

**05** 偏移直线，距离为0.1，如图5-158所示。

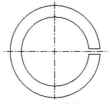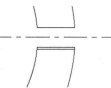

图5-157　修剪图形　　　图5-158　偏移直线

**06** 绘制长度为2的直线图形，如图5-159所示。

**07** 绘制连接圆弧，如图5-160所示。

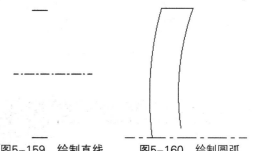

图5-159　绘制直线　　　图5-160　绘制圆弧

**08** 绘制连接直线，如图5-161所示。

**09** 再次绘制圆弧，如图5-162所示。

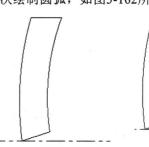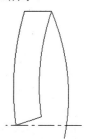

图5-161　绘制连接直线　　　图5-162　绘制圆弧

⑩ 继续绘制两段圆弧，如图5-163所示。

⑪ 镜像图形，如图5-164所示。

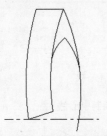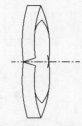

图5-163  绘制两段圆弧    图5-164  镜像图形

⑫ 再次镜像图形，并将镜像前的图形删除，如图5-165所示。

⑬ 修剪图形，如图5-166所示。

图5-165  镜像图形    图5-166  修剪图形

⑭ 完成弹性垫圈图形的绘制，如图5-167所示。

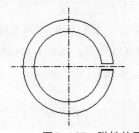

图5-167  弹性垫圈图形

## 实例 153

⊕ 案例源文件：ywj/05/153.dwg

## 绘制蝶形螺母

① 绘制中心线，如图5-168所示。

图5-168  绘制中心线

② 在左侧绘制半径分别为1、1.6和2.4的同心圆，如图5-169所示。

③ 绘制长度为0.6的直线图形，如图5-170所示。

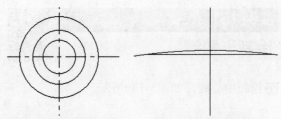

图5-169  绘制同心圆    图5-170  绘制直线

④ 再绘制85°、长度为2的两条角度线，如图5-171所示。

⑤ 绘制连接圆弧，如图5-172所示。

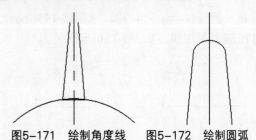

图5-171  绘制角度线    图5-172  绘制圆弧

⑥ 绘制70°的角度线图形，如图5-173所示。

⑦ 绘制半径为0.1的内切圆，如图5-174所示。

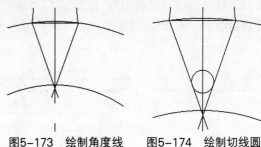

图5-173  绘制角度线    图5-174  绘制切线圆

⑧ 修剪图形，如图5-175所示。

⑨ 镜像图形，如图5-176所示。

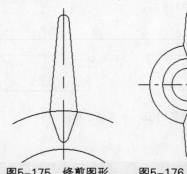

图5-175  修剪图形    图5-176  镜像图形

⑩ 绘制长度分别为2和4.8的直线图形，如图5-177所示。

⑪ 绘制连接线，如图5-178所示。

⑫ 偏移右侧直线，距离为0.2，如图5-179所示。

⑬ 绘制圆弧，如图5-180所示。

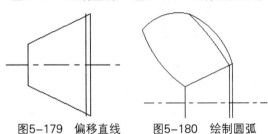

图5-177 绘制直线　　图5-178 绘制连接直线

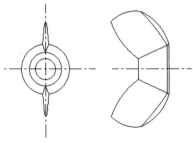

图5-179 偏移直线　　图5-180 绘制圆弧

**14** 镜像图形，得到蝶形螺母图形，如图5-181所示。

图5-181 蝶形螺母图形

## 实例 154

案例源文件：ywj /05/154. dwg

### 绘制轴承挡环

**01** 绘制2×30的矩形，如图5-182所示。

图5-182 绘制矩形

**02** 绘制角度为45°、长度为0.5的角度线图形，然后绘制45°的直线图形，如图5-183所示。

**03** 继续绘制角度为135°、长度为0.5的角度线，如图5-184所示。

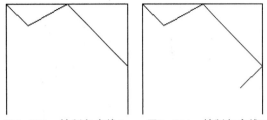

图5-183 绘制角度线1　　图5-184 绘制角度线2

**04** 绘制长度为1、角度为45°的角度线，如图5-185所示。

**05** 继续绘制角度为45°的角度线，如图5-186所示。

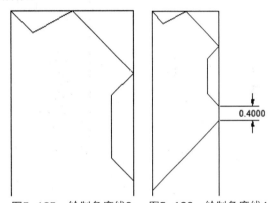

图5-185 绘制角度线3　　图5-186 绘制角度线4

**06** 绘制角度为45°的角度直线，如图5-187所示。

**07** 绘制长度为2.3、角度为45°的角度线，如图5-188所示。

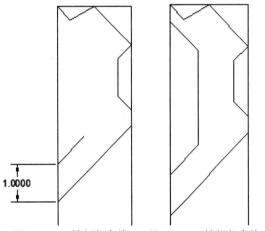

图5-187 绘制角度线5　　图5-188 绘制角度线6

**08** 修剪图形，如图5-189所示。

**09** 创建半径为0.1的圆角，如图5-190所示。

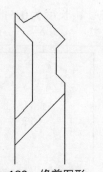
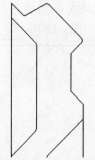

图5-189　修剪图形　　图5-190　绘制圆角

**10** 镜像图形，如图5-191所示。

**11** 填充剖面图形，如图5-192所示。

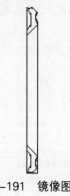
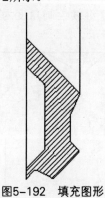

图5-191　镜像图形　　图5-192　填充图形

**12** 在右侧绘制半径分别为10和15的同心圆，得到轴承挡环二视图，如图5-193所示。

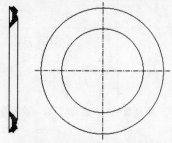

图5-193　轴承挡环二视图

第**6**章 绘制电气元件和
电路图

## 实例 155

案例源文件：ywj /06/155. dwg

### 绘制电阻器

**01** 使用【矩形】工具，绘制1×0.3的矩形，如图6-1所示。

**02** 在两端绘制长度各为0.5的直线图形，如图6-2所示。

图6-1　绘制矩形　　　图6-2　绘制直线

**03** 在上方添加引线，完成电阻器图形的绘制，如图6-3所示。

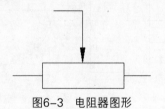

图6-3　电阻器图形

## 实例 156

案例源文件：ywj /06/156. dwg

### 绘制熔断器

**01** 首先绘制2×0.6的矩形，然后绘制长度为3的直线图形，如图6-4所示。

**02** 向左移动直线，距离为0.5，如图6-5所示。

图6-4　绘制矩形和直线　　　图6-5　移动直线

**03** 添加文字，完成熔断器图形的绘制，如图6-6所示。

FU

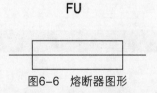

图6-6　熔断器图形

## 实例 157

案例源文件：ywj /06/157. dwg

### 绘制电感器

**01** 绘制半径为1的圆，然后复制出两个圆，再绘制长度为8的水平直线，如图6-7所示。

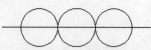

图6-7　绘制圆和直线

**02** 继续绘制长度为6的直线，如图6-8所示。

图6-8　绘制直线

**03** 修剪图形，得到电感器图形，如图6-9所示。

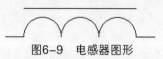

图6-9　电感器图形

## 实例 158

案例源文件：ywj /06/158. dwg

### 绘制热继电器

**01** 绘制7×3的矩形，然后在正中间绘制长度为5的竖直直线，如图6-10所示。

**02** 复制直线图形，间距为2，如图6-11所示。

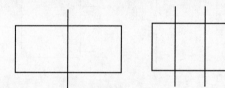

图6-10　绘制矩形和直线　　　图6-11　复制直线

**03** 修剪图形，如图6-12所示。

**04** 绘制长度为0.5的两段竖直直线，然后分别绘制长度为1的水平直线和长度为2的竖直直线，如图6-13所示。

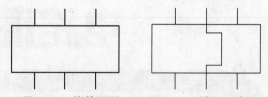

图6-12　修剪图形　　　图6-13　绘制直线图形

**05** 添加文字，完成热继电器图形的绘制，如图6-14所示。

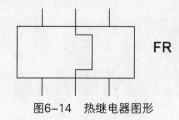

FR

图6-14　热继电器图形

## 绘制电容器

**01** 绘制半径为1的圆，然后绘制水平直线，如图6-15所示。

**02** 向上移动直线，距离为0.5，如图6-16所示。

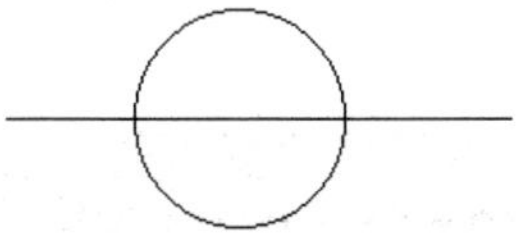

图6-15 绘制圆和直线 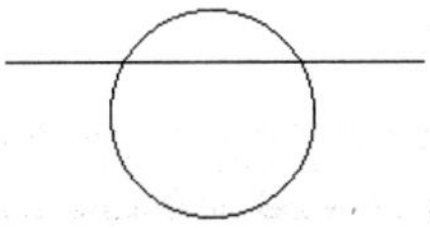 图6-16 移动直线

**03** 修剪图形，如图6-17所示。

**04** 向上移动直线，距离为1，如图6-18所示。

图6-17 修剪图形 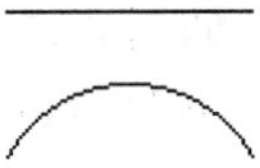 图6-18 移动直线

**05** 绘制长度为1的两段竖直直线，如图6-19所示。

**06** 使用【直线】工具，绘制长度为0.3的十字线，完成电容器图形的绘制，如图6-20所示。

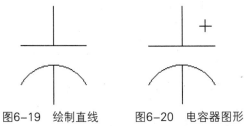

图6-19 绘制直线 图6-20 电容器图形

## 绘制单极开关

**01** 绘制长度为1、间距为1的竖直直线，然后绘制120°的角度直线，接着绘制长度为1的水平直线，如图6-21所示。

**02** 在左侧再绘制长度为1的竖直直线，如图6-22所示。

图6-21 绘制直线 图6-22 绘制竖直直线

**03** 使用【多行文字】工具，添加文字"S"，得到单极开关图形，如图6-23所示。

图6-23 单极开关图形

## 绘制半导体

**01** 首先绘制长度均为3的水平和竖直直线，然后绘制角度为30°、长度为2的角度直线，如图6-24所示。

**02** 使用【引线】工具，添加引线，如图6-25所示。

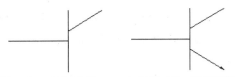

图6-24 绘制直线 图6-25 绘制引线

**03** 接着绘制长度为2的竖直直线，得到半导体图形，如图6-26所示。

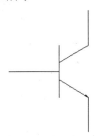

图6-26 半导体图形

## 绘制电桥

**01** 首先绘制3×1的矩形，然后在左右两端各绘制长度为3的水平直线，如图6-27所示。

图6-27 绘制矩形和直线

**02** 旋转复制图形，如图6-28所示。

**03** 镜像图形，如图6-29所示。

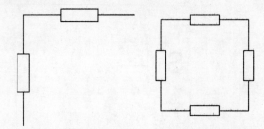

图6-28　旋转复制图形　　图6-29　镜像图形

**04** 把整个图形旋转45°，如图6-30所示。

**05** 绘制长度为2的直线图形，并连接水平的两个角点，如图6-31所示。

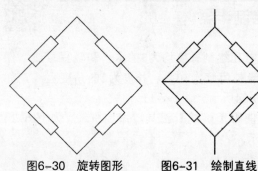

图6-30　旋转图形　　　图6-31　绘制直线

**06** 在中心位置绘制半径为2的圆，如图6-32所示。

**07** 修剪图形，如图6-33所示。

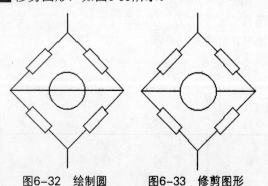

图6-32　绘制圆　　　图6-33　修剪图形

**08** 绘制长度为16的直线图形，如图6-34所示。

**09** 在左侧绘制长度分别为4和2的水平直线图形，如图6-35所示。

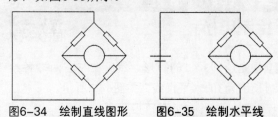

图6-34　绘制直线图形　　图6-35　绘制水平线

**10** 修剪图形，得到电桥图形，如图6-36所示。

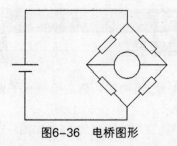

图6-36　电桥图形

## 实例 163

⊕ 案例源文件：ywj /06/163. dwg

# 绘制变压器

**01** 绘制半径为1的圆，然后沿竖直方向复制出3个圆，如图6-37所示。

**02** 绘制长度为4的直线图形，如图6-38所示。

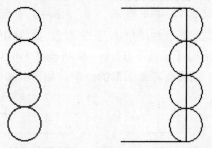

图6-37　绘制并复制圆　　图6-38　绘制直线图形

**03** 复制竖直直线，间距为2和2.6，如图6-39所示。

**04** 修剪图形，如图6-40所示。

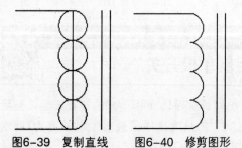

图6-39　复制直线　　　图6-40　修剪图形

**05** 镜像图形，得到变压器图形，如图6-41所示。

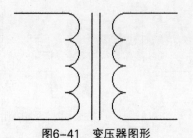

图6-41　变压器图形

**绘制开关** ● 案例源文件：ywj /06/164. dwg

**01** 绘制半径为1的圆，然后在下方绘制长度为8的竖直直线，如图6-42所示。

**02** 复制直线，间距为14，如图6-43所示。

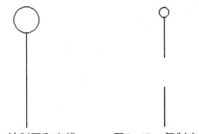

图6-42　绘制圆和直线　　　图6-43　复制直线

**03** 复制圆，如图6-44所示。

**04** 绘制120°的角度直线图形，如图6-45所示。

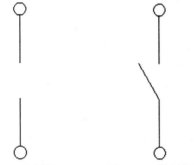

图6-44　复制圆　　　图6-45　绘制角度线

**05** 复制图形，间距为10和20，如图6-46所示。

**06** 绘制连接虚线，得到开关图形，如图6-47所示。

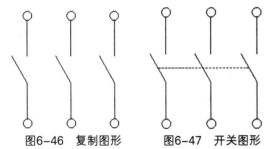

图6-46　复制图形　　　图6-47　开关图形

**绘制接触器** ● 案例源文件：ywj /06/165. dwg

**01** 绘制半径为1的圆，然后在上方绘制长度为20的竖直直线，如图6-48所示。

**02** 复制图形，间距为30，如图6-49所示。

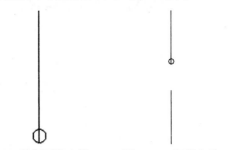

图6-48　绘制圆和直线　　　图6-49　复制直线

**03** 修剪图形，如图6-50所示。

**04** 绘制120°的角度直线，如图6-51所示。

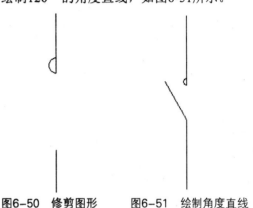

图6-50　修剪图形　　　图6-51　绘制角度直线

**05** 镜像图形，如图6-52所示。

**06** 绘制长度为8的水平直线图形，如图6-53所示。

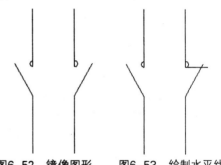

图6-52　镜像图形　　　图6-53　绘制水平线

**07** 添加文字，得到接触器图形，如图6-54所示。

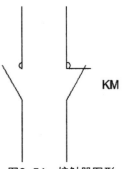

KM

图6-54　接触器图形

## 实例 166

案例源文件：ywj /06/166.dwg

### 绘制继电器

**01** 绘制长度为1的两条竖直直线，然后绘制120°的角度直线图形，再绘制长度为1的水平直线，如图6-55所示。

**02** 复制水平线，距离为0.3，如图6-56所示。

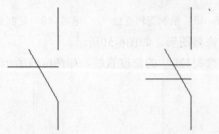

图6-55　绘制直线　　　图6-56　复制水平直线

**03** 在左侧绘制半径为0.5的圆，然后绘制竖直直线，如图6-57所示。

**04** 修剪图形，得到继电器图形，如图6-58所示。

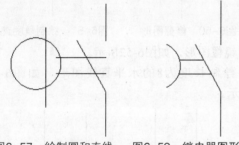

图6-57　绘制圆和直线　　图6-58　继电器图形

## 实例 167

案例源文件：ywj /06/167.dwg

### 绘制稳压二极管

**01** 首先绘制三角形，外切圆半径为2，然后绘制长度为18的水平直线和长度为6的竖直直线，如图6-59所示。

**02** 继续绘制长度为1的直线图形，得到稳压二极管图形，如图6-60所示。

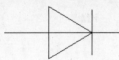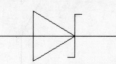

图6-59　绘制三角形　　图6-60　稳压二极管图形
　　　　和直线

## 实例 168

案例源文件：ywj /06/168.dwg

### 绘制电气自动告知线路图

**01** 首先绘制8×16的矩形，然后在左下方绘制长度为6的水平直线，如图6-61所示。

**02** 给直线创建矩形阵列，数量为6，间距为1，如图6-62所示。

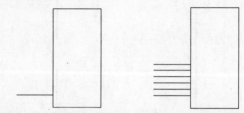

图6-61　绘制矩形和直线　　图6-62　阵列图形

**03** 绘制1×4的矩形，然后绘制直线图形，如图6-63所示。

**04** 绘制长度为6的水平直线，如图6-64所示。

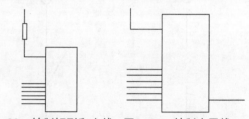

图6-63　绘制矩形和直线　　图6-64　绘制水平线

**05** 复制水平线，间距为4和5，如图6-65所示。

**06** 绘制三角形，外切圆半径为0.5，如图6-66所示。

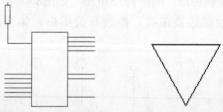

图6-65　复制直线　　图6-66　绘制三角形

**07** 绘制水平直线图形，如图6-67所示。

**08** 添加引线，如图6-68所示。

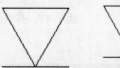

图6-67　绘制水平线　　图6-68　绘制引线

**09** 复制图形，如图6-69所示。

图6-69　复制图形

**10** 绘制一个小矩形，如图6-70所示。

图6-70　绘制小矩形

**11** 绘制连接的直线图形作为线路，如图6-71所示。

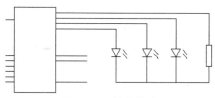

图6-71　绘制线路

**12** 绘制直线图形，如图6-72所示。

**13** 绘制圆，如图6-73所示。

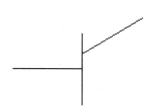 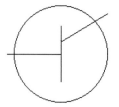

图6-72　绘制直线图形　　图6-73　绘制圆

**14** 添加引线，得到半导体符号，如图6-74所示。

**15** 绘制1×2的矩形，然后绘制长度为4的竖直直线，如图6-75所示。

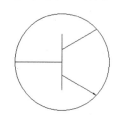 

图6-74　绘制引线　　图6-75　绘制矩形和直线

**16** 绘制斜线图形，得到喇叭符号，如图6-76所示。

**17** 绘制直线图形将电路连接起来，如图6-77所示。

图6-76　绘制斜线　　　图6-77　绘制线路

**18** 使用【多行文字】工具添加电路的文字，得到电气自动告知线路图，如图6-78所示。

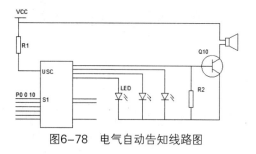

图6-78　电气自动告知线路图

## 实例 169

# 绘制电缆线路工程图

**01** 首先绘制3×8的矩形，然后绘制2×3的矩形，如图6-79所示。

**02** 复制右侧小矩形，如图6-80所示。

图6-79　绘制矩形　　图6-80　复制矩形

**03** 继续绘制8×16的矩形，然后在其中绘制1×1的矩形，如图6-81所示。

**04** 复制其中的小矩形，结果如图6-82所示。

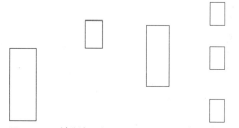

图6-81　继续绘制矩形　　图6-82　复制矩形

**05** 绘制直线作为连接线路，如图6-83所示。

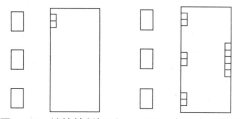

图6-83　绘制线路

**06** 绘制10×1的矩形，然后绘制4×10的矩形，如图6-84所示。

**07** 将小矩形复制到竖直矩形中，如图6-85所示。

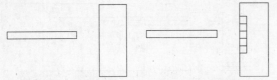

图6-84　绘制矩形　　　　图6-85　复制矩形

**08** 绘制样条曲线，如图6-86所示。

**09** 修剪图形，如图6-87所示。

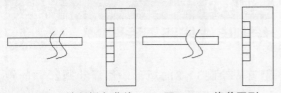

图6-86　绘制样条曲线　　　图6-87　修剪图形

**10** 绘制水平直线图形作为线束，间距为0.1，如图6-88所示。

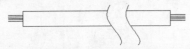

图6-88　绘制水平直线

**11** 绘制直线进行连接，如图6-89所示。

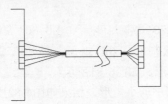

图6-89　绘制线路

**12** 添加文字，得到电缆线路工程图，如图6-90所示。

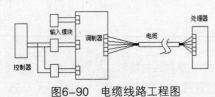

图6-90　电缆线路工程图

**实例170**

**绘制变电工程图**

案例源文件：ywj /06/170. dwg

**01** 绘制2×3的矩形，然后绘制长度为0.5的水平直线图形，如图6-91所示。

**02** 继续绘制0.7×0.2的矩形，再绘制长度为0.5的直线图形，如图6-92所示。

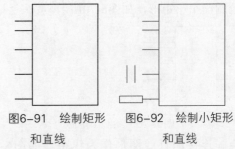

图6-91　绘制矩形　　图6-92　绘制小矩形
　　和直线　　　　　　　　和直线

**03** 绘制长度为0.4和0.2的水平直线，如图6-93所示。

**04** 绘制连接直线，如图6-94所示。

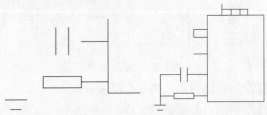

图6-93　绘制水平线　　　图6-94　绘制线路

**05** 绘制三角形，外切圆半径为0.1，然后在下方绘制水平直线，如图6-95所示。

**06** 复制图形，如图6-96所示。

图6-95　绘制三角　　　图6-96　复制图形
　　形和水平线

**07** 复制小矩形，如图6-97所示。

**08** 绘制1.6×0.8的矩形，如图6-98所示。

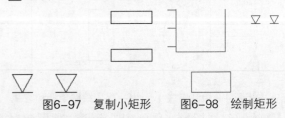

图6-97　复制小矩形　　　图6-98　绘制矩形

**09** 绘制连接线路，如图6-99所示。

**10** 绘制长度为0.4和0.2的竖直直线，如图6-100所示。

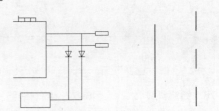

图6-99　绘制连接线路　　图6-100　绘制直线

**11** 添加引线，如图6-101所示。

12 绘制水平直线图形，如图6-102所示。

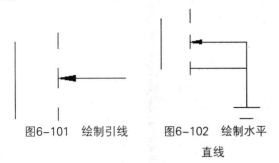

图6-101　绘制引线　　　图6-102　绘制水平直线

13 绘制连接线路，如图6-103所示。

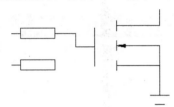

图6-103　绘制直线图形

14 绘制电感器。首先绘制半径为0.1的圆，然后绘制竖直直线，如图6-104所示。

15 修剪图形，如图6-105所示。

图6-104　绘制圆和竖直直线　　图6-105　修剪图形

16 复制图形，如图6-106所示。

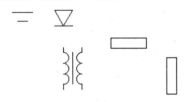

图6-106　复制图形

17 绘制竖直直线图形，如图6-107所示。

18 添加引线，如图6-108所示。

图6-107　绘制竖直直线　　　图6-108　绘制引线

19 绘制连接线路，如图6-109所示。

20 复制图形，如图6-110所示。

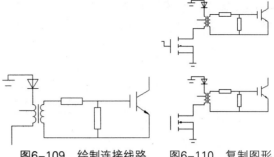

图6-109　绘制连接线路　　　图6-110　复制图形

21 继续绘制线路，如图6-111所示。

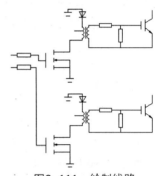

图6-111　绘制线路

22 添加文字，得到变电工程图，如图6-112所示。

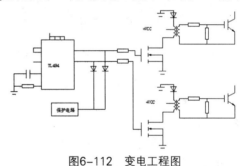

图6-112　变电工程图

实例 171　　⊕案例源文件：ywj /06/171.dwg

## 绘制防雷平面图

01 绘制6×14和1×3的矩形，如图6-113所示。

02 绘制长度为1的竖直直线和长度为3、角度为30°的斜线，如图6-114所示。

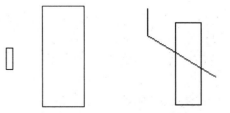

图6-113　绘制矩形　　　图6-114　绘制直线和斜线

**03** 复制图形，如图6-115所示。

**04** 绘制半径为0.8的圆，如图6-116所示。

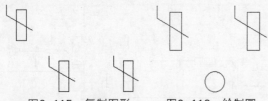

图6-115　复制图形　　图6-116　绘制圆

**05** 添加引线，如图6-117所示。

**06** 绘制直线图形作为连接线路，如图6-118所示。

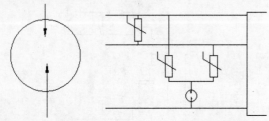

图6-117　绘制引线　　图6-118　绘制连接线路

**07** 在交叉点绘制半径为0.4的圆，如图6-119所示。

**08** 修剪图形，如图6-120所示。

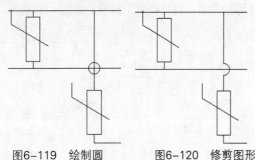

图6-119　绘制圆　　　图6-120　修剪图形

**09** 绘制半径为0.1的圆，如图6-121所示。

**10** 绘制并填充圆图形，如图6-122所示。

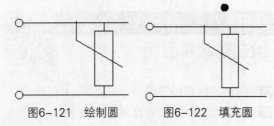

图6-121　绘制圆　　　图6-122　填充圆

**11** 复制填充后的图形，如图6-123所示。

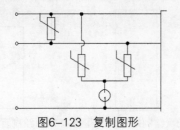

图6-123　复制图形

**12** 添加文字，得到防雷平面图，如图6-124所示。

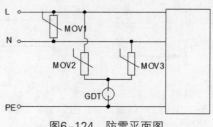

图6-124　防雷平面图

## 实例172　绘制直流系统原理图

案例源文件：ywj /06/172. dwg

**01** 绘制4×1的矩形，然后在下方绘制水平直线，如图6-125所示。

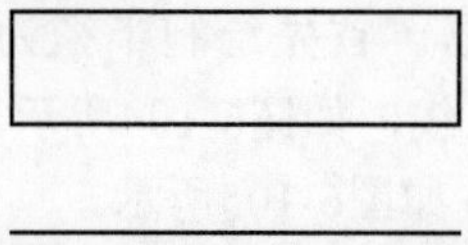

图6-125　绘制矩形和直线

**02** 在右侧绘制长度为4的水平直线图形，如图6-126所示。

图6-126　绘制水平直线

**03** 绘制6×2的矩形，然后绘制8×6的矩形，如图6-127所示。

图6-127　绘制矩形

**04** 绘制半径为3的圆，如图6-128所示。

**05** 在圆中绘制直线图形，如图6-129所示。

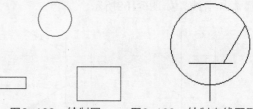

图6-128　绘制圆　　　图6-129　绘制直线图形

**06** 添加引线，如图6-130所示。

**07** 绘制连接线路，如图6-131所示。

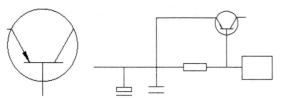

图6-130　绘制引线　　　图6-131　绘制连接线路

**08** 复制图形，如图6-132所示。

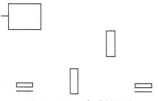

图6-132　复制图形

**09** 绘制三角形，外切圆半径为0.8，如图6-133所示。

图6-133　绘制三角形

**10** 填充三角形，如图6-134所示。

图6-134　填充三角形

**11** 在三角形上方绘制水平直线，如图6-135所示。

图6-135　绘制水平线

**12** 绘制连接线路，结果如图6-136所示。

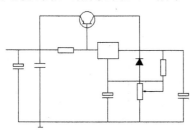

图6-136　绘制连接线路

**13** 添加文字，得到直流系统原理图，如图6-137所示。

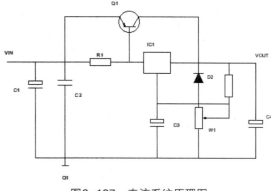

图6-137　直流系统原理图

## 实例 173　⊕ 案例源文件：ywj/06/173.dwg

# 绘制录音电路图

**01** 绘制三角形，外切圆半径为3，然后绘制长度为3的两条竖直直线，如图6-138所示。

**02** 复制直线图形，如图6-139所示。

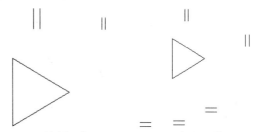

图6-138　绘制三角　　图6-139　复制直线图形
　　　形和竖直直线

**03** 绘制7×2的矩形，如图6-140所示。

**04** 旋转复制矩形，如图6-141所示。

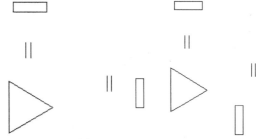

图6-140　绘制矩形　　图6-141　旋转复制矩形

**05** 绘制连接线路，如图6-142所示。

**06** 绘制半径为0.2的圆，如图6-143所示。

01 02 03 04 05 06 07 08 09 10 11　第6章　绘制电气元件和电路图

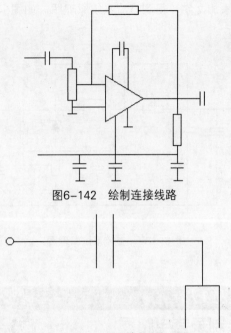

图6-142　绘制连接线路

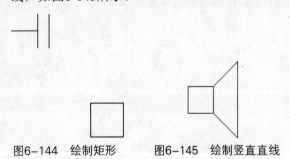

图6-143　绘制圆

**07** 绘制3×3的矩形，如图6-144所示。

**08** 绘制长度为4，角度为45°的斜线和竖直直线，如图6-145所示。

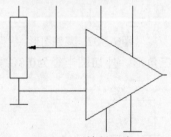

图6-144　绘制矩形　　　图6-145　绘制竖直直线
　　　　　　　　　　　　　　　　和斜线

**09** 绘制连接线路，如图6-146所示。

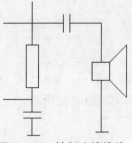

图6-146　绘制连接线路

**10** 添加引线，如图6-147所示。

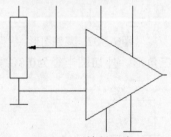

图6-147　绘制引线

**11** 添加文字和符号，得到录音电路图，如图6-148所示。

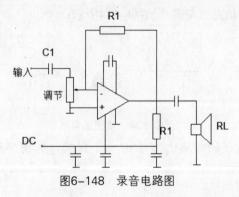

图6-148　录音电路图

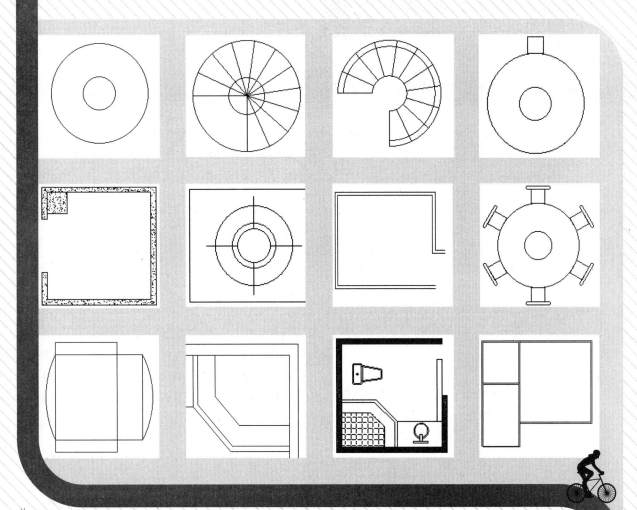

第 **7** 章　建筑工程图设计

**实例 174**　● 案例源文件：ywj /07/174. dwg

## 绘制楼梯剖面图

**01** 在命令行输入"mline"命令，绘制长度为40的竖直多线，然后绘制长度为30的水平多线，如图7-1所示。

**02** 绘制长度为1和2的直线图形作为踏步，如图7-2所示。

图7-1　绘制多线　　　图7-2　绘制直线

**03** 复制踏步图形，如图7-3所示。

**04** 绘制直线作为平台，如图7-4所示。

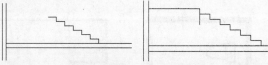

图7-3　复制踏步图形　　图7-4　绘制直线图形

**05** 偏移图形，距离为0.5，如图7-5所示。

**06** 绘制角度为30°的直线图形，如图7-6所示。

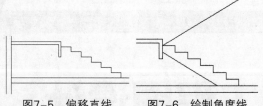

图7-5　偏移直线　　　图7-6　绘制角度线

**07** 按照前面方法绘制台阶的直线图形，如图7-7所示。

**08** 用同样的方法绘制直线图形作为平台，如图7-8所示。

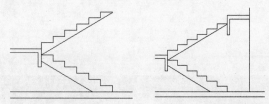

图7-7　绘制台阶直线图形　　图7-8　绘制直线图形

**09** 绘制直线图形作为扶手，如图7-9所示。

**10** 复制图形，如图7-10所示。

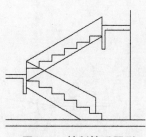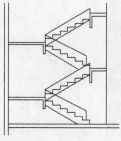

图7-9　绘制扶手图形　　　图7-10　复制图形

**11** 绘制直线图形作为窗，如图7-11所示。

**12** 复制窗的图形，如图7-12所示。

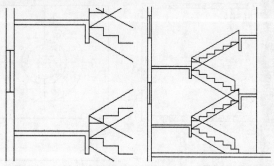

图7-11　绘制窗的图形　　图7-12　复制窗的图形

**13** 单击【默认】选项卡【注释】组中的【线性】按钮，添加建筑尺寸和标高，得到楼梯剖面图，如图7-13所示。

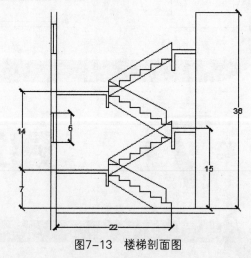

图7-13　楼梯剖面图

**实例 175**　● 案例源文件：ywj /07/175. dwg

## 绘制旋转楼梯平面图

**01** 绘制半径分别为6和18的同心圆，如图7-14所示。

**02** 绘制直线，如图7-15所示。

AutoCAD 2020 完全实训手册

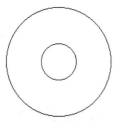

图7-14　绘制同心圆　　　　图7-15　绘制直线

**03** 给直线创建环形阵列，数量为12，如图7-16所示。

**04** 绘制半径为16的圆，如图7-17所示。

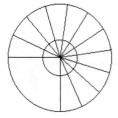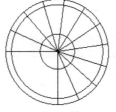

图7-16　阵列图形　　　　图7-17　绘制圆

**05** 修剪图形，得到旋转楼梯平面图，如图7-18所示。

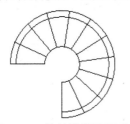

图7-18　旋转楼梯平面图

**01** 绘制水平多线，尺寸为40，如图7-19所示。

图7-19　绘制水平多线

**02** 复制图形，距离为24，如图7-20所示。

**03** 绘制直线图形作为剖断线，如图7-21所示。

图7-20　复制多线　　　图7-21　绘制剖断线

**04** 绘制间距为1的竖直直线图形作为落地窗，如图7-22所示。

**05** 在下方绘制12×3的矩形，然后在两侧绘制半径为0.6的圆，如图7-23所示。

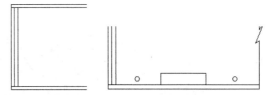

图7-22　绘制落地窗　　　图7-23　绘制矩形和圆

**06** 在上方绘制9×1的矩形，然后在两侧绘制4×1的矩形，再绘制直线图形，得到沙发图形，如图7-24所示。

**07** 复制图形，绘制直线图形作为单人沙发，如图7-25所示。

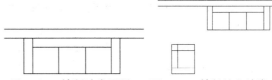

图7-24　绘制沙发图形　　　图7-25　绘制单人沙发

**08** 复制单人沙发图形，如图7-26所示。

**09** 绘制半径分别为1和1.5的同心圆，如图7-27所示。

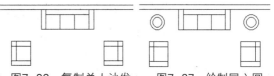

图7-26　复制单人沙发　　　图7-27　绘制同心圆

**10** 绘制10×3的矩形作为茶几，得到客厅平面图，如图7-28所示。

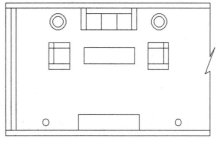

图7-28　客厅平面图

**01** 绘制多线，尺寸为80和45，作为餐厅墙体，如图7-29所示。

02 绘制长度为5的直线图形，然后绘制半径为5的圆，如图7-30所示。

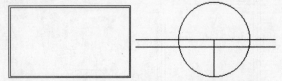

图7-29　绘制餐厅墙体　　图7-30　绘制直线和圆

03 修剪图形，得到门扇图形，如图7-31所示。

04 镜像图形后修剪图形，如图7-32所示。

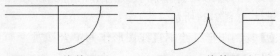

图7-31　修剪图形　　　图7-32　修剪图形

05 复制图形后修剪图形，得到大门图形，如图7-33所示。

06 绘制直线图形作为窗，如图7-34所示。

图7-33　大门图形　　图7-34　绘制窗户图形

07 复制窗的图形，同时再绘制一个门，如图7-35所示。

08 绘制半径分别为3和1的同心圆，然后绘制1×3的矩形，如图7-36所示。

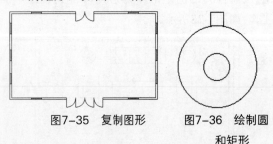

图7-35　复制图形　　　图7-36　绘制圆和矩形

09 绘制1.6×0.2的矩形，然后在两端绘制圆，修剪图形，得到餐椅图形，如图7-37所示。

10 为餐椅创建环形阵列，数量为6，如图7-38所示。

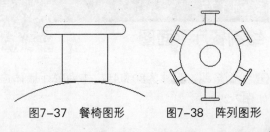

图7-37　餐椅图形　　　图7-38　阵列图形

11 复制多个餐桌椅图形，得到餐厅平面图，如图7-39所示。

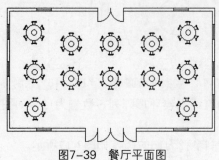

图7-39　餐厅平面图

## 实例 178

 案例源文件　ywj /07/178. dwg

## 绘制厨房平面图

01 绘制多线，尺寸为20和5，作为厨房墙体，如图7-40所示。

02 绘制边长为4的正方形，如图7-41所示。

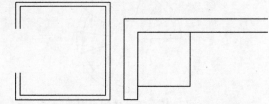

图7-40　绘制厨房墙体　　图7-41　绘制正方形

03 填充墙体图形，如图7-42所示。

04 绘制宽度为4的矩形图形，如图7-43所示。

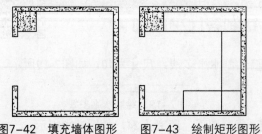

图7-42　填充墙体图形　　图7-43　绘制矩形图形

05 绘制4×3的矩形，并创建半径为0.4的圆角，如图7-44所示。

06 复制下边线，距离为0.2，如图7-45所示。

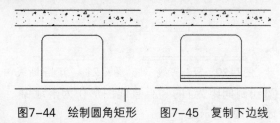

图7-44　绘制圆角矩形　　图7-45　复制下边线

**07** 绘制2.6×5.6的矩形，然后绘制两个2×2的矩形，如图7-46所示。

**08** 给小矩形创建半径为0.2的圆角，如图7-47所示。

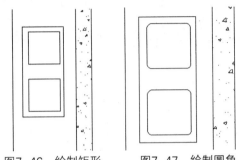

图7-46 绘制矩形　　图7-47 绘制圆角

**09** 绘制1.4×0.2的矩形，并进行旋转，如图7-48所示。

**10** 修剪图形，得到水槽图形，如图7-49所示。

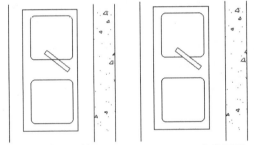

图7-48 绘制并旋转矩形　　图7-49 修剪图形

**11** 绘制6×2的矩形，然后绘制半径分别为0.3、0.4和0.7的同心圆，如图7-50所示。

**12** 绘制直线，得到燃气灶图形，如图7-51所示。

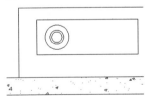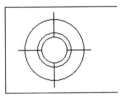

图7-50 绘制矩形和同心圆　　图7-51 燃气灶图形

**13** 镜像燃气灶图形，如图7-52所示。

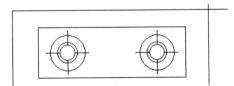

图7-52 镜像燃气灶图形

**14** 至此完成厨房平面图的绘制，如图7-53所示。

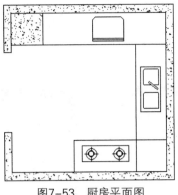

图7-53 厨房平面图

## 实例179　绘制书房平面图

● 案例源文件：ywj /07/179. dwg

**01** 绘制多线，尺寸为4、18、30和40，作为书房墙体，如图7-54所示。

**02** 绘制窗户图形，如图7-55所示。

图7-54 绘制书房墙体　　图7-55 绘制窗户图形

**03** 填充墙体图形，如图7-56所示。

图7-56 填充墙体图形

> **● 提示•●**
>
> 这里采用实体填充。

**04** 绘制6×12的矩形，然后再绘制4×20和20×4的矩形，如图7-57所示。

**05** 绘制直线图形，得到书架图形，如图7-58所示。

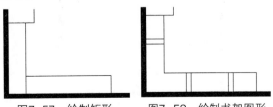

图7-57 绘制矩形　　图7-58 绘制书架图形

第7章　建筑工程图设计

06 绘制0.5×6的矩形，并旋转图形5°，得到显示屏图形，如图7-59所示。

07 绘制2×5的矩形，然后绘制直线图形，得到键盘图形，如图7-60所示。

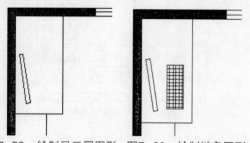

图7-59 绘制显示屏图形　　图7-60 绘制键盘图形

08 绘制样条曲线，然后绘制1×0.5的矩形，作为鼠标，如图7-61所示。

09 绘制5×7的矩形，如图7-62所示。

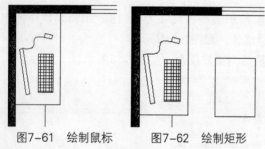

图7-61 绘制鼠标　　　　图7-62 绘制矩形

10 绘制圆弧，然后绘制5×1和2×7的矩形，继续绘制圆弧，得到电脑椅图形，如图7-63所示。

11 绘制5×14的矩形，如图7-64所示。

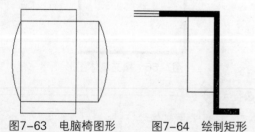

图7-63 电脑椅图形　　　图7-64 绘制矩形

12 绘制直线图形，然后绘制样条曲线并进行复制，最终完成书房平面图的绘制，如图7-65所示。

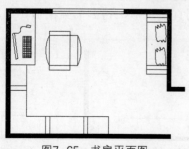

图7-65 书房平面图

实例 180　　　　⊕ 案例源文件：ywj/07/180.dwg

## 绘制卫生间平面图

01 绘制多线，尺寸为20和10，作为卫生间墙体，如图7-66所示。

02 绘制1×12的矩形作为推拉门，如图7-67所示。

 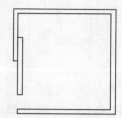

图7-66 绘制卫生间墙体　　图7-67 绘制推拉门

03 绘制矩形，然后绘制半径分别为1.3和1.5的同心圆，再绘制3×0.2和0.5×1.4的矩形，如图7-68所示。

04 修剪图形作为洗手盆，如图7-69所示。

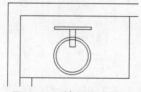 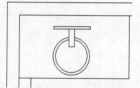

图7-68 绘制圆和矩形　　　图7-69 洗手盆图形

05 绘制长度为6、角度为45°的直线和水平直线，如图7-70所示。

06 偏移图形，距离为0.5，然后再次偏移图形，距离为2，如图7-71所示。

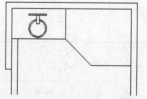 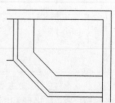

图7-70 绘制直线图形　　　图7-71 偏移图形

07 填充图形，得到淋浴房图形，如图7-72所示。

08 绘制2×4的矩形，然后创建半径为0.4的圆角，如图7-73所示。

09 偏移矩形图形，距离为0.2，如图7-74所示。

10 绘制半径为0.2的圆，然后绘制水平直线，如图7-75所示。

11 绘制斜线和竖直直线，如图7-76所示。

12 创建半径为0.5的圆角，如图7-77所示。

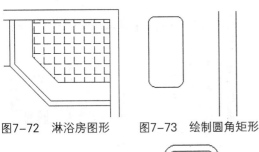

图7-72　淋浴房图形　　图7-73　绘制圆角矩形

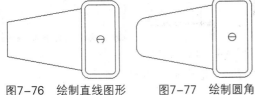

图7-74　偏移图形　　图7-75　绘制圆和直线

图7-76　绘制直线图形　　图7-77　绘制圆角

**13** 偏移图形，距离为0.2，得到马桶图形，如图7-78所示。

**14** 填充墙体图形，得到卫生间平面图，如图7-79所示。

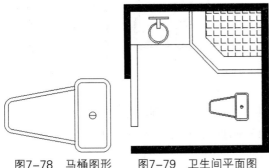

图7-78　马桶图形　　图7-79　卫生间平面图

## 实例181

🔘 案例源文件：ywj/07/181.dwg

# 绘制卧室平面布置图

**01** 使用【多线】工具绘制卧室墙体，如图7-80所示。

**02** 绘制半径为5的圆和直线，然后修剪图形，得到门的图形，如图7-81所示。

**03** 绘制直线图形，然后偏移图形，距离为1，再修剪图形，得到飘窗图形，如图7-82所示。

**04** 绘制10×0.8的矩形和直线图形，作为电视墙，如图7-83所示。

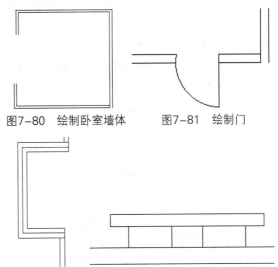

图7-80　绘制卧室墙体　　图7-81　绘制门

图7-82　飘窗图形　　图7-83　绘制电视墙

**05** 绘制14×16的矩形作为床，如图7-84所示。

**06** 绘制4×4的两个小矩形，然后绘制半径为0.7的两个小圆，作为床头柜，如图7-85所示。

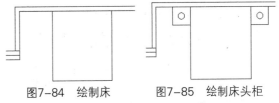

图7-84　绘制床　　图7-85　绘制床头柜

**07** 绘制样条曲线作为被子，如图7-86所示。

**08** 绘制样条曲线作为枕头，并进行复制，如图7-87所示。

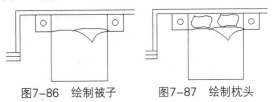

图7-86　绘制被子　　图7-87　绘制枕头

**09** 绘制7×20的矩形，然后绘制斜线作为衣柜，如图7-88所示。

**10** 这样就完成了卧室平面布置图的绘制，如图7-89所示。

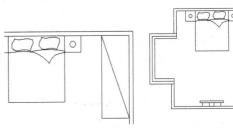

图7-88　绘制衣柜　　图7-89　卧室平面布置图

## 实例 182

● 案例源文件：ywj /07/182. dwg

### 绘制三居室平面布置图

**01** 打开实例181的卧室平面图，将实例176、实例178、实例179和实例180的平面图形复制进来，如图7-90所示。

图7-90　复制各实例平面图形

**02** 再复制一个卧室平面，如图7-91所示。

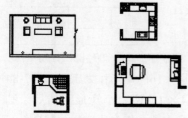

图7-91　复制卧室平面图

**03** 绘制长度为12的竖直直线，然后将客厅移动到直线末端，如图7-92所示。

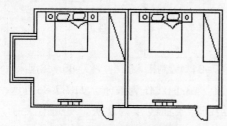

图7-92　移动客厅图

**04** 同样移动厨房平面图形，如图7-93所示。

**05** 将书房平面旋转-90°，如图7-94所示。

**06** 将卫生间旋转180°，如图7-95所示。

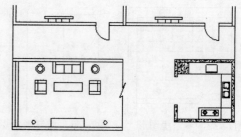

图7-93　移动厨房图

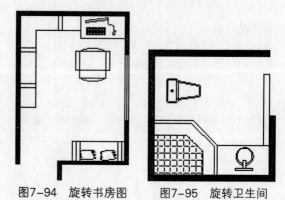

图7-94　旋转书房图　　　图7-95　旋转卫生间

**07** 移动平面图形，如图7-96所示。

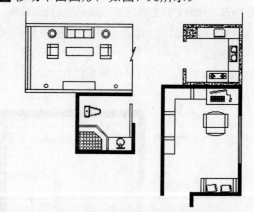

图7-96　移动图形

**08** 绘制直线图形作为过道，如图7-97所示。

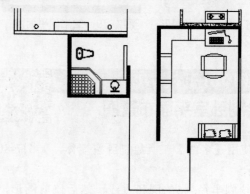

图7-97　绘制过道

**09** 绘制门，如图7-98所示。

**10** 修剪图形，结果如图7-99所示。

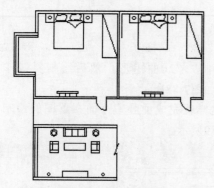

AutoCAD 2020 完全实训手册

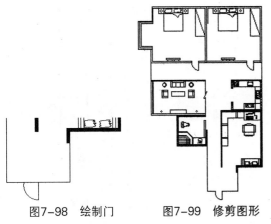

图7-98 绘制门 　　图7-99 修剪图形

**11** 单击【默认】选项卡【注释】组中的【多行文字】按钮 A，添加文字，如图7-100所示。

图7-100 添加文字

**12** 单击【默认】选项卡【注释】组中的【线性】按钮 H，添加建筑尺寸，得到三居室平面布置图，如图7-101所示。

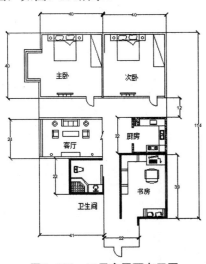

图7-101 三居室平面布置图

# 绘制别墅一层平面图

**01** 绘制尺寸为40×60的多线矩形，然后在上方绘制尺寸为40×40的多线矩形，在右侧绘制尺寸为80×80的多线矩形，如图7-102所示。

**02** 在右侧矩形中绘制尺寸为30的水平多线，然后绘制尺寸为20×46的多线矩形，然后再绘制多线，得到别墅基本墙体图形，如图7-103所示。

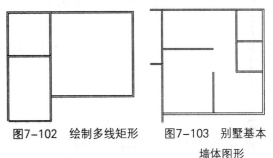

图7-102 绘制多线矩形　　图7-103 别墅基本
　　　　　　　　　　　　　　　　墙体图形

**03** 绘制梯形多线图形作为阳台，如图7-104所示。

**04** 绘制门图形，并进行修剪，如图7-105所示。

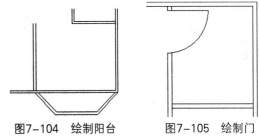

图7-104 绘制阳台　　图7-105 绘制门

**05** 复制门图形，修剪图形，如图7-106所示。

**06** 绘制直线图形，如图7-107所示。

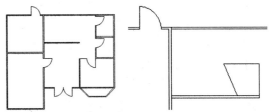

图7-106 复制门　　图7-107 绘制直线图形

**07** 给竖直线创建矩形阵列，间距为2，然后修剪图形作为楼梯，如图7-108所示。

**08** 绘制椭圆，如图7-109所示。

第7章 建筑工程图设计

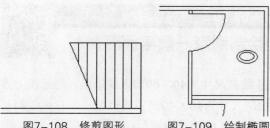

图7-108　修剪图形　　　图7-109　绘制椭圆

**09** 绘制矩形，然后修剪图形，作为马桶，如图7-110所示。

**10** 绘制直线图形，如图7-111所示。

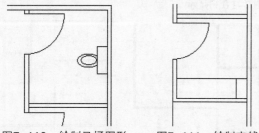

图7-110　绘制马桶图形　　　图7-111　绘制直线

**11** 绘制半径为6的圆，然后绘制矩形并阵列，得到餐桌椅图形，如图7-112所示。

**12** 绘制8×8的矩形，然后复制图形，得到沙发图形，如图7-113所示。

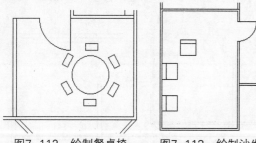

图7-112　绘制餐桌椅　　　图7-113　绘制沙发

**13** 拉伸上面的沙发图形，如图7-114所示。

**14** 单击【默认】选项卡【注释】组中的【多行文字】按钮Ａ，添加文字，如图7-115所示。

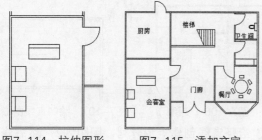

图7-114　拉伸图形　　　图7-115　添加文字

**15** 单击【默认】选项卡【注释】组中的【线性】按钮⊟，添加建筑尺寸，完成别墅一层平面图，如图7-116所示。

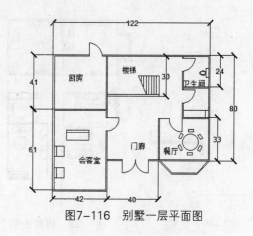

图7-116　别墅一层平面图

---

**实例 184**　　　⦿ 案例源文件：ywj /07/184. dwg

# 绘制别墅二层平面规划图

**01** 使用【多线】工具绘制别墅二层墙体，如图7-117所示。

**02** 绘制直线图形作为楼梯，如图7-118所示。

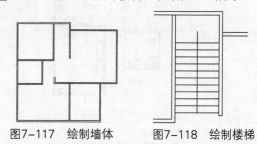

图7-117　绘制墙体　　　图7-118　绘制楼梯

**03** 使用【直线】工具和【圆弧】工具，绘制门，如图7-119所示。

**04** 复制门图形，并修剪图形，结果如图7-120所示。

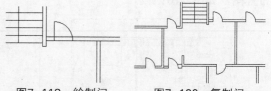

图7-119　绘制门　　　图7-120　复制门

**05** 添加标识文字，得到别墅二层平面规划图，如图7-121所示。

图7-121　别墅二层平面规划图

## 实例 185

案例源文件：ywj/07/185.dwg

# 绘制别墅一层地面布置图

**01** 使用【多线】工具绘制墙体，如图7-122所示。

**02** 绘制直线图形，如图7-123所示。

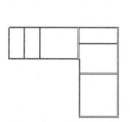 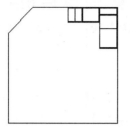

图7-122 绘制墙体 图7-123 绘制直线图形

**03** 填充图形，如图7-124所示。

**04** 绘制直线图形，如图7-125所示。

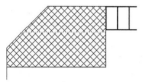 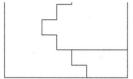

图7-124 填充图形 图7-125 绘制直线图形

**05** 填充图形，如图7-126所示。

**06** 绘制半径为4的圆，然后绘制直线图形，如图7-127所示。

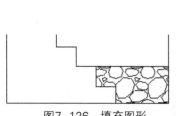 

图7-126 填充图形 图7-127 绘制圆和直线

**07** 创建环形阵列，数量为6，如图7-128所示。

**08** 复制图形，如图7-129所示。

 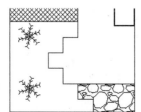

图7-128 阵列图形 图7-129 复制图形

**09** 缩放图形0.5倍，如图7-130所示。

**10** 复制图形，得到别墅一层地面布置图，如图7-131所示。

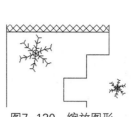 

图7-130 缩放图形 图7-131 别墅一层地面布置图

## 实例 186

案例源文件：ywj/07/186.dwg

# 绘制办公室平面区划图

**01** 使用【多线】工具绘制办公室墙体，如图7-132所示。

**02** 继续绘制多线，如图7-133所示。

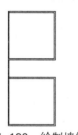 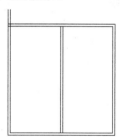

图7-132 绘制墙体 图7-133 绘制多线

**03** 绘制楼梯，如图7-134所示。

**04** 绘制门，然后进行复制，如图7-135所示。

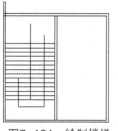 

图7-134 绘制楼梯 图7-135 绘制门

**05** 修剪图形，如图7-136所示。

图7-136 修剪图形

06 复制门的图形，如图7-137所示。

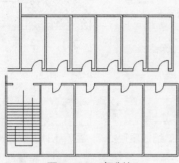

图7-137 复制门

07 添加文字，如图7-138所示。

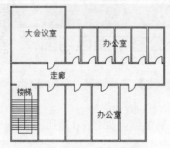

图7-138 添加文字

08 添加建筑尺寸，完成办公室平面区划图，如图7-139所示。

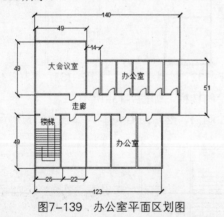

图7-139 办公室平面区划图

## 实例 187

⊕ 案例源文件: ywj /07/187. dwg

### 绘制会议厅平面图

01 使用【多线】工具绘制会议厅墙体，如图7-140所示。

02 绘制4×6的矩形，然后填充图形，作为柱子，如图7-141所示。

03 复制柱子图形，间距为20、60、80，如图7-142所示。

04 镜像柱子图形，如图7-143所示。

图7-140 绘制会议厅墙体　　图7-141 绘制柱子

图7-142 复制图形　　图7-143 镜像图形

05 绘制窗户，如图7-144所示。

06 复制窗户图形，如图7-145所示。

图7-144 绘制窗户　　图7-145 复制窗户图形

07 绘制2×6的矩形，然后绘制半径为1的圆，如图7-146所示。

08 复制图形，如图7-147所示。

图7-146 绘制圆　　图7-147 复制图形

09 旋转图形，如图7-148所示。

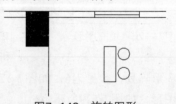

图7-148 旋转图形

10 复制图形，得到会议厅平面图，如图7-149所示。

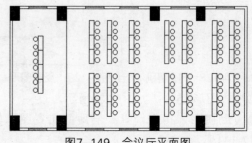

图7-149 会议厅平面图

# 绘制单元楼层平面户型图

**01** 使用【多线】工具绘制楼层外部墙体，如图7-150所示。

**02** 绘制内部隔间墙体，如图7-151所示。

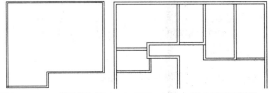

图7-150 绘制外部　　　图7-151 绘制隔间墙体
　　　　墙体

**03** 绘制门，如图7-152所示。

**04** 复制门的图形，并修剪图形，如图7-153所示。

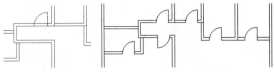

图7-152 绘制门　　　　图7-153 复制门

**05** 绘制2×12和14×7的矩形，如图7-154所示。

**06** 复制图形，如图7-155所示。

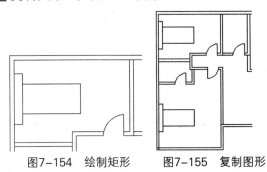

图7-154 绘制矩形　　　图7-155 复制图形

**07** 绘制12×12的矩形，如图7-156所示。

**08** 绘制直线图形，如图7-157所示。

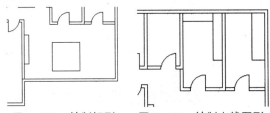

图7-156 绘制矩形　　　图7-157 绘制直线图形

**09** 添加文字，如图7-158所示。

**10** 添加建筑尺寸，得到单元楼层平面户型图，如图7-159所示。

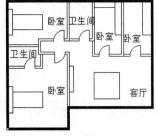

图7-158 添加文字

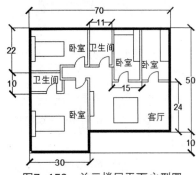

图7-159 单元楼层平面户型图

# 绘制KTV房间平面布置图

**01** 绘制竖直多线，长度为80，如图7-160所示。

**02** 绘制直线图形，然后向内偏移图形，距离为10，如图7-161所示。

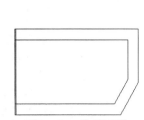

图7-160 绘制竖直多线　　　图7-161 偏移图形

**03** 绘制3×30的矩形，然后绘制30×20的矩形，如图7-162所示。

**04** 复制图形，如图7-163所示。

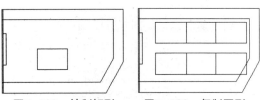

图7-162 绘制矩形　　　图7-163 复制图形

**05** 移动图形，如图7-164所示。

**06** 修剪图形，如图7-165所示。

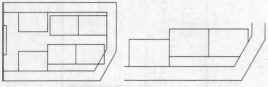

图7-164 移动图形　图7-165 修剪图形

**07** 绘制直线图形，如图7-166所示。

**08** 绘制10×1的矩形，如图7-167所示。

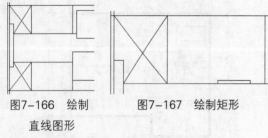

图7-166 绘制　　　图7-167 绘制矩形
直线图形

**09** 复制图形，如图7-168所示。

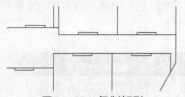

图7-168 复制矩形

**10** 添加文字标号，得到KTV房间平面布置图，如图7-169所示。

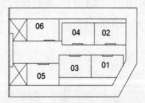

图7-169 KTV房间平面布置图

---

## 实例190

## 绘制咖啡馆平面图

**01** 绘制多线矩形，尺寸为100×40，作为外部墙体，如图7-170所示。

**02** 绘制内部墙体，如图7-171所示。

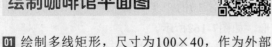

图7-170 绘制多线矩形　图7-171 绘制内部墙体

**03** 绘制直线图形，然后向下偏移图形，距离为

5，如图7-172所示。

**04** 绘制门，如图7-173所示。

图7-172 偏移图形　　图7-173 绘制门

**05** 镜像图形，如图7-174所示。

**06** 修剪图形，如图7-175所示。

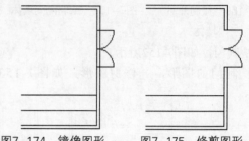

图7-174 镜像图形　　图7-175 修剪图形

**07** 绘制直线图形，然后偏移图形，距离为0.5，如图7-176所示。

**08** 修剪图形，得到沙发图形，如图7-177所示。

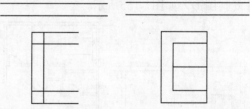

图7-176 偏移直线　　图7-177 修剪图形

**09** 绘制3×6的矩形，然后对沙发图形进行镜像，如图7-178所示。

图7-178 镜像图形

**10** 复制图形，如图7-179所示。

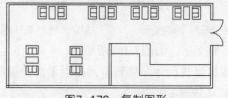

图7-179 复制图形

**11** 绘制2×2的矩形，如图7-180所示。

**12** 绘制半径为1.4的圆，如图7-181所示。

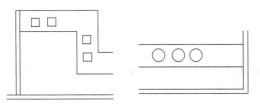

图7-180　绘制矩形　　图7-181　绘制圆

**13** 填充外墙墙体图形，得到咖啡馆平面图，如图7-182所示。

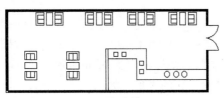

图7-182　咖啡馆平面图

## 实例191　绘制宾馆平面图

案例源文件：ywj /07/191.dwg

**01** 绘制尺寸为30×60的多线矩形，作为房间墙体，如图7-183所示。

**02** 绘制间距为10的直线图形，如图7-184所示。

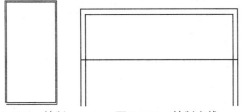

图7-183　绘制　　　图7-184　绘制直线
多线矩形

**03** 修剪图形，如图7-185所示。

**04** 继续绘制多线和直线图形，如图7-186所示。

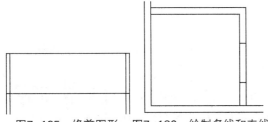

图7-185　修剪图形　图7-186　绘制多线和直线

**05** 绘制门，如图7-187所示。

**06** 修剪图形，得到单间平面，如图7-188所示。

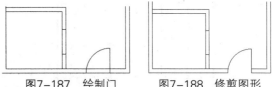

图7-187　绘制门　　　图7-188　修剪图形

**07** 复制房间图形，如图7-189所示。

**08** 绘制多线，如图7-190所示。

图7-189　复制房间图形　图7-190　绘制多线

**09** 复制图形，如图7-191所示。

**10** 绘制多线，然后绘制直线图形，作为电梯图形，如图7-192所示。

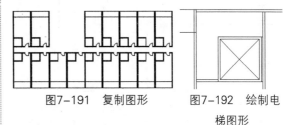

图7-191　复制图形　　　图7-192　绘制电
梯图形

**11** 填充电梯图形，如图7-193所示。

**12** 绘制直线图形作为楼梯，如图7-194所示。

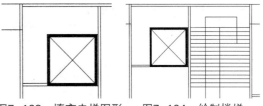

图7-193　填充电梯图形　图7-194　绘制楼梯

**13** 添加文字，如图7-195所示。

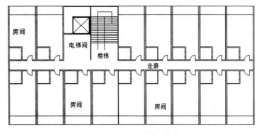

图7-195　添加文字

**14** 添加建筑尺寸，完成宾馆平面图，如图7-196所示。

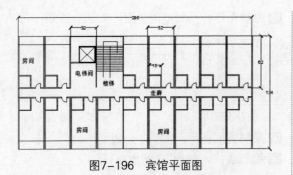

图7-196　宾馆平面图

## 实例192

案例源文件：ywj /07/192. dwg

# 绘制服装店平面布置图

01 使用【多线】工具绘制墙体，如图7-197所示。

02 绘制长度为4的直线图形，然后绘制圆弧，作为门，如图7-198所示。

图7-197　绘制墙体　　　　图7-198　绘制门

03 绘制16×6的矩形，然后为右下角创建半径为4的圆角，如图7-199所示。

04 绘制半径为1的圆，然后绘制椭圆，长短半径分别为2和0.5，如图7-200所示。

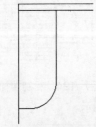 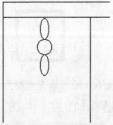

图7-199　绘制矩形和圆角　　图7-200　绘制椭圆

05 复制图形，如图7-201所示。

06 绘制9×2的矩形，然后绘制直线图形，如图7-202所示。

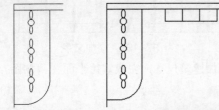

图7-201　复制图形　图7-202　绘制矩形和直线

07 继续绘制宽度为8的矩形，如图7-203所示。

图7-203　绘制矩形

08 复制图形，如图7-204所示。

09 绘制8×16的矩形，如图7-205所示。

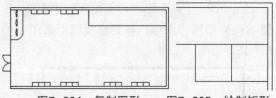

图7-204　复制图形　　图7-205　绘制矩形

10 复制门的图形，如图7-206所示。

11 绘制4×10的矩形，如图7-207所示。

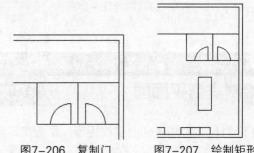

图7-206　复制门　　　　图7-207　绘制矩形

12 绘制半径分别为3和5的同心圆，如图7-208所示。

13 修剪图形，如图7-209所示。

图7-208　绘制同心圆　　图7-209　修剪图形

14 绘制圆弧，如图7-210所示。

15 复制图形，如图7-211所示。

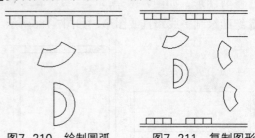

图7-210　绘制圆弧　　　图7-211　复制图形

16 填充墙体图形，得到服装店平面布置图，如图7-212所示。

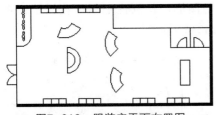

图7-212　服装店平面布置图

# 绘制小型网吧照明平面图

**01** 绘制多线矩形作为房间墙体, 如图7-213所示。

**02** 绘制内部墙体, 如图7-214所示。

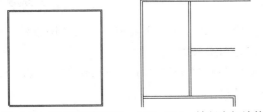

图7-213　绘制多线矩形　　图7-214　绘制内部墙体

**03** 绘制直线图形作为楼梯, 如图7-215所示。

**04** 绘制30×20的矩形, 然后绘制直线图形, 得到楼板洞, 如图7-216所示。

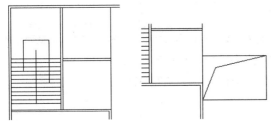

图7-215　绘制楼梯　　　图7-216　绘制楼板洞

**05** 绘制3×6的两个矩形作为灯管, 如图7-217所示。

图7-217　绘制灯管

**06** 复制灯管图形, 如图7-218所示。

**07** 绘制连接线路, 如图7-219所示。

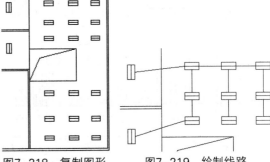

图7-218　复制图形　　　图7-219　绘制线路

**08** 绘制其余线路, 得到小型网吧照明平面图, 如图7-220所示。

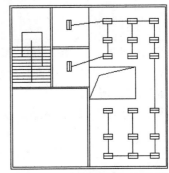

图7-220　小型网吧照明平面图

# 绘制住宅屋顶花园平面图

**01** 绘制50×50的矩形, 然后在右下角绘制20×20的矩形, 如图7-221所示。

**02** 绘制竖直直线, 间距为1, 如图7-222所示。

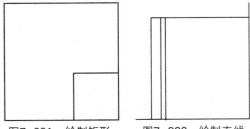

图7-221　绘制矩形　　　图7-222　绘制直线

**03** 复制直线, 间距为3, 如图7-223所示。

**04** 绘制半径为3、4、5和15的同心圆, 如图7-224所示。

**05** 绘制120°的斜线和竖直直线, 如图7-225所示。

**06** 修剪图形, 如图7-226所示。

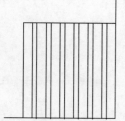
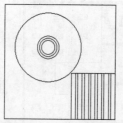

图7-223　复制直线　　　图7-224　绘制同心圆

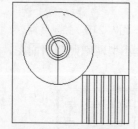
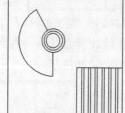

图7-225　绘制直线　　　图7-226　修剪图形

**07** 绘制半径分别为2和1的三个圆，然后绘制直线图形，如图7-227所示。

**08** 绘制半径分别为1和1.2的同心圆，如图7-228所示。

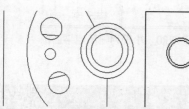

图7-227　绘制圆和直线　　图7-228　绘制同心圆

**09** 绘制样条曲线，如图7-229所示。

**10** 给样条曲线创建环形阵列，数量为8，如图7-230所示。

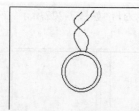
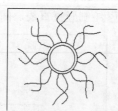

图7-229　绘制样条曲线　　图7-230　阵列图形

**11** 复制图形，如图7-231所示。

**12** 缩小图形为0.5倍，如图7-232所示。

图7-231　复制图形　　　图7-232　缩小图形

**13** 复制图形，得到住宅屋顶花园平面图，如图7-233所示。

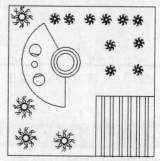

图7-233　住宅屋顶花园平面图

## 实例195

# 绘制校园广场平面布置图

**01** 绘制100×40的多线矩形作为广场边界，如图7-234所示。

**02** 绘制半径分别为6、8和10的同心圆，如图7-235所示。

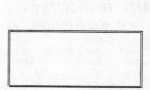

图7-234　绘制多线矩形　　图7-235　绘制同心圆

**03** 绘制矩形，如图7-236所示。

**04** 修剪图形，如图7-237所示。

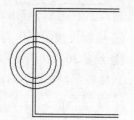
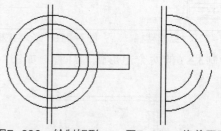

图7-236　绘制矩形　　　图7-237　修剪图形

**05** 绘制直线图形，如图7-238所示。

**06** 偏移直线图形，偏移距离为4和50，如图7-239所示。

**07** 绘制椭圆，短半径为15，然后绘制长度为60的矩形，如图7-240所示。

**08** 创建半径为1的圆角，如图7-241所示。

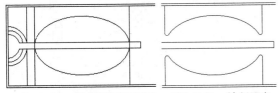

图7-238　绘制直线　　图7-239　偏移直线

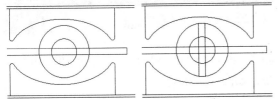

图7-240　绘制椭圆和矩形　　图7-241　绘制圆角

**09** 绘制半径分别为6和12的同心圆，如图7-242所示。

**10** 绘制间距为2的竖直直线图形，如图7-243所示。

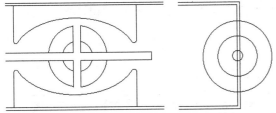

图7-242　绘制同心圆　　图7-243　绘制竖直直线

**11** 修剪图形，如图7-244所示。

**12** 绘制半径为2、8和14的同心圆，如图7-245所示。

图7-244　修剪图形　　图7-245　绘制同心圆

**13** 修剪图形，如图7-246所示。

**14** 绘制半径分别为0.2和2的同心圆，如图7-247所示。

图7-246　修剪图形　　图7-247　绘制同心圆

**15** 绘制样条曲线，如图7-248所示。

**16** 给样条曲线创建环形阵列，数量为12，如图7-249所示。

图7-248　绘制样条曲线　　图7-249　阵列图形

**17** 复制图形，得到校园广场平面布置图，结果如图7-250所示。

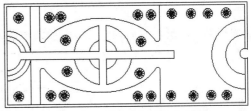

图7-250　校园广场平面布置图

**实例 196**　　🔗 案例源文件：ywj/07/196.dwg

## 绘制公厕平面布置图

**01** 绘制公厕外部墙体，如图7-251所示。

**02** 绘制直线图形作为窗户，如图7-252所示。

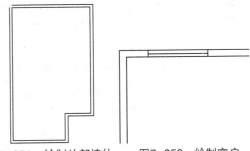

图7-251　绘制外部墙体　　图7-252　绘制窗户

**03** 绘制矩形，然后在其中绘制10×10的正方形，如图7-253所示。

**04** 偏移正方形，距离为0.1，如图7-254所示。

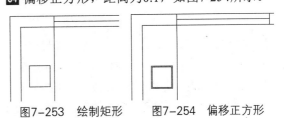

图7-253　绘制矩形　　图7-254　偏移正方形

**05** 绘制半径为0.2的圆，如图7-255所示。

**06** 复制图形，如图7-256所示。

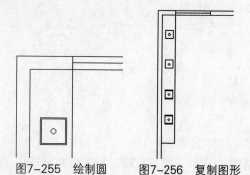

图7-255　绘制圆　　图7-256　复制图形

**07** 绘制椭圆，长短半径分别为3和2，如图7-257所示。

**08** 偏移椭圆图形，距离为1，如图7-258所示。

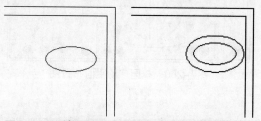

图7-257　绘制椭圆　　图7-258　偏移椭圆图形

**09** 绘制直线图形，如图7-259所示。

**10** 绘制多线，如图7-260所示。

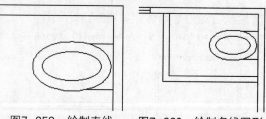

图7-259　绘制直线　　图7-260　绘制多线图形

**11** 绘制门，并修剪图形，如图7-261所示。

**12** 复制图形，如图7-262所示。

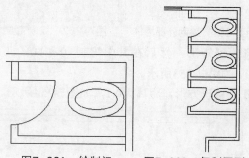

图7-261　绘制门　　图7-262　复制图形

**13** 复制门的图形，并修剪图形，如图7-263所示。

**14** 镜像图形，得到公厕平面布置图，如图7-264所示。

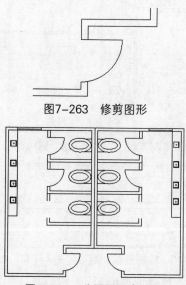

图7-263　修剪图形

图7-264　公厕平面布置图

**实例197**　　⊛案例源文件：ywj /07/197. dwg

# 绘制别墅外立面图

**01** 绘制100×2的矩形，然后绘制80×10的矩形，如图7-265所示。

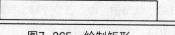

图7-265　绘制矩形

**02** 绘制长度为50和60的竖直直线图形，然后再绘制长度为20的竖直直线，如图7-266所示。

**03** 绘制直线图形作为窗户，如图7-267所示。

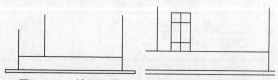

图7-266　绘制直线　　图7-267　绘制窗户

**04** 绘制14×14的正方形，如图7-268所示。

**05** 绘制7×14的矩形，如图7-269所示。

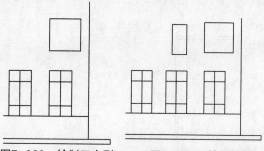

图7-268　绘制正方形　　图7-269　绘制矩形

06 绘制直线形成二层窗户，如图7-270所示。

07 绘制屋檐图形，如图7-271所示。

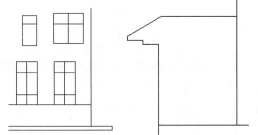

图7-270 绘制二层窗户 图7-271 绘制屋檐图形

08 继续绘制直线图形，如图7-272所示。

09 绘制斜线作为屋顶线，如图7-273所示。

图7-272 绘制直线图形 图7-273 绘制屋顶线

10 偏移屋顶线图形，距离为2，如图7-274所示。

11 复制图形，距离为10，如图7-275所示。

图7-274 偏移图形 图7-275 复制图形

12 修剪图形，然后补充绘制其他图形，得到别墅外立面图，如图7-276所示。

图7-276 别墅外立面图

## 实例 198

### 绘制凉亭立面图

案例源文件：ywj /07/198.dwg

01 绘制20×1的矩形，然后绘制两个1×18的矩形，间距为13，如图7-277所示。

02 绘制5×8的矩形作为栏杆，如图7-278所示。

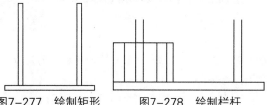

图7-277 绘制矩形 图7-278 绘制栏杆

03 复制栏杆，如图7-279所示。

04 绘制16×2的矩形作为屋顶，如图7-280所示。

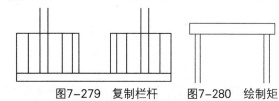

图7-279 复制栏杆 图7-280 绘制矩形屋顶

05 绘制圆弧作为亭子顶，如图7-281所示。

06 绘制两个1×3的矩形，如图7-282所示。

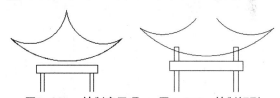

图7-281 绘制亭子顶 图7-282 绘制矩形

07 修剪图形，然后绘制直线，得到亭子顶部，如图7-283所示。

08 创建竖直直线并进行矩形阵列，间距为1，如图7-284所示。

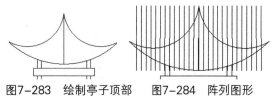

图7-283 绘制亭子顶部 图7-284 阵列图形

09 修剪图形，得到凉亭立面图，如图7-285所示。

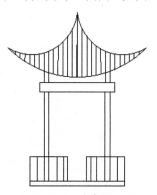

图7-285 凉亭立面图

## 实例 199

 案例源文件：ywj /07/199. dwg

### 绘制公园大门立面图

**01** 绘制10×2的矩形，然后绘制8×24的矩形，如图7-286所示。

**02** 绘制竖直直线图形，如图7-287所示。

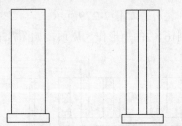

图7-286　绘制矩形　　　图7-287　绘制竖直直线

**03** 绘制水平直线图形，距离为3，如图7-288所示。

**04** 给水平线创建矩形阵列，如图7-289所示。

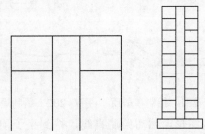

图7-288　绘制水平线　　　图7-289　阵列图形

**05** 在上部绘制14×3的矩形，然后绘制6×2的矩形，如图7-290所示。

**06** 绘制直线图形，如图7-291所示。

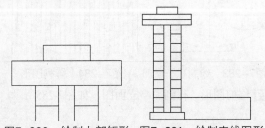

图7-290　绘制上部矩形　　图7-291　绘制直线图形

**07** 绘制8×12的矩形，然后绘制5×5的矩形，如图7-292所示。

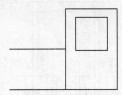

图7-292　绘制矩形

**08** 镜像图形，如图7-293所示。

**09** 复制图形，距离为30，如图7-294所示。

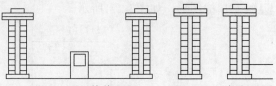

图7-293　镜像图形　　　图7-294　复制图形

**10** 缩小图形0.5倍，如图7-295所示。

**11** 绘制直线图形，如图7-296所示。

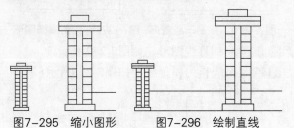

图7-295　缩小图形　　　　图7-296　绘制直线

**12** 镜像图形，得到公园大门立面图，如图7-297所示。

图7-297　公园大门立面图

## 实例 200

案例源文件：ywj /07/200. dwg

### 绘制商厦外观立面图

**01** 绘制30×20的矩形，然后再绘制20×14和18×10的矩形，如图7-298所示。

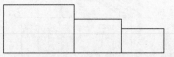

图7-298　绘制矩形

**02** 绘制直线图形作为玻璃幕，如图7-299所示。

**03** 绘制直线图形作为窗户，如图7-300所示。

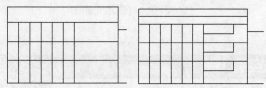

图7-299　绘制玻璃幕　　图7-300　绘制窗户

**04** 绘制竖直直线，然后绘制4×6的矩形，如图7-301所示。

**05** 绘制4×20的矩形，然后绘制60°角度线作为尖顶，如图7-302所示。

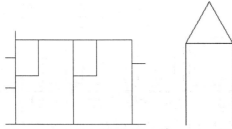

图7-301　绘制直线和矩形　　图7-302　绘制尖顶

**06** 绘制2×10的矩形，然后绘制直线图形作为窗户，如图7-303所示。

**07** 绘制直线图形，然后绘制2×3的矩形作为门，如图7-304所示。

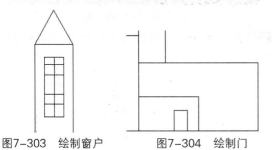

图7-303　绘制窗户　　　　图7-304　绘制门

**08** 这样就完成了商厦外观立面图的绘制，如图7-305所示。

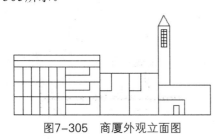

图7-305　商厦外观立面图

## 实例201 ⊕案例源文件：ywj./07/201.dwg
# 绘制小区大门立面图

**01** 绘制长度为40的直线，然后绘制4×1的矩形，如图7-306所示。

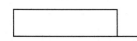

图7-306　绘制直线和矩形

**02** 给矩形创建矩形阵列，数量为12，然后镜像复制，如图7-307所示。

**03** 在上部绘制12×1的矩形，然后绘制连接直线，如图7-308所示。

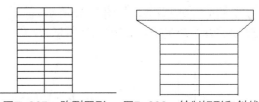

图7-307　阵列图形　　图7-308　绘制矩形和斜线

**04** 绘制直线图形，如图7-309所示。

**05** 偏移图形，距离为1，如图7-310所示。

图7-309　绘制直线图形　　图7-310　偏移直线

**06** 修剪图形，如图7-311所示。

**07** 绘制直线图形，如图7-312所示。

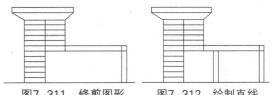

图7-311　修剪图形　　　图7-312　绘制直线

**08** 填充图形，得到小区大门立面图，如图7-313所示。

图7-313　小区大门立面图

## 实例202 ⊕案例源文件：ywj./07/202.dwg
# 绘制教堂外立面图

**01** 绘制40×1的矩形，然后绘制12×20的矩形，如图7-314所示。

**02** 绘制60°的尖顶，如图7-315所示。

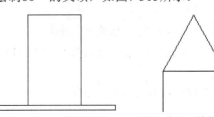

图7-314　绘制矩形　　　图7-315　绘制尖顶

**03** 绘制6×20的矩形，如图7-316所示。

**04** 绘制76°的尖顶，如图7-317所示。

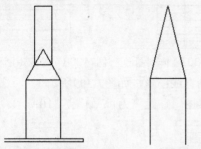

图7-316　绘制矩形　图7-317　绘制另一个尖顶

**05** 修剪图形，如图7-318所示。

**06** 偏移图形，距离为1，如图7-319所示。

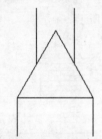 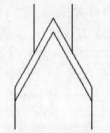

图7-318　修剪图形　　图7-319　偏移图形

**07** 绘制3×10的矩形，然后绘制直线图形，如图7-320所示。

**08** 绘制2×6的矩形，然后在其内部绘制直线图形作为窗户，如图7-321所示。

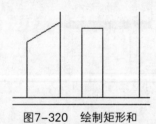 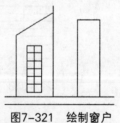

图7-320　绘制矩形和　　图7-321　绘制窗户
　　　　　直线图形

**09** 镜像窗户图形，如图7-322所示。

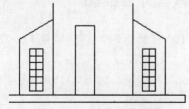

图7-322　镜像窗户图形

**10** 绘制长度为10的水平直线图形，如图7-323所示。

**11** 复制窗户图形，如图7-324所示。

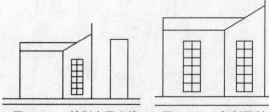

图7-323　绘制水平直线　　图7-324　复制图形

**12** 填充地面图形，如图7-325所示。

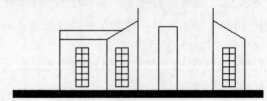

图7-325　填充地面图形

**13** 填充其他图形，得到教堂外立面图，如图7-326所示。

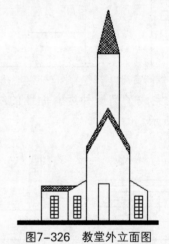

图7-326　教堂外立面图

**实例 203**　　⊕ 案例源文件：ywj/07/203.dwg

## 绘制会议室立面图

**01** 绘制100×1的矩形，然后复制图形，距离为30，如图7-327所示。

**02** 绘制1×29的矩形，如图7-328所示。

图7-327　绘制并复制矩形　图7-328　绘制矩形

**03** 绘制直线图形，如图7-329所示。

**04** 偏移图形，距离为0.5，如图7-330所示。

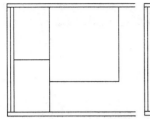
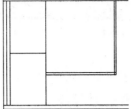

图7-329 绘制直线图形    图7-330 偏移直线

**05** 绘制22×20的矩形，如图7-331所示。

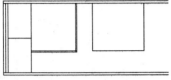

图7-331 绘制矩形

**06** 偏移矩形图形，距离为0.5，如图7-332所示。

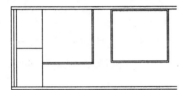

图7-332 偏移图形

**07** 复制图形，距离为30，如图7-333所示。

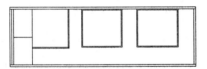

图7-333 复制图形

**08** 绘制样条曲线，如图7-334所示。

**09** 为曲线创建矩形阵列，如图7-335所示。

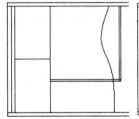
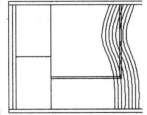

图7-334 绘制样条曲线    图7-335 阵列图形

**10** 复制图形，得到会议室立面图，结果如图7-336所示。

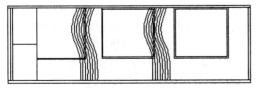

图7-336 会议室立面图

实例 204    ● 案例源文件：ywj /07/204. dwg

## 绘制酒店大堂立面图

**01** 绘制长度为100的水平直线，然后绘制长度为2、角度为45°的斜直线，如图7-337所示。

图7-337 绘制斜直线

**02** 给斜线创建矩形阵列，数量为50，如图7-338所示。

图7-338 阵列图形

**03** 绘制90×40的矩形，如图7-339所示。

**04** 复制上边线，距离为5，如图7-340所示。

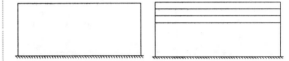

图7-339 绘制矩形    图7-340 复制上边线

**05** 复制图形，距离为5，如图7-341所示。

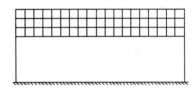

图7-341 复制直线

**06** 绘制3×3的矩形，然后创建矩形阵列，参数设置为19列和3排，如图7-342所示。

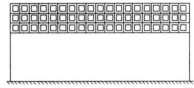

图7-342 阵列矩形

**07** 绘制直线图形，间距为2，如图7-343所示。

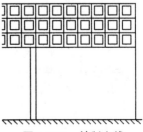

图7-343 绘制直线

**08** 绘制15×18的矩形作为大门，如图7-344

所示。

09 绘制直线图形，如图7-345所示。

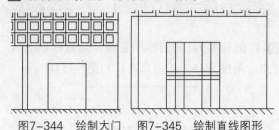

图7-344 绘制大门　　图7-345 绘制直线图形

10 绘制7×16的矩形作为小门，如图7-346所示。

11 偏移图形，距离为0.5，如图7-347所示。

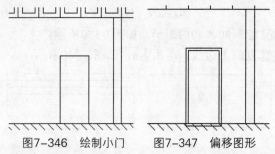

图7-346 绘制小门　　图7-347 偏移图形

12 绘制10×3的矩形，然后绘制直线图形，如图7-348所示。

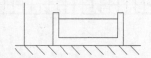

图7-348 绘制矩形和直线图形

13 复制图形，如图7-349所示。

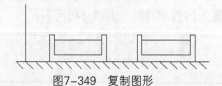

图7-349 复制图形

14 这样就完成了酒店大堂立面图的绘制，如图7-350所示。

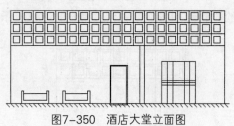

图7-350 酒店大堂立面图

AutoCAD 2020 完全实训手册

实例 205　　　◉ 案例源文件：ywj /07/205.dwg

# 绘制学校大门立面图

01 绘制2×3的矩形，在其中绘制直线图形，如图7-351所示。

02 复制图形，如图7-352所示。

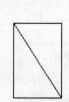

图7-351 绘制矩形和直线　图7-352 复制图形

03 在顶部绘制4×1的矩形，如图7-353所示。

04 绘制60°的直线图形，如图7-354所示。

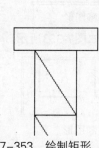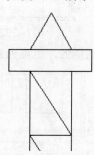

图7-353 绘制矩形　　图7-354 绘制角度线

05 绘制长度为20的水平直线，然后绘制圆弧，再绘制竖直直线，如图7-355所示。

06 为竖直直线创建矩形阵列，数量为20，如图7-356所示。

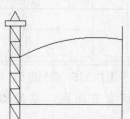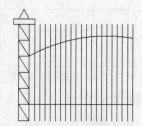

图7-355 绘制直线和圆弧　图7-356 阵列图形

07 偏移圆弧图形，距离为1，如图7-357所示。

08 修剪图形，如图7-358所示。

09 复制立柱图形，如图7-359所示。

10 将复制后的图形缩小0.6倍，如图7-360所示。

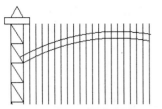

图7-357 偏移图形

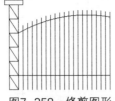

图7-358 修剪图形

图7-359 复制立柱图形　　图7-360 缩小图形

**11** 绘制直线图形，如图7-361所示。

**12** 为竖直直线创建矩形阵列，数量为11，如图7-362所示。

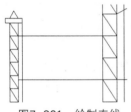

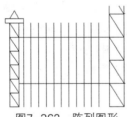

图7-361 绘制直线　　　图7-362 阵列图形

**13** 绘制半径为1.2的圆，如图7-363所示。

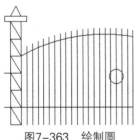

图7-363 绘制圆

**14** 镜像圆，得到学校大门立面图，如图7-364所示。

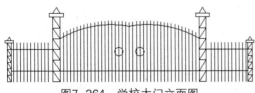

图7-364 学校大门立面图

# 绘制教学楼外立面图

**01** 绘制长度为100的水平多线，如图7-365所示。

图7-365 绘制水平多线

**02** 绘制长度为40的竖直直线，如图7-366所示。

**03** 偏移直线，距离为4、5、15和30，如图7-367所示。

图7-366 绘制直线　　　图7-367 偏移直线

**04** 绘制水平直线图形，间距为10，作为楼层，如图7-368所示。

**05** 绘制7×3的矩形作为阳台，如图7-369所示。

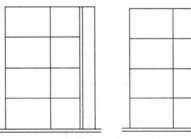

图7-368 绘制楼层　　　图7-369 绘制阳台

**06** 修剪图形，如图7-370所示。

**07** 绘制宽为8的矩形，如图7-371所示。

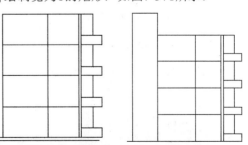

图7-370 修剪图形　　　图7-371 绘制矩形

**08** 绘制7×3的矩形，然后在其中绘制直线图形作为窗户，如图7-372所示。

**09** 复制窗户图形，如图7-373所示。

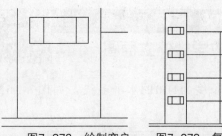

图7-372　绘制窗户　　图7-373　复制窗户

**10** 绘制宽为30的矩形，在其中绘制水平直线图形，如图7-374所示。

**11** 再次复制窗户图形，如图7-375所示。

图7-374　绘制矩形和直线　　图7-375　复制窗户

**12** 绘制宽为20的矩形，然后绘制竖直直线图形，间距为1，如图7-376所示。

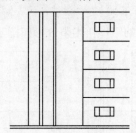

图7-376　绘制矩形和直线图形

**13** 继续绘制直线图形，如图7-377所示。

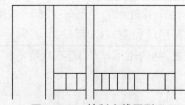

图7-377　绘制直线图形

**14** 复制图形，如图7-378所示。

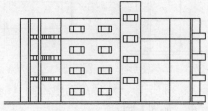

图7-378　复制图形

**15** 添加建筑尺寸，这样就完成了教学楼外立面

图的绘制，如图7-379所示。

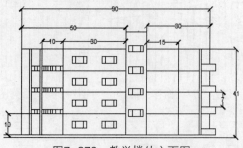

图7-379　教学楼外立面图

**实例 207**　　◉ 案例源文件：ywj /07/207. dwg

## 绘制古建筑立面图

**01** 绘制50×2的两个矩形，如图7-380所示。

图7-380　绘制矩形

**02** 绘制3×1的矩形，然后绘制1.4×14的矩形，如图7-381所示。

**03** 复制图形，距离为6，如图7-382所示。

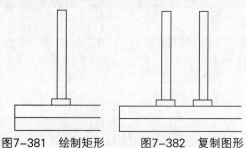

图7-381　绘制矩形　　图7-382　复制图形

**04** 绘制直线图形，如图7-383所示。

**05** 继续绘制直线图形，然后填充图形，如图7-384所示。

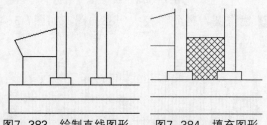

图7-383　绘制直线图形　　图7-384　填充图形

**06** 绘制直线图形，如图7-385所示。

图7-385　绘制直线

**07** 绘制斜线作为屋檐，如图7-386所示。

图7-386　绘制屋檐

**08** 绘制直线图形作为屋顶，如图7-387所示。

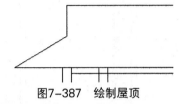

图7-387　绘制屋顶

**09** 绘制圆弧，如图7-388所示。

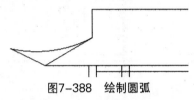

图7-388　绘制圆弧

**10** 绘制1×7的矩形，然后在端头绘制圆并修剪图形，结果如图7-389所示。

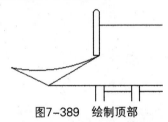

图7-389　绘制顶部

**11** 镜像图形，如图7-390所示。

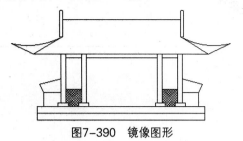

图7-390　镜像图形

**12** 填充屋顶图形，得到古建筑立面图，如图7-391所示。

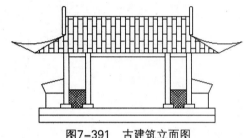

图7-391　古建筑立面图

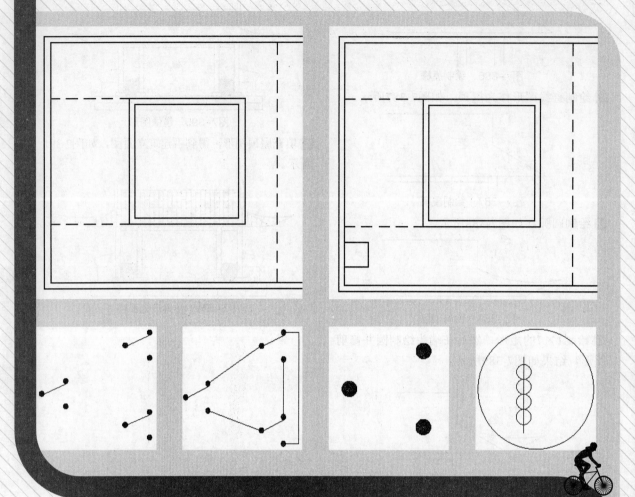

第**8**章 电气电路工程图设计

## 实例 208

案例源文件：ywj /08/208. dwg

# 绘制电液控制系统设计图

**01** 绘制6×3的矩形，然后复制图形，如图8-1所示。

**图8-1 绘制并复制矩形**

**02** 绘制三角形，外切圆半径为1，然后镜像三角形，得到阀门图形，如图8-2所示。

**图8-2 绘制阀门**

**03** 绘制直线图形作为线路，如图8-3所示。

**图8-3 绘制线路**

**04** 添加引线，如图8-4所示。

**05** 添加注释文字，得到电液控制系统设计图，如图8-5所示。

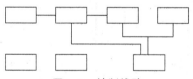

**图8-4 绘制引线**

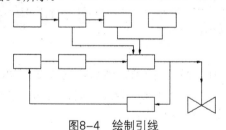

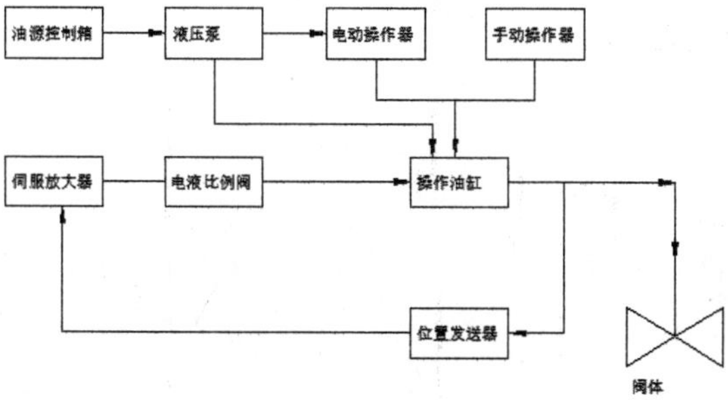

**图8-5 电液控制系统设计图**

## 实例 209

案例源文件：ywj /08/209. dwg

# 绘制微波炉电路图

**01** 绘制半径为2的圆，然后复制图形，如图8-6所示。

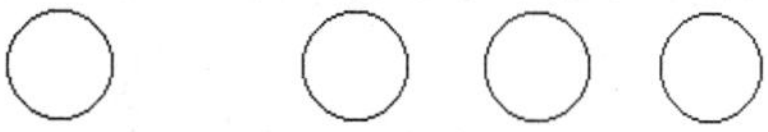

**图8-6 绘制和复制图形**

**02** 在圆内绘制直线图形，得到灯图形，如图8-7所示。

**03** 绘制半径为0.2的小圆，如图8-8所示。

**图8-7 绘制灯**

**图8-8 绘制小圆**

**04** 绘制30°斜线图形作为开关，如图8-9所示。

**05** 复制开关图形，如图8-10所示。

**图8-9 绘制开关** 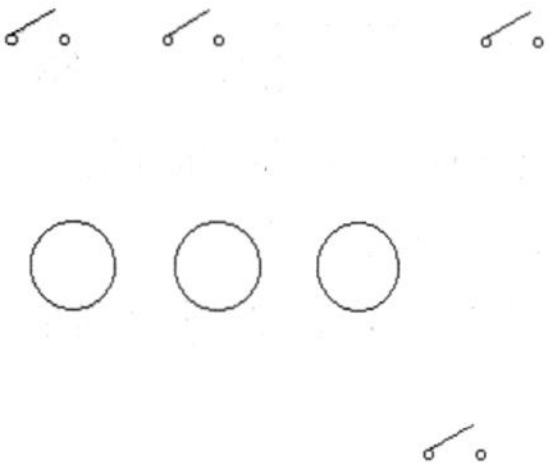　　　　**图8-10 复制开关**

**06** 绘制3×1的矩形，如图8-11所示。

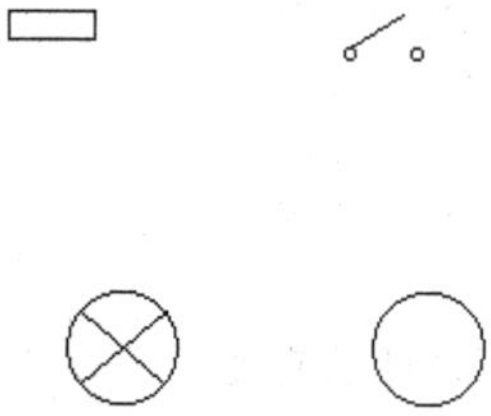

**图8-11 绘制矩形**

**07** 复制大圆，如图8-12所示。

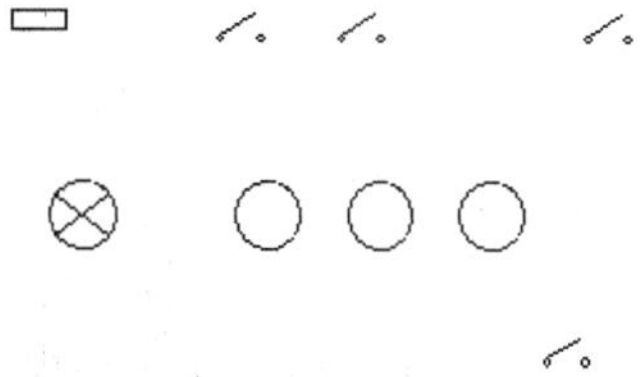

**图8-12 复制大圆**

**08** 绘制直线图形，如图8-13所示。

**09** 修剪图形，得到接触器图形，如图8-14所示。

图8-13　绘制直线

图8-14　修剪图形

**10** 绘制直线图形作为接地，如图8-15所示。

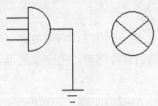
图8-15　绘制直线图形

**11** 绘制连接线路，如图8-16所示。

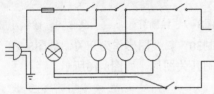
图8-16　绘制连接线路

**12** 绘制半径为1的圆，然后绘制竖直直线图形，如图8-17所示。

**13** 修剪图形作为电感图形，如图8-18所示。

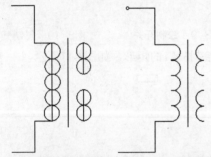
图8-17　绘制圆和竖直直线　　图8-18　修剪图形

**14** 绘制直线进行连接，如图8-19所示。

**15** 绘制三角形，外切圆半径为0.6，如图8-20所示。

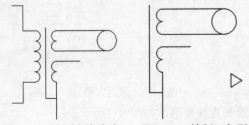
图8-19　绘制连接线路　　图8-20　绘制三角形

**16** 绘制直线图形，得到二极管图形，如图8-21所示。

**17** 镜像二极管图形，如图8-22所示。

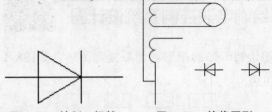
图8-21　绘制二极管　　图8-22　镜像图形

**18** 绘制直线图形作为接地，如图8-23所示。

**19** 绘制其余连接线路，如图8-24所示。

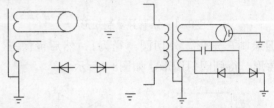
图8-23　绘制接地　　图8-24　绘制线路

**20** 添加文字注释，得到微波炉电路图，如图8-25所示。

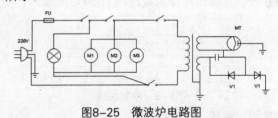
图8-25　微波炉电路图

## 实例 210

案例源文件：ywj /08/210. dwg

## 绘制三相异步交流电动机控制线路图

**01** 绘制半径为1的圆，然后绘制长度为20的竖直直线，再绘制长度为50，间距为10的竖直直线，如图8-26所示。

**02** 绘制120°的角度直线，得到开关图形，如图8-27所示。

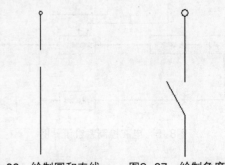
图8-26　绘制圆和直线　　图8-27　绘制角度线

**03** 绘制5×20的矩形作为熔断器，如图8-28所示。

**04** 复制圆，如图8-29所示。

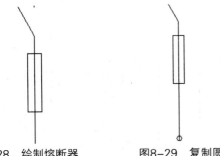

图8-28　绘制熔断器　　　　图8-29　复制圆

**05** 修剪图形，如图8-30所示。

**06** 复制图形，形成开关，如图8-31所示。

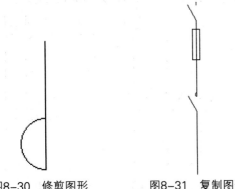

图8-30　修剪图形　　　　图8-31　复制图形

**07** 绘制长度为2的直线图形，如图8-32所示。

**08** 复制图形，间距为20，如图8-33所示。

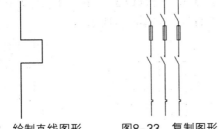

图8-32　绘制直线图形　　　图8-33　复制图形

**09** 绘制虚线，如图8-34所示。

**10** 绘制70×24的矩形，如图8-35所示。

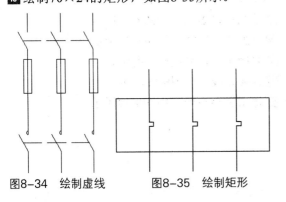

图8-34　绘制虚线　　　　图8-35　绘制矩形

**11** 在下方绘制半径为30的圆，然后绘制连接直线，得到电机图形，如图8-36所示。

**12** 复制图形，间距为90，如图8-37所示。

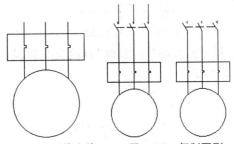

图8-36　延伸直线　　　　图8-37　复制图形

**13** 绘制连接线路，如图8-38所示。

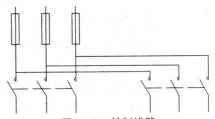

图8-38　绘制线路

**14** 单击【默认】选项卡【注释】组中的【多行文字】按钮 **A**，添加文字，得到三相异步交流电动机控制线路图，如图8-39所示。

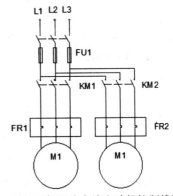

图8-39　三相异步交流电动机控制线路图

## 实例 211

案例源文件：ywj/08/211.dwg

# 绘制车床电路原理图

**01** 绘制3×1的矩形，然后绘制长度为10的水平直线作为熔断器，如图8-40所示。

图8-40　绘制熔断器

**02** 复制熔断器，距离为2，如图8-41所示。

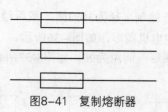

图8-41  复制熔断器

**03** 绘制角度为45°、长度为1的交叉直线，如图8-42所示。

图8-42  绘制交叉直线图形

**04** 复制交叉直线图形，如图8-43所示。

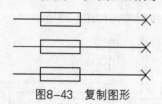

图8-43  复制图形

**05** 绘制水平直线图形，间距为2，如图8-44所示。

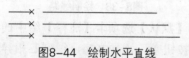

图8-44  绘制水平直线

**06** 绘制135°的斜线，得到开关图形，如图8-45所示。

**07** 在下方绘制1×0.6的两个矩形，然后绘制直线图形，如图8-46所示。

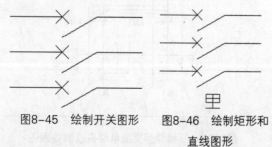

图8-45  绘制开关图形　　图8-46  绘制矩形和
直线图形

**08** 绘制连接虚线，如图8-47所示。

**09** 绘制直线图形，间距为2，如图8-48所示。

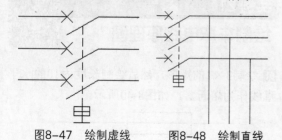

图8-47  绘制虚线　　　图8-48  绘制直线

**10** 绘制圆弧，如图8-49所示。

**11** 绘制长度为6、间距为2的竖直直线图形，如图8-50所示。

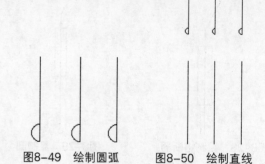

图8-49  绘制圆弧　　　图8-50  绘制直线

**12** 绘制120°的角度线图形，如图8-51所示。

**13** 继续绘制直线图形，如图8-52所示。

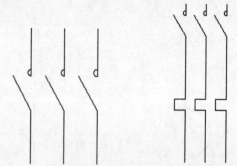

图8-51  绘制角度线　　图8-52  绘制直线图形

**14** 绘制8×3的矩形，如图8-53所示。

**15** 在下方绘制半径为4的圆，然后单击【默认】选项卡【修改】组中的【延伸】按钮，延伸直线，如图8-54所示。

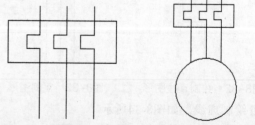

图8-53  绘制矩形　　　图8-54  绘制圆并延伸直线

**16** 绘制连接虚线，如图8-55所示。

**17** 添加文字注释，如图8-56所示。

**18** 复制图形，如图8-57所示。

**19** 延伸直线，如图8-58所示。

**20** 添加文字注释，如图8-59所示。

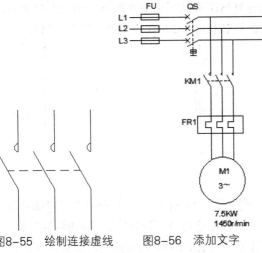

图8-55 绘制连接虚线 图8-56 添加文字

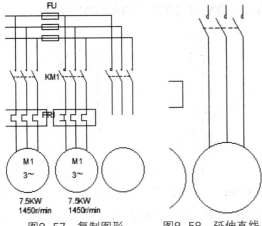

图8-57 复制图形 图8-58 延伸直线

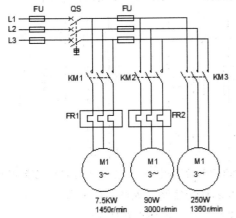

图8-59 添加文字

**21** 绘制直线图形，如图8-60所示。

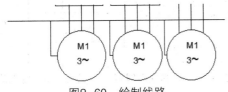

图8-60 绘制线路

**22** 绘制半径为0.2的圆，如图8-61所示。

**23** 绘制直线图形，如图8-62所示。

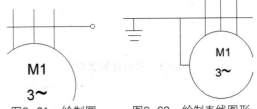

图8-61 绘制圆 图8-62 绘制直线图形

**24** 这样就完成了车床电路原理图的绘制，如图8-63所示。

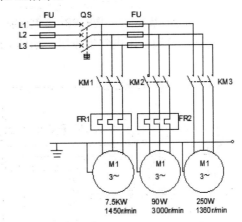

图8-63 车床电路原理图

**01** 绘制3×2的矩形，然后在上方绘制2×0.5的矩形，如图8-64所示。

**02** 复制小矩形，如图8-65所示。

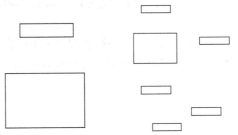

图8-64 绘制矩形 图8-65 复制小矩形

**03** 绘制0.5×3的矩形，然后进行复制，如图8-66所示。

**04** 绘制直线图形作为连接线，如图8-67所示。

**05** 添加引线，如图8-68所示。

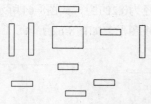

图8-66　绘制并复制矩形

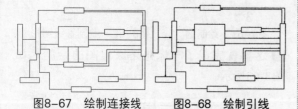

图8-67　绘制连接线　　　图8-68　绘制引线

**06** 添加文字，得到车床电气组成图，如图8-69所示。

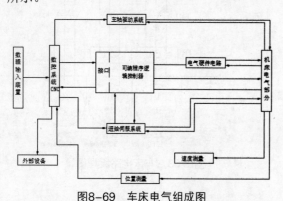

图8-69　车床电气组成图

**实例 213**
⊕ 案例源文件：ywj /08/213. dwg

# 绘制电动机控制电路图

**01** 绘制半径为1的圆，然后绘制长度为6的竖直直线，在下方再绘制长度为15、间距为4的竖直直线，如图8-70所示。

**02** 在末端绘制圆弧，然后绘制2×6的矩形，并绘制斜线，得到开关图形，如图8-71所示。

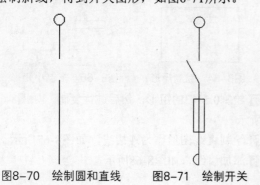

图8-70　绘制圆和直线　　　图8-71　绘制开关

**03** 复制图形从而形成熔断器，如图8-72所示。

**04** 绘制长度为2的直线图形，如图8-73所示。

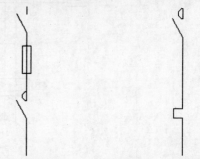

图8-72　复制图形　　　图8-73　绘制直线图形

**05** 复制电路图形，间距为6，如图8-74所示。

**06** 在下方绘制半径为10的圆，然后延伸上面的直线，得到电机图形，如图8-75所示。

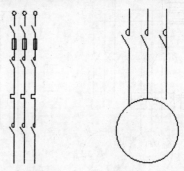

图8-74　复制图形　　　图8-75　绘制电机

**07** 绘制连接虚线，如图8-76所示。

**08** 复制图形，如图8-77所示。

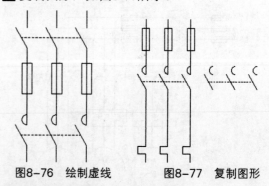

图8-76　绘制虚线　　　图8-77　复制图形

**09** 绘制连接线路，如图8-78所示。

**10** 绘制矩形，如图8-79所示。

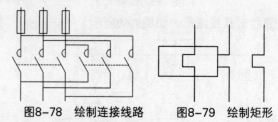

图8-78　绘制连接线路　　　图8-79　绘制矩形

**11** 修剪图形，如图8-80所示。

**12** 复制图形，如图8-81所示。

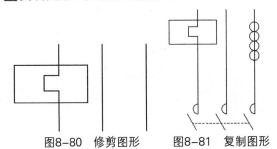

图8-80　修剪图形　　图8-81　复制图形

**13** 绘制直线图形，如图8-82所示。

**14** 绘制圆，如图8-83所示。

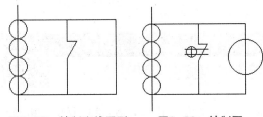

图8-82　绘制直线图形　　图8-83　绘制圆

**15** 修剪图形，形成线圈，如图8-84所示。

**16** 复制图形，如图8-85所示。

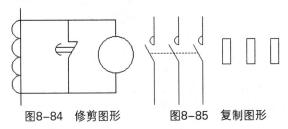

图8-84　修剪图形　　图8-85　复制图形

**17** 绘制其他线路，如图8-86所示。

**18** 添加文字注释，得到电动机控制电路图，如图8-87所示。

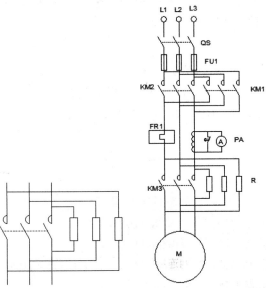

图8-86　绘制其他线路　图8-87　电动机控制电路图

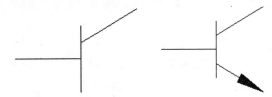

**实例 214**　　🔵 案例源文件：ywj /08/214. dwg

# 绘制水位控制电路图

**01** 绘制直线图形，如图8-88所示。

**02** 添加引线，如图8-89所示。

图8-88　绘制直线图形　　图8-89　绘制引线

**03** 绘制圆，如图8-90所示。

**04** 复制图形，如图8-91所示。

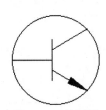
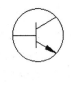

图8-90　绘制圆　　图8-91　复制图形

**05** 绘制圆，如图8-92所示。

**06** 绘制直线图形，如图8-93所示。

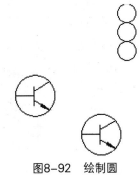

图8-92　绘制圆　　图8-93　绘制直线

**07** 修剪图形，得到电感，如图8-94所示。

**08** 绘制直线图形，如图8-95所示。

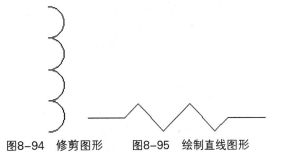

图8-94　修剪图形　　图8-95　绘制直线图形

**09** 旋转复制图形，如图8-96所示。

**10** 绘制水平直线图形，如图8-97所示。

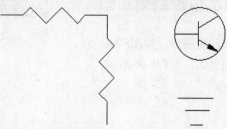

图8-96　旋转复制图形　图8-97　绘制水平直线图形

**11** 绘制竖直直线图形，如图8-98所示。

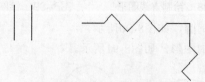

图8-98　绘制竖直直线图形

**12** 绘制连接线路，如图8-99所示。

**13** 添加引线，如图8-100所示。

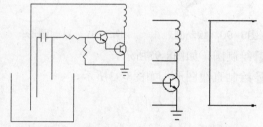

图8-99　绘制线路　　图8-100　绘制引线

**14** 绘制直线图形，如图8-101所示。

**15** 绘制圆，如图8-102所示。

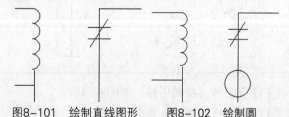

图8-101　绘制直线图形　　图8-102　绘制圆

**16** 修剪图形，如图8-103所示。

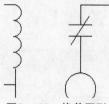

图8-103　修剪图形

**17** 添加文字注释，得到水位控制电路图，如图8-104所示。

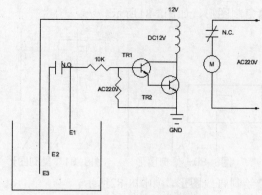

图8-104　水位控制电路图

案例源文件：ywj /08/215. dwg

## 实例 215

# 绘制手电钻控制电路图

**01** 绘制半径为1的圆，然后进行复制，再绘制水平直线，如图8-105所示。

图8-105　绘制圆及直线

**02** 修剪图形，得到线圈图形，如图8-106所示。

图8-106　修剪图形

**03** 绘制半径为0.5的两个圆，如图8-107所示。

图8-107　绘制圆

**04** 绘制120°的角度线，成为开关图形，如图8-108所示。

图8-108　绘制开关图形

**05** 复制圆形，如图8-109所示。

图8-109　复制圆

**06** 添加引线，如图8-110所示。

**07** 复制图形，如图8-111所示。

**08** 绘制5×2的矩形，然后绘制半径为1.4的圆，如图8-112所示。

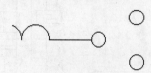

AutoCAD 2020 完全实训手册

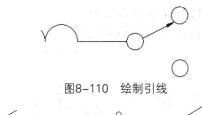

图8-110　绘制引线

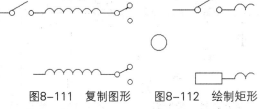

图8-111　复制图形　　图8-112　绘制矩形
和圆

**09** 绘制直线图形，如图8-113所示。

**10** 修剪图形，得到接触器图形，如图8-114所示。

图8-113　绘制直线　　图8-114　绘制接触器图形

**11** 绘制连接线路，如图8-115所示。

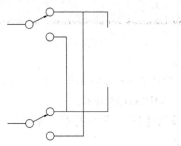

图8-115　绘制线路

**12** 绘制2×5的矩形，然后绘制半径为1.6的圆，如图8-116所示。

**13** 修剪图形，如图8-117所示。

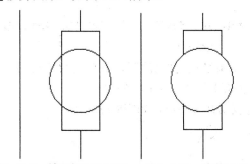

图8-116　绘制矩形和圆形　　图8-117　修剪图形

**14** 添加文字注释，如图8-118所示。

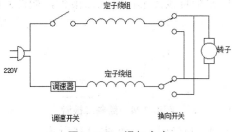

图8-118　添加文字

**15** 绘制10×20的虚线矩形，得到手电钻控制电路图，如图8-119所示。

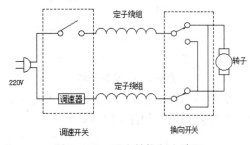

图8-119　手电钻控制电路图

### 实例 216

● 案例源文件：ywj /08/216.dwg

## 绘制装饰彩灯控制电路图

**01** 绘制6×14的矩形，然后在左侧绘制3×1的三个矩形作为电阻，如图8-120所示。

**02** 绘制直线图形作为电容，如图8-121所示。

图8-120　绘制矩形　　图8-121　绘制电容

**03** 绘制线路，如图8-122所示。

**04** 添加引线，如图8-123所示。

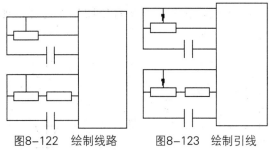

图8-122　绘制线路　　图8-123　绘制引线

**05** 绘制三角形，外切圆半径为0.5，然后绘制长度为2的直线图形,得到二极管,如图8-124所示。

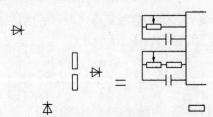

图8-124　绘制二极管

**06** 复制二极管图形,如图8-125所示。

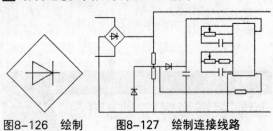

图8-125　复制图形

**07** 绘制4×4的矩形并旋转,如图8-126所示。

**08** 绘制连接线路,如图8-127所示。

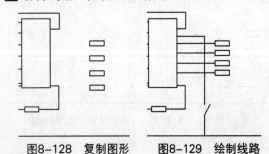

图8-126　绘制　　图8-127　绘制连接线路
并旋转矩形

**09** 复制电阻图形,如图8-128所示。

**10** 绘制线路,如图8-129所示。

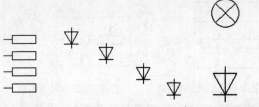

图8-128　复制图形　　图8-129　绘制线路

**11** 再次复制二极管图形,如图8-130所示。

**12** 绘制圆,在其中绘制直线图形作为灯,如图8-131所示。

图8-130　复制二极管图形　　图8-131　绘制灯

**13** 复制灯图形,如图8-132所示。

**14** 绘制线路,如图8-133所示。

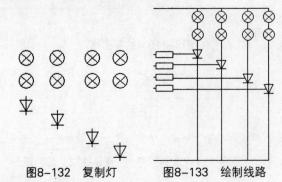

图8-132　复制灯　　图8-133　绘制线路

**15** 添加文字注释,得到装饰彩灯控制电路图,如图8-134所示。

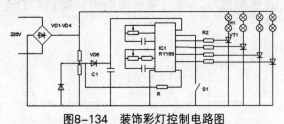

图8-134　装饰彩灯控制电路图

---

**实例 217** 案例源文件: ywj /08/217.dwg

## 绘制启动器原理图

**01** 绘制半径为1的两个圆,然后绘制直线图形,如图8-135所示。

**02** 修剪图形,得到灯和接触器图形,如图8-136所示。

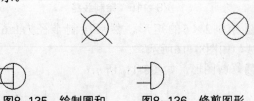

图8-135　绘制圆和　　图8-136　修剪图形
直线图形

**03** 绘制半径为0.2的圆,然后绘制直线图形,成为开关图形,如图8-137所示。

**04** 复制开关图形,如图8-138所示。

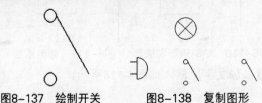

图8-137　绘制开关　　图8-138　复制图形

**05** 绘制连接线路，如图8-139所示。

**06** 复制图形，如图8-140所示。

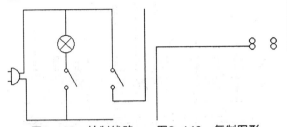

图8-139　绘制线路　　图8-140　复制图形

**07** 绘制半径为1.6的圆，如图8-141所示。

**08** 复制小圆，然后绘制直线图形，如图8-142所示。

图8-141　绘制圆　　图8-142　绘制小圆和直线

**09** 修剪图形得到线圈图形，如图8-143所示。

**10** 旋转图形，并进行旋转复制，如图8-144所示。

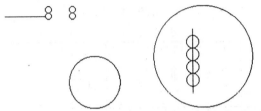

图8-143　修剪图形　　图8-144　旋转复制图形

**11** 绘制直线图形，如图8-145所示。

**12** 绘制连接线路，如图8-146所示。

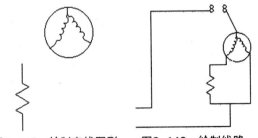

图8-145　绘制直线图形　　图8-146　绘制线路

**13** 添加文字注释，得到启动器原理图，如图8-147所示。

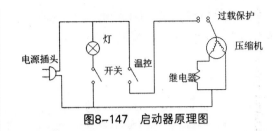

图8-147　启动器原理图

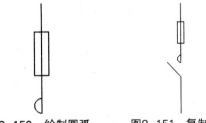

## 实例218　⊕案例源文件：ywj /08/218. dwg
# 绘制工厂启动电动机系统图

**01** 绘制半径为1的圆，然后在下方绘制长度为5的直线图形，并继续绘制直线图形作为开关，如图8-148所示。

**02** 绘制2×6的两个矩形作为熔断器，如图8-149所示。

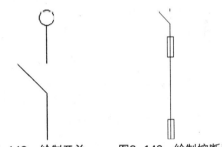

图8-148　绘制开关　　图8-149　绘制熔断器

**03** 绘制圆弧，如图8-150所示。

**04** 复制图形，如图8-151所示。

图8-150　绘制圆弧　　图8-151　复制图形

**05** 绘制直线图形，如图8-152所示。

**06** 复制图形，间距为10，如图8-153所示。

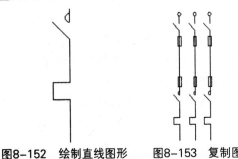

图8-152　绘制直线图形　　图8-153　复制图形

**07** 绘制连接虚线，如图8-154所示。

**08** 绘制34×10的矩形，如图8-155所示。

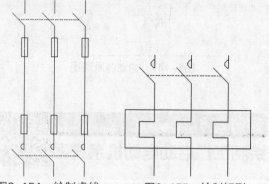

图8-154 绘制虚线　　图8-155 绘制矩形

**09** 绘制半径为16的圆，如图8-156所示。

**10** 绘制连接直线图形，如图8-157所示。

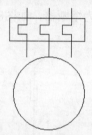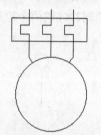

图8-156 绘制圆　　图8-157 绘制直线

**11** 添加文字注释，如图8-158所示。

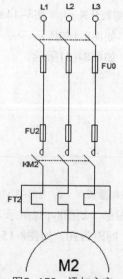

图8-158 添加文字

**12** 复制图形，间距为40，如图8-159所示。

**13** 绘制线路，如图8-160所示。

**14** 绘制直线图形，如图8-161所示。

**15** 复制图形，如图8-162所示。

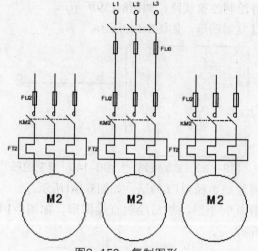

图8-159 复制图形

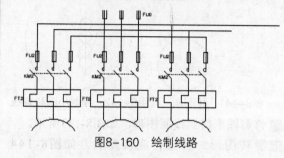

图8-160 绘制线路

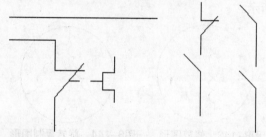

图8-161 绘制直线图形　　图8-162 复制图形

**16** 继续绘制直线图形，如图8-163所示。

**17** 绘制8×4的矩形，如图8-164所示。

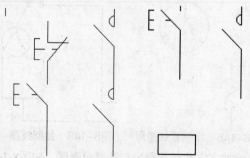

图8-163 绘制直线图形　　图8-164 绘制矩形

**18** 绘制连接线路，如图8-165所示。

**19** 添加文字注释，如图8-166所示。

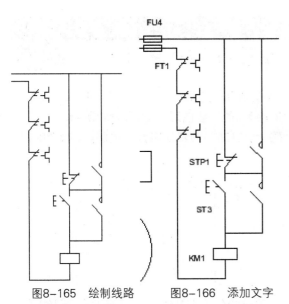

图8-165　绘制线路　　　图8-166　添加文字

**20** 复制图形，距离为30，如图8-167所示。

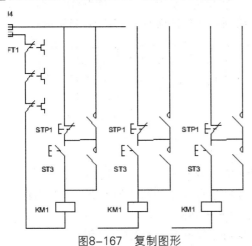

图8-167　复制图形

**21** 绘制线路，这样就完成了工厂启动电动机系统图，如图8-168所示。

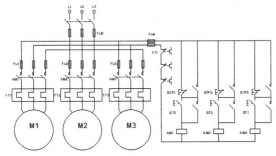

图8-168　工厂启动电动机系统图

---

**实例 219**

● 案例源文件：ywj /08/219. dwg

# 绘制工厂低压系统图

**01** 绘制2×5的矩形，然后绘制直线图形作为熔断器，如图8-169所示。

**02** 绘制直线图形作为开关，如图8-170所示。

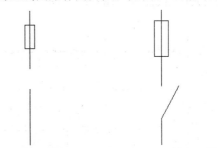

图8-169　绘制熔断器　　　图8-170　绘制开关

**03** 复制图形，间距为8，如图8-171所示。

**04** 绘制20×10的矩形，然后进行复制，如图8-172所示。

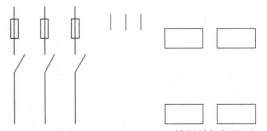

图8-171　复制图形　　图8-172　绘制并复制图形

**05** 绘制水平直线图形，如图8-173所示。

**06** 复制图形，如图8-174所示。

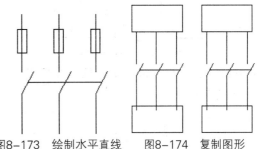

图8-173　绘制水平直线　　图8-174　复制图形

**07** 绘制线路，如图8-175所示。

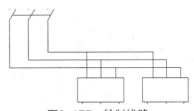

图8-175　绘制线路

**08** 绘制半径为1的圆，如图8-176所示。

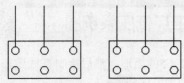
图8-176 绘制圆

**09** 继续绘制线路，如图8-177所示。

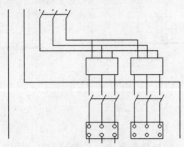
图8-177 绘制线路

**10** 复制小圆，如图8-178所示。

**11** 绘制直线图形，如图8-179所示。

图8-178 复制圆 　　图8-179 绘制直线

**12** 复制图形，如图8-180所示。

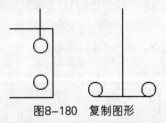
图8-180 复制图形

**13** 添加文字注释，得到工厂低压系统图，如图8-181所示。

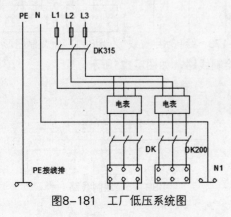
图8-181 工厂低压系统图

**01** 绘制直线图形，然后在下方绘制长度为20、间距为6的直线图形，如图8-182所示。

**02** 绘制120°的斜线得到开关图形，如图8-183所示。

图8-182 绘制直线 　　图8-183 绘制开关

**03** 复制图形，间距为8，如图8-184所示。

**04** 绘制30×10的矩形，如图8-185所示。

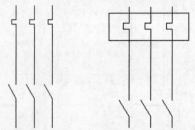
图8-184 复制图形 　　图8-185 绘制矩形

**05** 绘制半径为15的圆作为电机，并绘制直线图形，如图8-186所示。

**06** 复制开关图形，如图8-187所示。

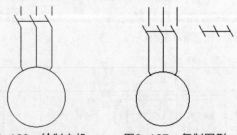
图8-186 绘制电机 　　图8-187 复制图形

**07** 绘制7×25的矩形，如图8-188所示。

**08** 绘制线路，如图8-189所示。

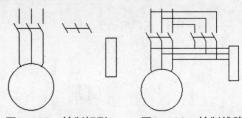
图8-188 绘制矩形 　　图8-189 绘制线路

**09** 复制图形，如图8-190所示。

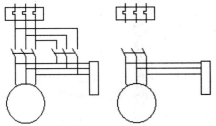

图8-190 复制图形

**10** 移动矩形图形，如图8-191所示。

**11** 修剪图形，如图8-192所示。

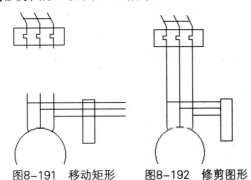

图8-191 移动矩形    图8-192 修剪图形

**12** 绘制70×30的矩形，如图8-193所示。

**13** 复制图形，如图8-194所示。

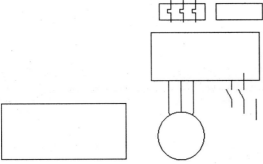

图8-193 绘制矩形    图8-194 复制图形

**14** 修剪图形，如图8-195所示。

**15** 继续旋转复制图形，如图8-196所示。

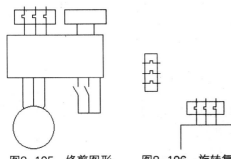

图8-195 修剪图形    图8-196 旋转复制图形

**16** 绘制其余连接线路，如图8-197所示。

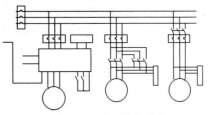

图8-197 绘制其余线路

**17** 添加文字注释，得到工厂电气控制图，如图8-198所示。

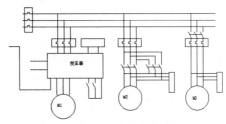

图8-198 工厂电气控制图

## 实例 221

● 案例源文件：ywj /08/221.dwg

# 绘制办公楼低压配电干线系统图

**01** 使用【直线】工具绘制开关，如图8-199所示。

**02** 绘制半径为1的圆，然后绘制直线图形，如图8-200所示。

图8-199 绘制开关    图8-200 绘制圆和直线图形

**03** 绘制三角形，外切圆半径为0.1，如图8-201所示。

**04** 复制图形，如图8-202所示。

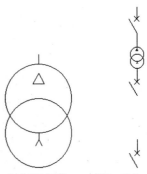

图8-201 绘制三角形    图8-202 复制图形

**05** 绘制线路，如图8-203所示。

**06** 复制图形，距离为10，如图8-204所示。

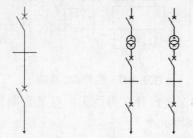

图8-203 绘制线路　　图8-204 复制图形

**07** 复制图形，如图8-205所示。

**08** 旋转最右侧图形-60°，如图8-206所示。

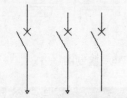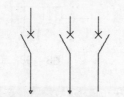

图8-205 复制图形　　图8-206 旋转图形

**09** 复制图形，如图8-207所示。

**10** 绘制线路，如图8-208所示。

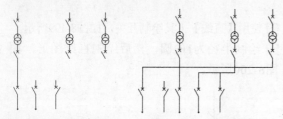

图8-207 复制图形　　图8-208 绘制线路

**11** 复制图形，如图8-209所示。

**12** 绘制线路，如图8-210所示。

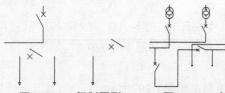

图8-209 复制图形　　图8-210 绘制线路

**13** 绘制3×1的矩形，如图8-211所示。

**14** 绘制半径为1的圆，如图8-212所示。

图8-211 绘制矩形　　图8-212 绘制圆

**15** 绘制线路，如图8-213所示。

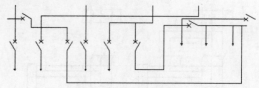

图8-213 绘制线路

**16** 绘制其余线路，如图8-214所示。

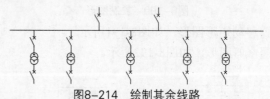

图8-214 绘制其余线路

**17** 添加文字注释，得到办公楼低压配电干线系统图，如图8-215所示。

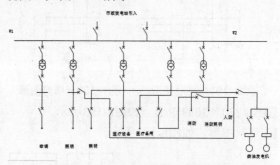

图8-215 办公楼低压配电干线系统图

## 实例222
●案例源文件：ywj /08/222. dwg

# 绘制车间电力平面图

**01** 首先绘制3×2的矩形，然后绘制长度为5的竖直直线，如图8-216所示。

**02** 绘制长度为40，间距为1的水平直线作为墙体，如图8-217所示。

图8-216 绘制　　　图8-217 绘制墙体
矩形和直线

**03** 复制图形，如图8-218所示。

**04** 绘制2×8的矩形，如图8-219所示。

AutoCAD 2020 完全实训手册

图8-218　复制图形　　图8-219　绘制矩形

**05** 复制图形，如图8-220所示。

**06** 绘制矩形，如图8-221所示。

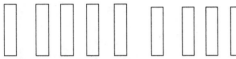

图8-220　复制图形　　图8-221　绘制矩形

**07** 继续复制图形，如图8-222所示。

**08** 绘制线路，如图8-223所示。

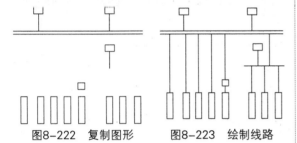

图8-222　复制图形　　图8-223　绘制线路

**09** 复制图形，如图8-224所示。

**10** 继续复制图形，如图8-225所示。

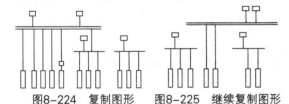

图8-224　复制图形　　图8-225　继续复制图形

**11** 绘制线路，如图8-226所示。

**12** 复制其余图形，如图8-227所示。

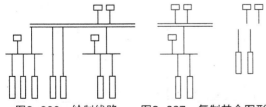

图8-226　绘制线路　　图8-227　复制其余图形

**13** 绘制线路，如图8-228所示。

**14** 添加文字注释，得到车间电力平面图，如图8-229所示。

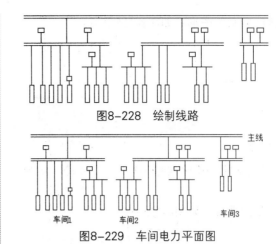

图8-228　绘制线路

图8-229　车间电力平面图

## 实例 223

案例源文件：ywj/08/223.dwg

## 绘制建筑配电图

**01** 首先绘制1×3的矩形，然后绘制直线图形，如图8-230所示。

**02** 复制图形，如图8-231所示。

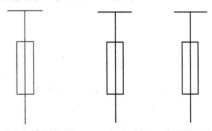

图8-230　绘制矩形　　图8-231　复制图形
和直线图形

**03** 绘制圆，然后绘制直线图形作为灯，如图8-232所示。

**04** 绘制2×3的矩形，然后复制图形，如图8-233所示。

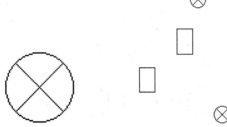

图8-232　绘制灯　　图8-233　绘制并复制图形

**05** 绘制开关图形，并复制图形，如图8-234所示。

**06** 绘制直线图形，如图8-235所示。

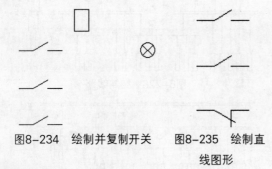

图8-234　绘制并复制开关　　图8-235　绘制直线图形

**07** 复制图形，如图8-236所示。

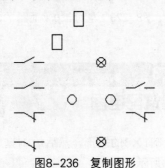

图8-236　复制图形

**08** 绘制线路，如图8-237所示。

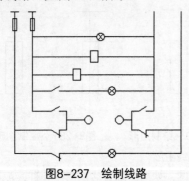

图8-237　绘制线路

**09** 添加文字注释，得到建筑配电图，如图8-238所示。

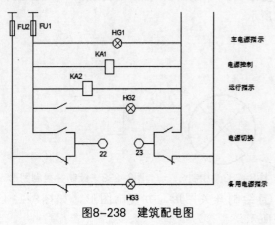

图8-238　建筑配电图

## 绘制电气插座平面布置图

**01** 首先绘制尺寸为30×50的多线矩形作为外墙体，如图8-239所示。

**02** 使用【多线】工具绘制内部墙体，如图8-240所示。

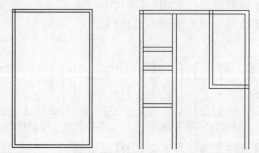

图8-239　绘制外墙体　　图8-240　绘制内部墙体

**03** 使用【直线】工具绘制窗户，如图8-241所示。

**04** 复制图形，如图8-242所示。

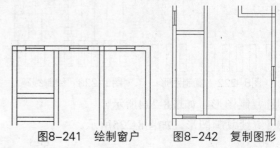

图8-241　绘制窗户　　图8-242　复制图形

**05** 绘制0.5×1的矩形作为插座，如图8-243所示。

**06** 复制插座图形，如图8-244所示。

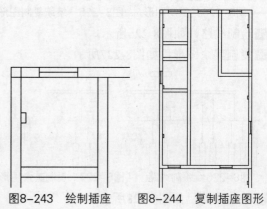

图8-243　绘制插座　　图8-244　复制插座图形

**07** 绘制线路，得到电气插座平面布置图，如图8-245所示。

图8-245　电气插座平面布置图

## 实例 225　绘制照明系统图

**01** 绘制6×12的矩形，然后绘制线路，如图8-246所示。

**02** 绘制半径为0.3的圆，如图8-247所示。

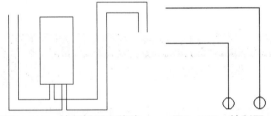

图8-246　绘制矩形和线路　　图8-247　绘制圆

**03** 复制图形，如图8-248所示。

**04** 修剪图形，然后绘制直线图形，得到开关图形，如图8-249所示。

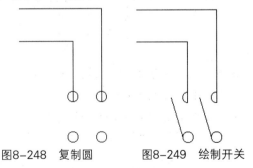

图8-248　复制圆　　　　图8-249　绘制开关

**05** 绘制线路，如图8-250所示。

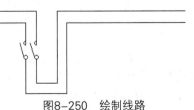

图8-250　绘制线路

**06** 绘制0.4×1.6的矩形作为熔断器，如图8-251所示。

**07** 绘制半径分别为1和0.1的圆，如图8-252所示。

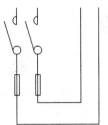

图8-251　绘制矩形　　　图8-252　绘制圆

**08** 复制大的圆，然后在其中绘制直线图形作为灯，如图8-253所示。

**09** 绘制线路，如图8-254所示。

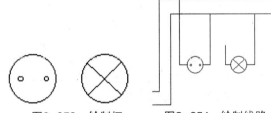

图8-253　绘制灯　　　图8-254　绘制线路

**10** 复制图形，如图8-255所示。

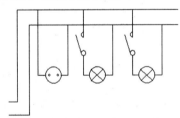

图8-255　复制图形

**11** 添加文字注释，得到照明系统图，如图8-256所示。

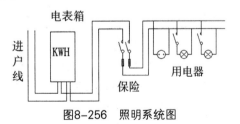

图8-256　照明系统图

## 实例 226　绘制床头柜照明控制原理图

**01** 绘制半径为1的圆，然后填充图形，如图8-257所示。

**02** 复制图形, 如图8-258所示。

图8-257 绘制填充图形    图8-258 复制图形

**03** 绘制直线图形, 如图8-259所示。

**04** 复制图形, 如图8-260所示。

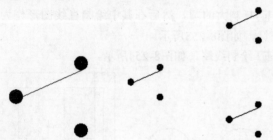

图8-259 绘制直线    图8-260 复制图形

**05** 绘制线路, 如图8-261所示。

**06** 绘制虚线, 如图8-262所示。

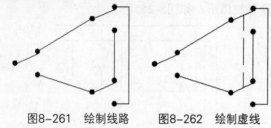

图8-261 绘制线路    图8-262 绘制虚线

**07** 旋转复制图形, 如图8-263所示。

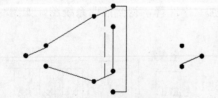

图8-263 旋转复制图形

**08** 绘制直线图形, 如图8-264所示。

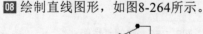
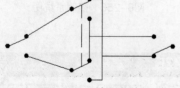

图8-264 绘制直线

**09** 绘制圆, 在其中绘制直线图形, 得到灯图形, 如图8-265所示。

**10** 绘制其余线路, 如图8-266所示。

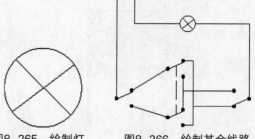

图8-265 绘制灯    图8-266 绘制其余线路

**11** 添加文字注释, 得到床头柜照明控制原理图, 如图8-267所示。

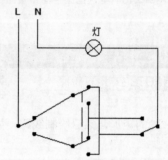

图8-267 床头柜照明控制原理图

## 实例 227  案例源文件: ywj /08/227. dwg
## 绘制建筑防雷接地工程图

**01** 绘制40×20的矩形, 然后向内偏移图形, 距离为0.5, 作为建筑外墙体, 如图8-268所示。

**02** 绘制10×10的矩形, 然后偏移该矩形, 距离为0.5, 如图8-269所示。

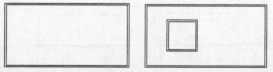

图8-268 绘制外墙体    图8-269 绘制并偏移图形

**03** 绘制虚线, 如图8-270所示。

**04** 绘制2×2的矩形, 如图8-271所示。

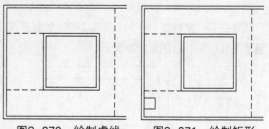

图8-270 绘制虚线    图8-271 绘制矩形

**05** 复制矩形, 如图8-272所示。

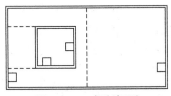

图8-272　复制矩形

**06** 绘制直线图形作为接地，如图8-273所示。

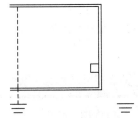

图8-273　绘制接地

**07** 绘制线路，如图8-274所示。

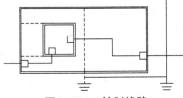

图8-274　绘制线路

**08** 添加文字注释，得到建筑防雷接地工程图，如图8-275所示。

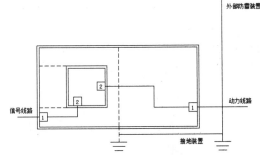

图8-275　建筑防雷接地工程图

**实例 228**

● 案例源文件：ywj /08/228. dwg

# 绘制建筑防雷保护装置平面图

**01** 绘制三角形，外切圆半径为3，然后绘制直线图形作为二极管，如图8-276所示。

图8-276　绘制二极管

**02** 复制二极管图形，如图8-277所示。

**03** 绘制半径为8的圆，如图8-278所示。

图8-277　复制图形　　　图8-278　绘制圆

**04** 添加引线，如图8-279所示。

**05** 绘制8×12的矩形，如图8-280所示。

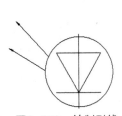

图8-279　绘制引线　　　图8-280　绘制矩形

**06** 绘制线路，如图8-281所示。

**07** 复制图形，如图8-282所示。

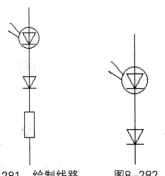

图8-281　绘制线路　　　图8-282　复制图形

**08** 绘制直线图形，如图8-283所示。

**09** 复制矩形，如图8-284所示。

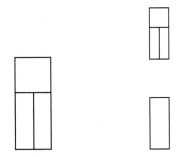

图8-283　绘制直线　　　图8-284　复制矩形

**10** 绘制直线图形，如图8-285所示。

**11** 绘制线路，如图8-286所示。

01 02 03 04 05 06 07 08 09 10 11

第8章 电气电路工程图设计

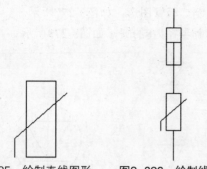

图8-285 绘制直线图形    图8-286 绘制线路

⓬ 复制图形，如图8-287所示。

⓭ 绘制圆，如图8-288所示。

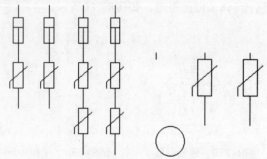

图8-287 复制图形    图8-288 绘制圆

⓮ 绘制三角形，外切圆半径为1，然后填充三角形，如图8-289所示。

⓯ 镜像三角形，如图8-290所示。

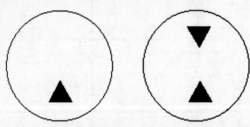

图8-289 绘制三角形并填充    图8-290 镜像图形

⓰ 绘制其余线路，如图8-291所示。

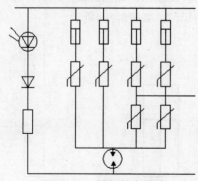

图8-291 绘制其余线路

⓱ 添加文字注释，得到建筑防雷保护装置平面图，如图8-292所示。

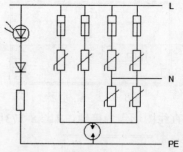

图8-292 建筑防雷保护装置平面图

**实例 229**    ⦿ 案例源文件：ywj /08/229. dwg

# 绘制电话线路系统图

⓵ 绘制1×3的矩形，然后绘制1×5的矩形，接着再绘制直线图形，如图8-293所示。

⓶ 复制图形，如图8-294所示。

图8-293 绘制矩形和    图8-294 复制图形
       直线图形

⓷ 绘制120°的角度直线图形，如图8-295所示。

⓸ 添加引线，如图8-296所示。

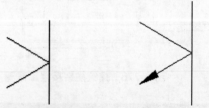

图8-295 绘制角度直线图形    图8-296 绘制引线

⓹ 复制图形，如图8-297所示。

⓺ 使用【直线】工具绘制线路，如图8-298所示。

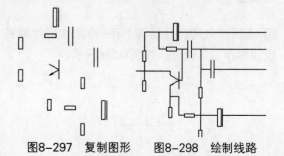

图8-297 复制图形    图8-298 绘制线路

**07** 复制图形，如图8-299所示。

**08** 绘制线路，如图8-300所示。

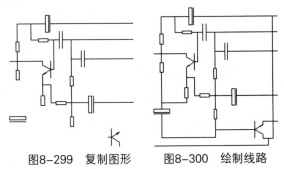

图8-299 复制图形　　图8-300 绘制线路

**09** 绘制半径为0.2的圆，如图8-301所示。

**10** 复制小圆，如图8-302所示。

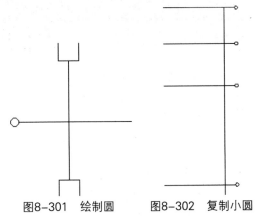

图8-301 绘制圆　　图8-302 复制小圆

**11** 绘制直线图形，如图8-303所示。

**12** 修剪图形，如图8-304所示。

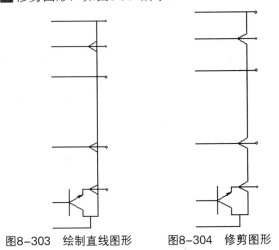

图8-303 绘制直线图形　　图8-304 修剪图形

**13** 添加文字注释，得到电话线路系统图，如图8-305所示。

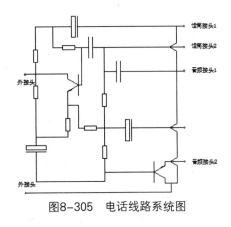

图8-305 电话线路系统图

## 实例 230

●案例源文件：ywj /08/230. dwg

# 绘制可视监控系统图

**01** 绘制10×6的矩形，然后偏移图形，距离为1，如图8-306所示。

**02** 绘制直线图形，得到显示器图形，如图8-307所示。

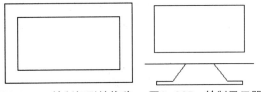

图8-306 绘制矩形并偏移　　图8-307 绘制显示器

**03** 绘制8×4的矩形，如图8-308所示。

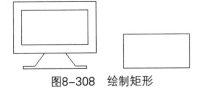

图8-308 绘制矩形

**04** 绘制直线图形，如图8-309所示。

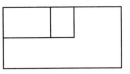

图8-309 绘制直线图形

**05** 在右侧绘制7×3的矩形，如图8-310所示。

图8-310 绘制矩形

**06** 绘制3×1的矩形，如图8-311所示。

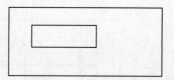

图8-311　绘制矩形

**07** 填充小矩形图形，如图8-312所示。

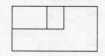

图8-312　填充小矩形

**08** 绘制线路，如图8-313所示。

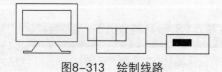

图8-313　绘制线路

**09** 绘制10×4的矩形，然后在左侧绘制4×2的矩形，如图8-314所示。

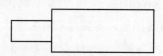

图8-314　绘制矩形

**10** 复制图形，如图8-315所示。

图8-315　复制图形

**11** 绘制0.5×2的矩形，然后复制图形，如图8-316所示。

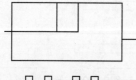

图8-316　绘制并复制矩形

**12** 绘制线路，如图8-317所示。

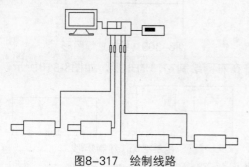

图8-317　绘制线路

**13** 添加文字注释，得到可视监控系统图，如图8-318所示。

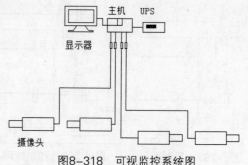

主机　UPS

显示器

摄像头

图8-318　可视监控系统图

**实例 231**　⊕ 案例源文件　ywj/08/231.dwg

# 绘制有线电视网系统图

**01** 绘制12×4的矩形，然后在内部绘制0.4×1的矩形，如图8-319所示。

图8-319　绘制矩形

**02** 复制小矩形图形，如图8-320所示。

**03** 复制整体图形，如图8-321所示。

图8-320　复制小矩形　　　图8-321　复制整体图形

**04** 绘制3×3的矩形，然后进行复制，如图8-322所示。

图8-322　绘制并复制矩形

**05** 复制长矩形图形，如图8-323所示。

AutoCAD 2020 完全实训手册

图8-323 复制长方形图形

**06** 绘制10×7的矩形，然后偏移该图形，距离为0.5，如图8-324所示。

**07** 绘制直线图形，如图8-325所示。

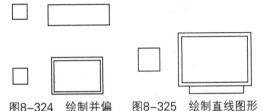

图8-324 绘制并偏 　图8-325 绘制直线图形
移图形

**08** 复制图形，如图8-326所示。

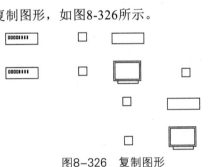

图8-326 复制图形

**09** 绘制线路，如图8-327所示。

图8-327 绘制线路

**10** 绘制90×60的矩形作为房子轮廓，如图8-328所示。

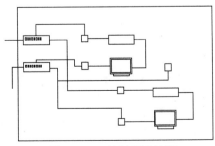

图8-328 绘制房子轮廓

**11** 绘制直线图形作为屋顶，如图8-329所示。

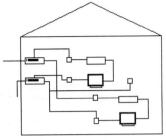

图8-329 绘制屋顶

**12** 添加文字注释，得到有线电视网系统图，如图8-330所示。

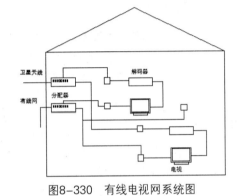

图8-330 有线电视网系统图

## 实例 232
● 案例源文件：ywj /08/232. dwg

# 绘制住宅照明平面图

**01** 绘制40×20的矩形，然后偏移该图形，距离为5，作为建筑轮廓，如图8-331所示。

**02** 绘制8×15的矩形，偏移该图形上下边线，距离为2，如图8-332所示。

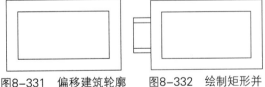

图8-331 偏移建筑轮廓 　图8-332 绘制矩形并
偏移直线

**03** 绘制直线图形，如图8-333所示。

**04** 绘制2×2的矩形作为柱子，如图8-334所示。

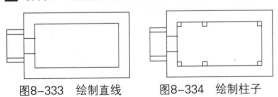

图8-333 绘制直线 　图8-334 绘制柱子

**05** 绘制直线图形作为隔墙，如图8-335所示。

**06** 偏移图形，如图8-336所示。

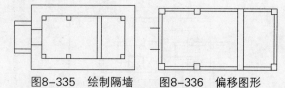

图8-335　绘制隔墙　　图8-336　偏移图形

**07** 绘制窗户图形，如图8-337所示。

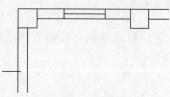

图8-337　绘制窗户

**08** 复制窗户图形，如图8-338所示。

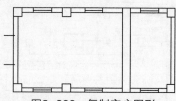

图8-338　复制窗户图形

**09** 绘制直线图形作为散水线，如图8-339所示。

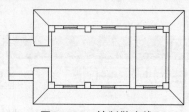

图8-339　绘制散水线

**10** 绘制半径为1的圆，在内部绘制直线图形作为灯图形，如图8-340所示。

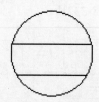

图8-340　绘制灯

**11** 复制灯图形，如图8-341所示。

图8-341　复制灯图形

**12** 修剪图形，如图8-342所示。

图8-342　修剪图形

**13** 填充图形，如图8-343所示。

图8-343　填充图形

**14** 复制图形，如图8-344所示。

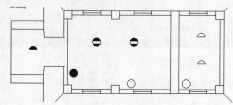

图8-344　复制图形

**15** 绘制3×1的矩形，如图8-345所示。

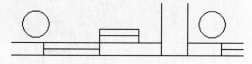

图8-345　绘制矩形

**16** 填充图形作为配电箱，如图8-346所示。

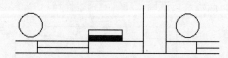

图8-346　绘制配电箱

**17** 绘制线路，得到住宅照明平面图，如图8-347所示。

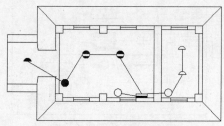

图8-347　住宅照明平面图

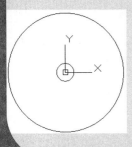
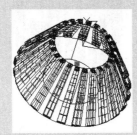

第**9**章 创建机械三维零件模型

# 绘制花键轴模型

**01** 单击【常用】选项卡【建模】组中的【圆柱体】按钮◎，创建中心位于（0,0,0）的圆柱体，半径为20，高为30，如图9-1所示。

**02** 单击【绘图】组中的【圆】按钮◎，绘制半径为16的圆，如图9-2所示。

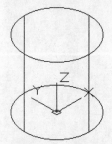 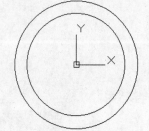

图9-1　创建圆柱体　　　　图9-2　绘制圆

**03** 单击【常用】选项卡【建模】组中的【拉伸】按钮▣，拉伸圆，高度为70，如图9-3所示。

**04** 绘制半径为8的圆，如图9-4所示。

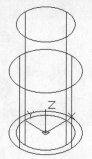 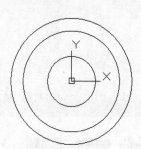

图9-3　拉伸圆　　　　图9-4　绘制圆

**05** 拉伸圆，高度为90，如图9-5所示。

**06** 单击【常用】选项卡【实体编辑】组中的【并集】按钮▣，选择特征并集运算，如图9-6所示。

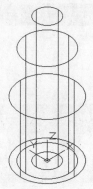

图9-5　拉伸圆　　　　图9-6　并集运算

**07** 绘制直线图形，如图9-7所示。

**08** 拉伸圆，高度为30，如图9-8所示。

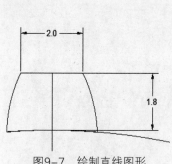 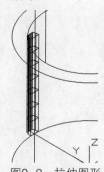

图9-7　绘制直线图形　　　图9-8　拉伸图形

**09** 创建环形阵列，数量为26，如图9-9所示。

**10** 至此完成花键轴模型的创建，如图9-10所示。

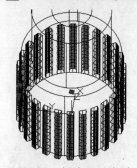 

图9-9　创建环形阵列　　　图9-10　花键轴模型

# 绘制六角螺母模型

**01** 单击【常用】选项卡【绘图】组中的【多边形】按钮◎，绘制六边形，内接圆形半径为10，如图9-11所示。

**02** 单击【常用】选项卡【建模】组中的【拉伸】按钮▣，拉伸六边形，高度为8，如图9-12所示。

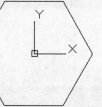 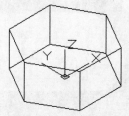

图9-11　绘制六边形　　　图9-12　拉伸六边形

**03** 绘制三角形，如图9-13所示。

**04** 单击【常用】选项卡【建模】组中的【旋转】按钮▣，创建旋转特征，如图9-14所示。

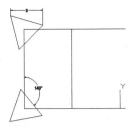
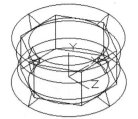

图9-13 绘制三角形　　　图9-14 创建旋转特征

**05** 单击【常用】选项卡【实体编辑】组中的【差集】按钮，选择特征差集运算，如图9-15所示。

**06** 单击【常用】选项卡【绘图】组中的【圆】按钮，绘制半径为5的圆，如图9-16所示。

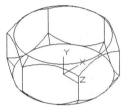
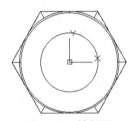

图9-15 差集运算　　　图9-16 绘制圆

**07** 单击【常用】选项卡【建模】组中的【拉伸】按钮，拉伸圆，如图9-17所示。

**08** 单击【常用】选项卡【实体编辑】组中的【差集】按钮，选择特征差集运算，如图9-18所示。

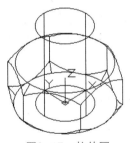
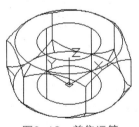

图9-17 拉伸圆　　　图9-18 差集运算

**09** 单击【常用】选项卡【绘图】组中的【多边形】按钮，绘制三角形，如图9-19所示。

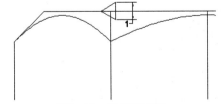

图9-19 绘制三角形

**10** 单击【常用】选项卡【绘图】组中的【螺旋】按钮，绘制螺旋线，圈数为8，如图9-20所示。

**11** 单击【常用】选项卡【建模】组中的【扫掠】按钮，创建扫掠特征，如图9-21所示。

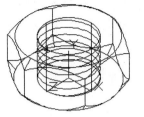
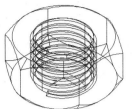

图9-20 创建螺旋线　　　图9-21 创建扫掠特征

**12** 单击【常用】选项卡【实体编辑】组中的【差集】按钮，选择特征差集运算，如图9-22所示。

**13** 至此完成六角螺母模型的创建，如图9-23所示。

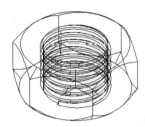

图9-22 差集运算　　　图9-23 六角螺母模型

## 实例 235

案例源文件：ywj /09/235. dwg

# 绘制连接轴模型

**01** 单击【常用】选项卡【绘图】组中的【圆】按钮，绘制半径为20的圆，如图9-24所示。

**02** 单击【常用】选项卡【建模】组中的【拉伸】按钮，拉伸圆，高度为10，如图9-25所示。

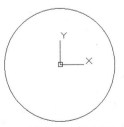
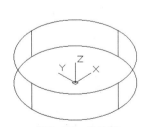

图9-24 绘制圆　　　图9-25 拉伸圆

**03** 绘制半径为10的圆，如图9-26所示。

**04** 拉伸圆，高度为20，如图9-27所示。

**05** 单击【常用】选项卡【实体编辑】组中的

【并集】按钮，选择特征并集运算，如图9-28所示。

06 单击【实体】选项卡【实体编辑】组中的【圆角边】按钮，创建圆角特征，圆角半径为4，如图9-29所示。

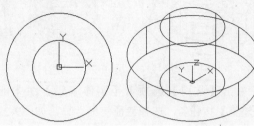

图9-26 绘制圆　　图9-27 拉伸圆

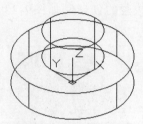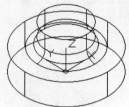

图9-28 并集运算　　图9-29 创建圆角

07 绘制半径为1.5的圆，如图9-30所示。

08 拉伸圆，如图9-31所示。

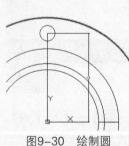

图9-30 绘制圆　　　　图9-31 拉伸圆

09 选择特征差集运算，如图9-32所示。

10 绘制半径为8的圆，如图9-33所示。

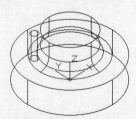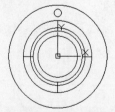

图9-32 差集运算　　图9-33 绘制圆

11 拉伸圆，距离为40，如图9-34所示。

12 绘制半径为7的圆，如图9-35所示。

13 拉伸圆，距离为70，如图9-36所示。

14 选择特征并集运算，如图9-37所示。

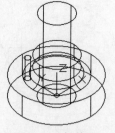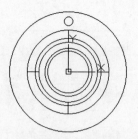

图9-34 拉伸圆　　　　图9-35 绘制圆

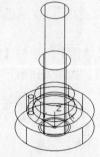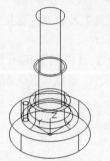

图9-36 拉伸圆　　图9-37 并集运算

15 绘制半径为2的圆，如图9-38所示。

16 拉伸圆，如图9-39所示。

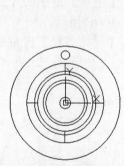

图9-38 绘制圆　　　　图9-39 拉伸圆

17 选择特征差集运算，如图9-40所示。

18 绘制矩形，如图9-41所示。

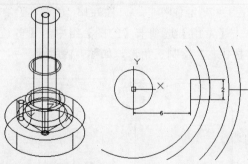

图9-40 差集运算　　图9-41 绘制矩形

19 复制矩形，如图9-42所示。

20 拉伸矩形，距离为20，如图9-43所示。

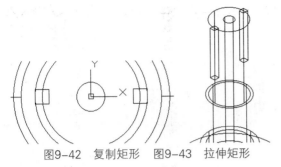

图9-42 复制矩形    图9-43 拉伸矩形

**21** 选择特征差集运算，如图9-44所示。

**22** 至此完成连接轴模型的创建，如图9-45所示。

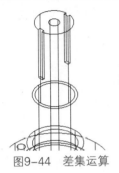

图9-44 差集运算    图9-45 连接轴模型

## 实例 236
🔘 案例源文件：ywj /09/236. dwg

# 绘制吊环螺钉模型

**01** 绘制半径为10的圆，如图9-46所示。

**02** 拉伸圆，高度为4，如图9-47所示。

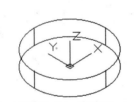

图9-46 绘制圆    图9-47 拉伸圆

**03** 绘制半径为8的圆，如图9-48所示。

**04** 拉伸圆，高度为5，如图9-49所示。

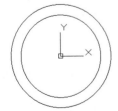
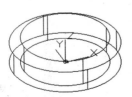

图9-48 绘制圆    图9-49 拉伸圆

**05** 绘制半径为5的圆，如图9-50所示。

**06** 拉伸圆，高度为8，如图9-51所示。

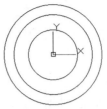
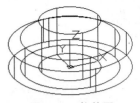

图9-50 绘制圆    图9-51 拉伸圆

**07** 绘制半径为6的圆，如图9-52所示。

**08** 拉伸圆，高度为40，如图9-53所示。

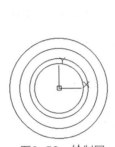

图9-52 绘制圆    图9-53 拉伸圆

**09** 移动圆柱体，距离为8，如图9-54所示。

**10** 绘制半径为2的圆，如图9-55所示。

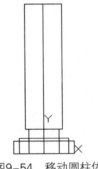
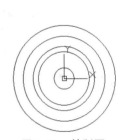

图9-54 移动圆柱体    图9-55 绘制圆

**11** 拉伸圆，高度为52，如图9-56所示。

**12** 绘制半径为3的圆，如图9-57所示。

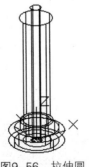
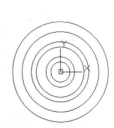

图9-56 拉伸圆    图9-57 绘制圆

**13** 拉伸圆，高度为6，如图9-58所示。

**14** 移动圆柱体，距离为52，如图9-59所示。

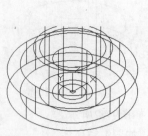
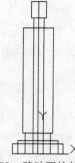

图9-58 拉伸圆　　　　图9-59 移动圆柱体

⑮ 选择特征并集运算，如图9-60所示。

⑯ 绘制六边形，内接圆半径为4，如图9-61所示。

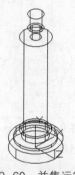
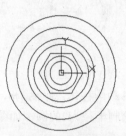

图9-60 并集运算　　　图9-61 绘制六边形

⑰ 拉伸六边形，高度为2，如图9-62所示。

⑱ 选择特征差集运算，如图9-63所示。

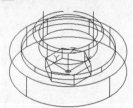

图9-62 拉伸六边形　　　图9-63 差集运算

⑲ 绘制半径为0.5的圆，如图9-64所示。

⑳ 拉伸圆，高度为4，如图9-65所示。

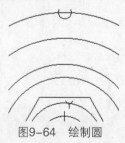

图9-64 绘制圆　　　　图9-65 拉伸圆

㉑ 创建环形阵列，数量为36，如图9-66所示。

㉒ 单击【常用】选项卡【绘图】组中的【螺旋】按钮，绘制螺旋线，顶面、底面半径为3，高为6，圈数为8，如图9-67所示。

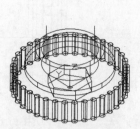
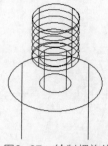

图9-66 创建环形阵列　　图9-67 绘制螺旋线

㉓ 绘制半径为0.3的圆，如图9-68所示。

㉔ 单击【常用】选项卡【建模】组中的【扫掠】按钮，创建扫掠特征，如图9-69所示。

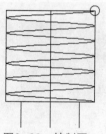
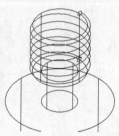

图9-68 绘制圆　　　　图9-69 创建扫掠特征

㉕ 选择特征差集运算，如图9-70所示。

㉖ 这样就完成了吊环螺钉模型的创建，如图9-71所示。

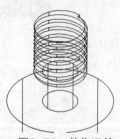

图9-70 差集运算　　　图9-71 吊环螺钉模型

## 实例 237　　⊕ 案例源文件：ywj/09/237.dwg

# 绘制连接轴套模型

① 绘制半径为60的圆，如图9-72所示。

② 拉伸圆，高度为20，如图9-73所示。

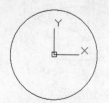
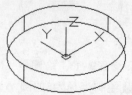

图9-72 绘制圆　　　　图9-73 拉伸圆

**03** 绘制半径为40的圆，如图9-74所示。

**04** 拉伸圆，高度为60，如图9-75所示。

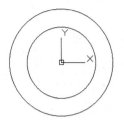

图9-74 绘制圆　　　图9-75 拉伸圆

**05** 选择特征并集运算，如图9-76所示。

**06** 绘制半径为6的圆，如图9-77所示。

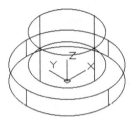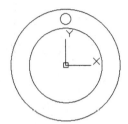

图9-76 并集运算　　　图9-77 绘制圆

**07** 拉伸圆，如图9-78所示。

**08** 选择特征差集运算，如图9-79所示。

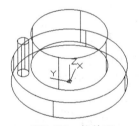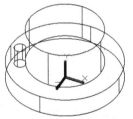

图9-78 拉伸圆　　　图9-79 差集运算

**09** 使用【圆】工具和【拉伸】工具，创建其余孔特征，如图9-80所示。

**10** 绘制半径为26的圆，如图9-81所示。

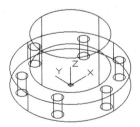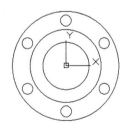

图9-80 创建其余孔特征　　　图9-81 绘制圆

**11** 拉伸圆，如图9-82所示。

**12** 选择特征差集运算，如图9-83所示。

**13** 绘制矩形，如图9-84所示。

**14** 拉伸矩形，如图9-85所示。

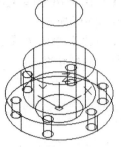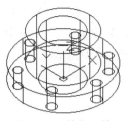

图9-82 拉伸圆　　　图9-83 差集运算

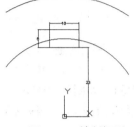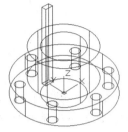

图9-84 绘制矩形　　　图9-85 拉伸矩形

**15** 选择特征差集运算，如图9-86所示。

**16** 至此完成连接轴套模型的创建，如图9-87所示。

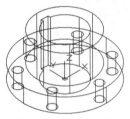

图9-86 差集运算　　　图9-87 连接轴套模型

## 实例 238

🔵 案例源文件：ywj/09/238.dwg

## 绘制锥齿轮模型

**01** 单击【常用】选项卡【建模】组中的【圆锥体】按钮△，半径为20，锥角为36°，如图9-88所示。

**02** 单击【常用】选项卡【建模】组中的【圆柱体】按钮◎，创建中心位于（0,0,0）的圆柱体，半径为10，如图9-89所示。

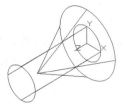

图9-88 创建圆锥体　　　图9-89 创建圆柱体

**03** 单击【常用】选项卡【绘图】组中的【直线】按钮 ✎，绘制梯形，如图9-90所示。

**04** 单击【常用】选项卡【建模】组中的【旋转】按钮 ▤，创建旋转特征，旋转角度为8°，如图9-91所示。

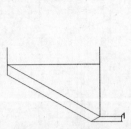
图9-90 绘制梯形

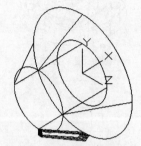
图9-91 创建旋转特征

**05** 创建环形阵列，数量为24，如图9-92所示。

**06** 至此完成锥齿轮模型的创建，如图9-93所示。

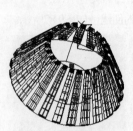
图9-92 创建环形阵列

图9-93 锥齿轮模型

## 实例 239
● 案例源文件: ywj /09/239.dwg

### 绘制盘形凸轮模型

**01** 绘制半径为40的圆，如图9-94所示。

**02** 拉伸圆，距离为12，如图9-95所示。

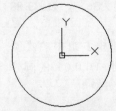
图9-94 绘制圆

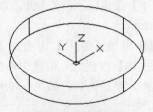
图9-95 拉伸圆

**03** 绘制半径为6的圆，如图9-96所示。

**04** 拉伸圆，如图9-97所示。

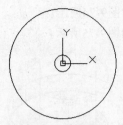
图9-96 绘制圆

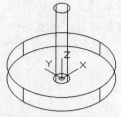
图9-97 拉伸圆

**05** 选择特征差集运算，如图9-98所示。

**06** 绘制圆形草图，如图9-99所示。

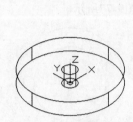
图9-98 差集运算

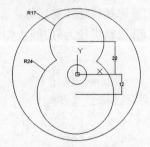
图9-99 绘制圆形草图

**07** 绘制4×4的矩形，如图9-100所示。

图9-100 绘制矩形

**08** 创建扫掠特征，如图9-101所示。

**09** 选择特征差集运算，如图9-102所示。

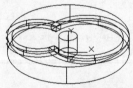
图9-101 创建扫掠特征

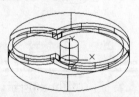
图9-102 差集运算

**10** 至此完成盘形凸轮模型的创建，如图9-103所示。

图9-103 盘形凸轮模型

# 绘制曲杆模型

**01** 绘制20×10的矩形，如图9-104所示。

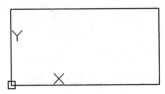

图9-104　绘制矩形

**02** 拉伸矩形，距离为26，如图9-105所示。

**03** 单击【实体】选项卡【实体编辑】组中的【倒角边】按钮，创建2×2的倒角，如图9-106所示。

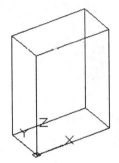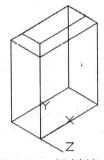

图9-105　拉伸矩形　　图9-106　创建倒角

**04** 绘制半径为1的圆，如图9-107所示。

**05** 拉伸圆，距离为14，如图9-108所示。

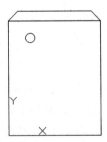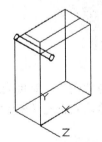

图9-107　绘制圆　　图9-108　拉伸圆

**06** 绘制40×4的矩形，如图9-109所示。

**07** 旋转矩形60°，如图9-110所示。

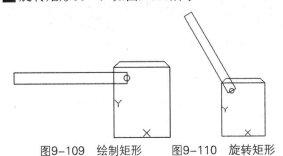

图9-109　绘制矩形　　图9-110　旋转矩形

**08** 拉伸矩形，距离为4，如图9-111所示。

**09** 绘制10×3的矩形，如图9-112所示。

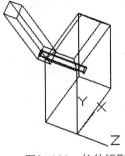

图9-111　拉伸矩形　　图9-112　绘制矩形

**10** 拉伸矩形，距离为2，如图9-113所示。

**11** 绘制半径为1的圆，如图9-114所示。

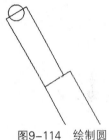

图9-113　拉伸矩形　　图9-114　绘制圆

**12** 拉伸圆，距离为4，如图9-115所示。

**13** 绘制40×4的矩形，如图9-116所示。

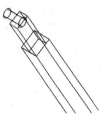

图9-115　拉伸圆　　图9-116　绘制矩形

**14** 拉伸矩形，距离为4，如图9-117所示。

**15** 至此完成曲杆模型的创建，如图9-118所示。

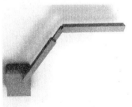

图9-117　拉伸矩形　　图9-118　曲杆模型

案例源文件: ywj /09/241. dwg

# 绘制连杆模型

01 绘制多个圆,如图9-119所示。

02 绘制切线,如图9-120所示。

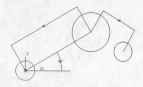
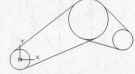

图9-119 绘制圆　　　　图9-120 绘制切线

03 拉伸绘制的图形,距离为4,如图9-121所示。

04 复制拉伸特征,距离为20,如图9-122所示。

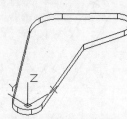
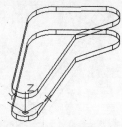

图9-121 拉伸图形　　图9-122 复制拉伸特征

05 绘制半径为6的圆,如图9-123所示。

06 拉伸圆,如图9-124所示。

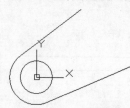
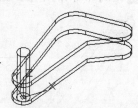

图9-123 绘制圆　　　　图9-124 拉伸圆

07 选择特征差集运算,如图9-125所示。

08 绘制70×10的矩形,如图9-126所示。

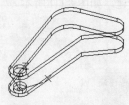
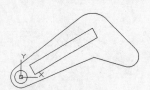

图9-125 差集运算　　　图9-126 绘制矩形

09 拉伸矩形,距离为28,如图9-127所示。

10 选择特征并集运算,如图9-128所示。

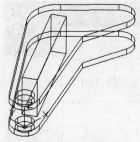
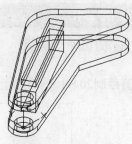

图9-127 拉伸矩形　　　图9-128 并集运算

11 绘制半径为7的圆,如图9-129所示。

12 拉伸圆,如图9-130所示。

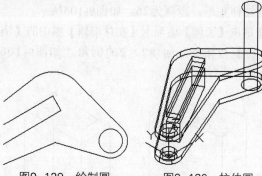

图9-129 绘制圆　　　　图9-130 拉伸圆

13 选择特征差集运算,如图9-131所示。

14 绘制半径分别为5和7的圆,如图9-132所示。

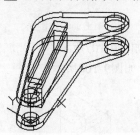
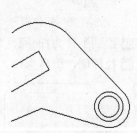

图9-131 差集运算　　　图9-132 绘制圆

15 拉伸图形,距离为24,如图9-133所示。

16 至此完成连杆模型的创建,如图9-134所示。

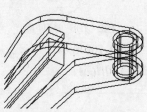

图9-133 拉伸图形　　　图9-134 连杆模型

## 实例 242

● 案例源文件：ywj /09/242. dwg

# 绘制底座模型

**01** 绘制半径为20的圆，如图9-135所示。

**02** 拉伸圆，距离为30，如图9-136所示。

图9-135　绘制圆　　　　图9-136　拉伸圆

**03** 绘制三角形，如图9-137所示。

**04** 单击【常用】选项卡【建模】组中的【旋转】按钮🔘，创建旋转特征，如图9-138所示。

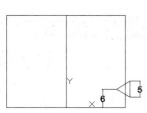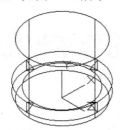

图9-137　绘制三角形　　图9-138　创建旋转特征

**05** 选择特征差集运算，如图9-139所示。

**06** 绘制半径为8的圆，如图9-140所示。

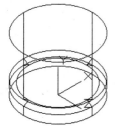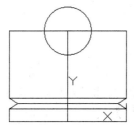

图9-139　差集运算　　　图9-140　绘制圆

**07** 拉伸圆，如图9-141所示。

**08** 选择特征差集运算，如图9-142所示。

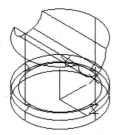

图9-141　拉伸圆　　　　图9-142　差集运算

**09** 使用【圆】工具和【矩形】工具，绘制图形，如图9-143所示。

**10** 拉伸绘制的图形，距离为30，如图9-144所示。

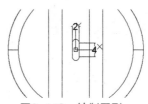

图9-143　绘制图形　　　图9-144　拉伸图形

**11** 绘制矩形，如图9-145所示。

**12** 拉伸矩形，距离为33，如图9-146所示。

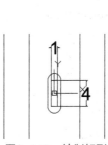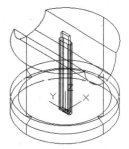

图9-145　绘制矩形　　　图9-146　拉伸矩形

**13** 选择特征并集运算，如图9-147所示。

**14** 单击【实体】选项卡【实体编辑】组中的【圆角边】按钮🔘，创建半径为1的倒圆角，如图9-148所示。

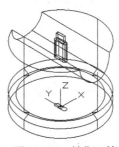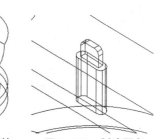

图9-147　并集运算　　　图9-148　创建圆角

**15** 至此完成底座模型的创建，如图9-149所示。

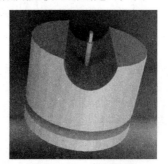

图9-149　底座模型

## 实例 243

### 绘制轴承圈模型

案例源文件：ywj /09/243. dwg

**01** 绘制半径分别为50和60的同心圆，如图9-150所示。

**02** 拉伸图形，距离为20，如图9-151所示。

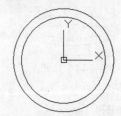 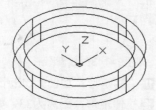

图9-150　绘制同心圆　　图9-151　拉伸图形

**03** 绘制半径为5的圆，如图9-152所示。

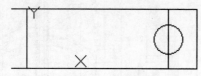

图9-152　绘制圆

**04** 创建旋转特征，如图9-153所示。

**05** 选择特征差集运算，如图9-154所示。

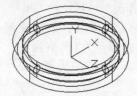 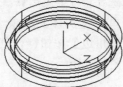

图9-153　创建旋转特征　　图9-154　差集运算

**06** 绘制半径分别为20和30的同心圆，如图9-155所示。

**07** 拉伸图形，距离为20，如图9-156所示。

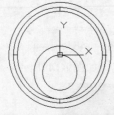 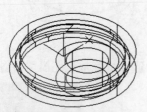

图9-155　绘制同心圆　　图9-156　拉伸图形

**08** 绘制半径为5的圆，如图9-157所示。

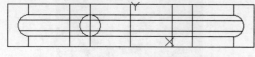

图9-157　绘制圆

**09** 创建旋转特征，如图9-158所示。

**10** 选择特征差集运算，如图9-159所示。

图9-158　创建旋转特征　　图9-159　差集运算

**11** 至此完成轴承圈模型的创建，如图9-160所示。

图9-160　轴承圈模型

## 实例 244

### 绘制法兰轴模型

案例源文件：ywj /09/244. dwg

**01** 绘制半径为10的圆，如图9-161所示。

**02** 拉伸圆，距离为2，如图9-162所示。

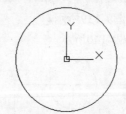 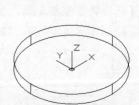

图9-161　绘制圆　　图9-162　拉伸圆

**03** 单击【常用】选项卡【建模】组中的【圆柱体】按钮，创建中心位于（8,0,0），半径为1的圆柱体，如图9-163所示。

**04** 选择特征差集运算，如图9-164所示。

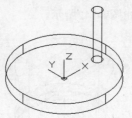 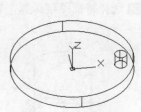

图9-163　创建圆柱体　　图9-164　差集运算

**05** 创建中心位于（0,8,0）、半径为1的圆柱体，如图9-165所示。

**06** 选择特征差集运算，如图9-166所示。

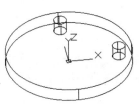

图9-165　创建圆柱体　　图9-166　差集运算

**07** 使用【圆柱体】工具和【差集】工具，创建其余的孔特征，如图9-167所示。

**08** 绘制半径为5的圆，如图9-168所示。

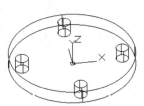 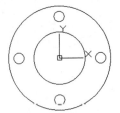

图9-167　创建其余孔特征　　图9-168　绘制圆

**09** 拉伸圆，距离为8，如图9-169所示。

**10** 选择特征并集运算，如图9-170所示。

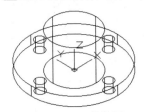 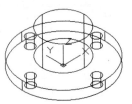

图9-169　拉伸圆　　　图9-170　并集运算

**11** 单击【实体】选项卡【实体编辑】组中的【圆角边】按钮◻，创建半径为1的倒圆角，如图9-171所示。

**12** 单击【实体】选项卡【实体编辑】组中的【倒角边】按钮◻，创建1×1的倒角，如图9-172所示。

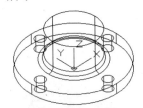 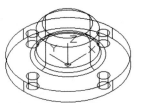

图9-171　创建圆角　　　图9-172　创建倒角

**13** 绘制半径为3.4的圆，如图9-173所示。

**14** 拉伸圆，距离为40，如图9-174所示。

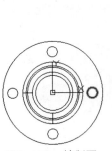 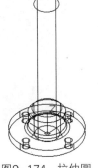

图9-173　绘制圆　　　图9-174　拉伸圆

**15** 绘制半径为2.6的圆，如图9-175所示。

**16** 拉伸圆，距离为46，如图9-176所示。

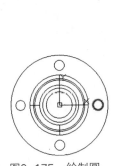 

图9-175　绘制圆　　　图9-176　拉伸圆

**17** 选择特征并集运算，如图9-177所示。

**18** 绘制矩形，如图9-178所示。

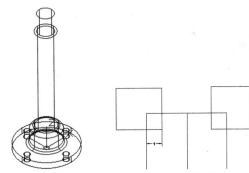

图9-177　并集运算　　图9-178　绘制矩形

**19** 拉伸矩形，如图9-179所示。

**20** 选择特征差集运算，如图9-180所示。

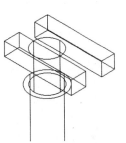 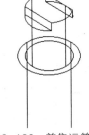

图9-179　拉伸矩形　　　图9-180　差集运算

**21** 至此完成法兰轴模型的创建，如图9-181所示。

图9-181　法兰轴模型

# 绘制密封盖模型

**01** 绘制半径为10的圆，如图9-182所示。
**02** 拉伸圆，距离为6，如图9-183所示。

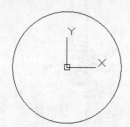
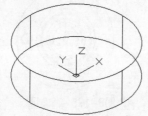

图9-182　绘制圆　　　　图9-183　拉伸圆

**03** 创建半径为4的倒圆角，如图9-184所示。
**04** 单击【实体】选项卡【实体编辑】组中的【抽壳】按钮🔲，创建抽壳特征，如图9-185所示。

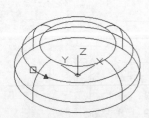
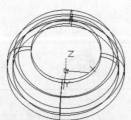

图9-184　创建圆角　　　　图9-185　创建抽壳特征

**05** 绘制1×2的矩形，如图9-186所示。
**06** 创建旋转特征，如图9-187所示。

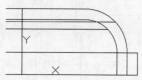
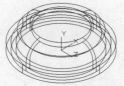

图9-186　绘制矩形　　　　图9-187　创建旋转特征

**07** 创建半径为1的倒圆角，如图9-188所示。
**08** 选择特征并集运算，如图9-189所示。

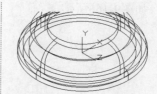
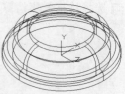

图9-188　创建圆角特征　图9-189　并集运算

**09** 绘制半径为4.6的圆，如图9-190所示。
**10** 拉伸圆，如图9-191所示。

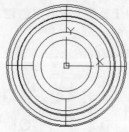
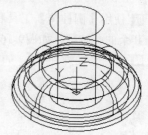

图9-190　绘制圆　　　　图9-191　拉伸圆

**11** 选择特征差集运算，如图9-192所示。
**12** 绘制半径为4的圆，如图9-193所示。

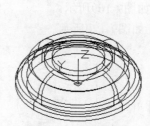
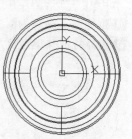

图9-192　差集运算　　　　图9-193　绘制圆

**13** 移动圆，距离为5，如图9-194所示。
**14** 拉伸圆，距离为4，如图9-195所示。

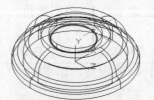
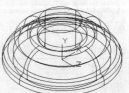

图9-194　移动圆　　　　图9-195　拉伸圆

**15** 创建半径为2的倒圆角，如图9-196所示。
**16** 至此完成密封盖模型的创建，如图9-197所示。

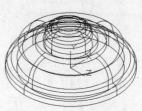

图9-196　创建圆角特征　图9-197　密封盖模型

## 绘制螺栓模型

**01** 绘制半径为10的圆，如图9-198所示。

**02** 拉伸圆，距离为200，如图9-199所示。

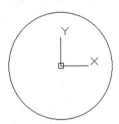

图9-198 绘制圆　　图9-199 拉伸圆

**03** 绘制半径分别为10和12的圆，如图9-200所示。

**04** 拉伸圆，距离为2，如图9-201所示。

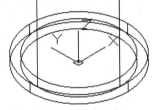

图9-200 绘制同心圆　　图9-201 拉伸圆

**05** 移动圆环特征，距离为6，如图9-202所示。

**06** 绘制内接六边形半径为14和半径为10的圆，如图9-203所示。

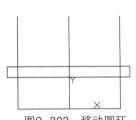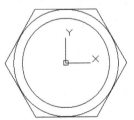

图9-202 移动圆环　　图9-203 绘制圆

**07** 拉伸六边形，距离为4，如图9-204所示。

**08** 移动柱体特征，距离为2，如图9-205所示。

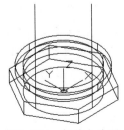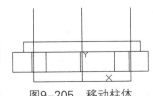

图9-204 拉伸六边形　　图9-205 移动柱体

**09** 复制特征，距离为179，如图9-206所示。

**10** 继续复制特征，距离为176，如图9-207所示。

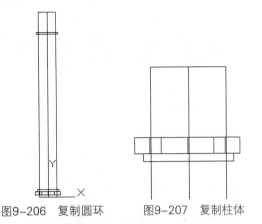

图9-206 复制圆环　　图9-207 复制柱体

**11** 至此完成螺栓模型的创建，如图9-208所示。

图9-208 螺栓模型

## 绘制箱体模型

**01** 绘制16×10的矩形，如图9-209所示。

**02** 拉伸矩形，距离为14，如图9-210所示。

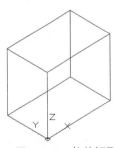

图9-209 绘制矩形　　图9-210 拉伸矩形

**03** 创建抽壳特征，厚度为0.5，如图9-211所示。

**04** 绘制半径为4的圆，如图9-212所示。

**05** 拉伸圆，距离为20，如图9-213所示。

**06** 选择特征并集运算，如图9-214所示。

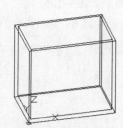

图9-211　创建抽壳特征　　　　图9-212　绘制圆

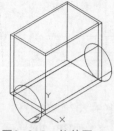
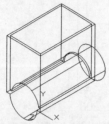

图9-213　拉伸圆　　　　图9-214　并集运算

**07** 绘制半径为3的圆，如图9-215所示。

**08** 拉伸圆，如图9-216所示。

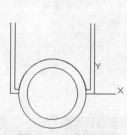
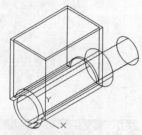

图9-215　绘制圆　　　　图9-216　拉伸圆

**09** 选择特征差集运算，如图9-217所示。

**10** 绘制14×12的矩形，如图9-218所示。

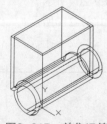
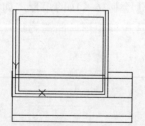

图9-217　差集运算　　　　图9-218　绘制矩形

**11** 拉伸矩形，如图9-219所示。

**12** 选择特征差集运算，如图9-220所示。

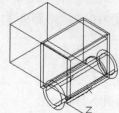

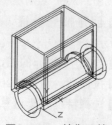

图9-219　拉伸矩形　　　　图9-220　差集运算

**13** 绘制半径为2的圆，如图9-221所示。

**14** 拉伸圆，如图9-222所示。

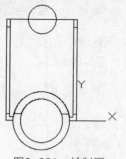
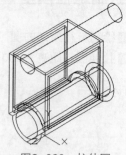

图9-221　绘制圆　　　　图9-222　拉伸圆

**15** 选择特征差集运算，如图9-223所示。

**16** 至此完成箱体模型的创建，如图9-224所示。

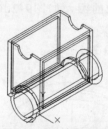

图9-223　差集运算　　　　图9-224　箱体模型

## 实例248

# 绘制弯管模型

**01** 绘制圆弧，如图9-225所示。

**02** 绘制半径为6的圆，如图9-226所示。

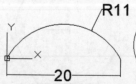
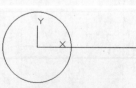

图9-225　绘制圆弧　　　　图9-226　绘制圆

**03** 单击【常用】选项卡【建模】组中的【扫掠】按钮，创建扫掠特征，如图9-227所示。

**04** 创建抽壳特征，厚度为1，如图9-228所示。

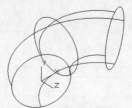
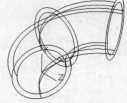

图9-227　创建扫掠特征　　　　图9-228　创建抽壳特征

**05** 单击【常用】选项卡【实体编辑】组中的【提取边】按钮，提取实体边线，如图9-229所示。

**06** 绘制半径为1的圆，如图9-230所示。

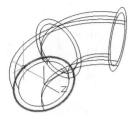 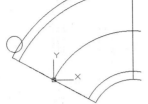

图9-229　提取实体边线　　　图9-230　绘制圆

**07** 创建扫掠特征，如图9-231所示。

**08** 选择特征差集运算，如图9-232所示。

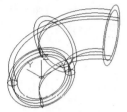 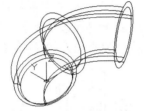

图9-231　创建扫掠特征　　　图9-232　差集运算

**09** 创建半径为0.5的倒圆角，如图9-233所示。

**10** 至此完成弯管模型的创建，如图9-234所示。

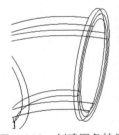 

图9-233　创建圆角特征　　　图9-234　弯管模型

---

实例 249　　案例源文件：ywj/09/249.dwg

## 绘制定位支座模型

**01** 绘制20×20的矩形，如图9-235所示。

**02** 拉伸矩形，距离为2，如图9-236所示。

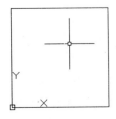 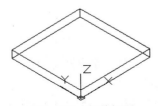

图9-235　绘制矩形　　　图9-236　拉伸矩形

**03** 创建中心位于（2,2）的圆柱体，半径为1，

---

如图9-237所示。

**04** 选择特征差集运算，如图9-238所示。

图9-237　创建圆柱体　　　图9-238　差集运算

**05** 使用【圆柱体】工具和【差集】工具，创建其余的孔特征，如图9-239所示。

**06** 复制矩形，距离为10，如图9-240所示。

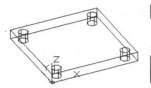 

图9-239　创建其余孔特征　　　图9-240　复制特征

**07** 绘制半径为5的圆，如图9-241所示。

**08** 拉伸圆，距离为14，如图9-242所示。

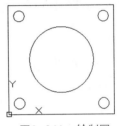 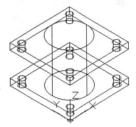

图9-241　绘制圆　　　图9-242　拉伸圆

**09** 选择特征并集运算，如图9-243所示。

**10** 至此完成定位支座模型的创建，如图9-244所示。

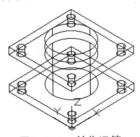 

图9-243　并集运算　　　图9-244　定位支座模型

---

实例 250　　案例源文件：ywj/09/250.dwg

## 绘制支架模型

**01** 绘制4×14的矩形，如图9-245所示。

**02** 拉伸矩形，距离为1，如图9-246所示。

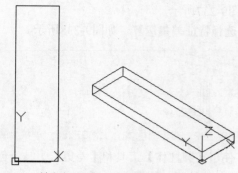

图9-245 绘制矩形　　图9-246 拉伸矩形

**03** 创建半径为2的倒圆角，如图9-247所示。

**04** 绘制2×10的矩形，如图9-248所示。

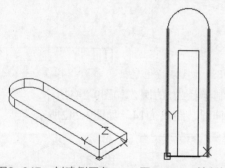

图9-247 创建倒圆角　　图9-248 绘制矩形

**05** 拉伸矩形，距离为30，如图9-249所示。

**06** 选择特征并集运算，如图9-250所示。

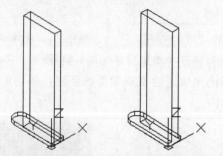

图9-249 拉伸矩形　　图9-250 并集运算

**07** 绘制8×24的矩形，如图9-251所示。

**08** 拉伸矩形，距离为2，如图9-252所示。

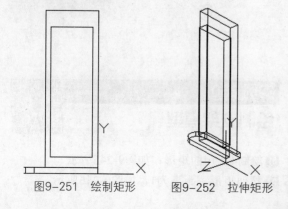

图9-251 绘制矩形　　图9-252 拉伸矩形

**09** 绘制6×16的矩形，如图9-253所示。

**10** 拉伸矩形，如图9-254所示。

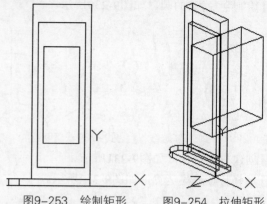

图9-253 绘制矩形　　图9-254 拉伸矩形

**11** 选择特征差集运算，如图9-255所示。

**12** 创建半径为3的倒圆角，如图9-256所示。

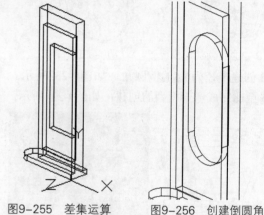

图9-255 差集运算　　图9-256 创建倒圆角

**13** 绘制半径为6的圆，如图9-257所示。

**14** 拉伸圆，距离为20，如图9-258所示。

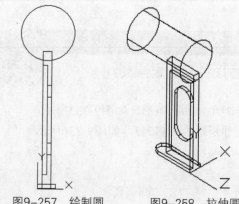

图9-257 绘制圆　　图9-258 拉伸圆

**15** 选择特征并集运算，如图9-259所示。

**16** 绘制半径为4的圆，如图9-260所示。

**17** 拉伸圆，如图9-261所示。

**18** 选择特征差集运算，如图9-262所示。

AutoCAD 2020 完全实训手册

178

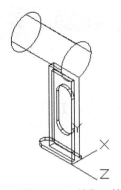

图9-259 并集运算 　　　图9-260 绘制圆

图9-261 拉伸圆 　　　　图9-262 差集运算

**19** 至此完成支架模型的创建，如图9-263所示。

图9-263 支架模型

## 实例 251
案例源文件：ywj/09/251.dwg

# 绘制泵体模型

**01** 单击【常用】选项卡【建模】组中的【球体】按钮◯，创建球体，半径为50，如图9-264所示。
**02** 绘制矩形，如图9-265所示。

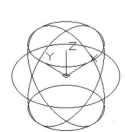

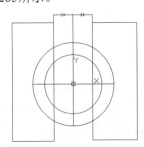

图9-264 创建球体 　　　图9-265 绘制矩形

**03** 拉伸矩形，如图9-266所示。
**04** 选择特征差集运算，如图9-267所示。

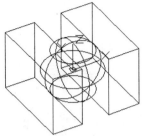

图9-266 拉伸矩形 　　　图9-267 差集运算

**05** 创建抽壳特征，厚度为2，如图9-268所示。
**06** 绘制半径分别为42、50的同心圆，如图9-269所示。

图9-268 创建壳体特征 　　图9-269 绘制同心圆

**07** 移动圆，距离为23，如图9-270所示。
**08** 拉伸圆，距离为2，如图9-271所示。

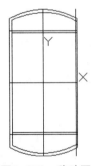

图9-270 移动圆 　　　　图9-271 拉伸圆

**09** 选择特征差集运算，如图9-272所示。

图9-272 差集运算

**10** 绘制2×6的矩形，如图9-273所示。
**11** 拉伸矩形，距离为1，如图9-274所示。
**12** 选择特征并集运算，如图9-275所示。

01
02
03
04
05
06
07
08
09
10
11

第9章 创建机械三维零件模型

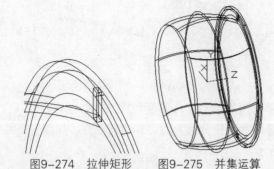

图9-273 绘制矩形

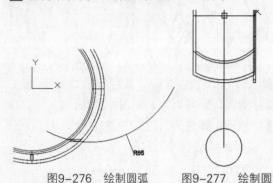

图9-274 拉伸矩形　　　图9-275 并集运算

**13** 绘制圆弧，如图9-276所示。

**14** 绘制半径为14的圆，如图9-277所示。

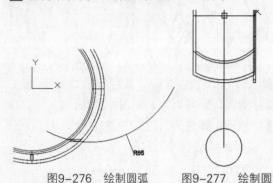

图9-276 绘制圆弧　　　图9-277 绘制圆

**15** 创建扫掠特征，如图9-278所示。

**16** 创建抽壳特征，厚度为2，如图9-279所示。

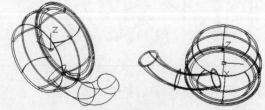

图9-278 创建扫掠特征　　图9-279 创建抽壳特征

**17** 至此完成泵体模型的创建，如图9-280所示。

图9-280 泵体模型

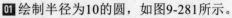
## 绘制密封帽模型

**01** 绘制半径为10的圆，如图9-281所示。

**02** 单击【常用】选项卡【建模】组中的【拉伸】按钮，拉伸圆，距离为12，如图9-282所示。

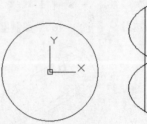

图9-281 绘制圆　　　图9-282 拉伸圆

**03** 绘制六边形，内接圆半径为14，如图9-283所示。

**04** 单击【常用】选项卡【建模】组中的【拉伸】按钮，拉伸六边形，距离为8，如图9-284所示。

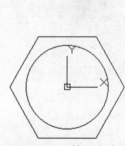
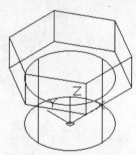

图9-283 绘制六边形　　　图9-284 拉伸六边形

**05** 选择特征并集运算，如图9-285所示。

**06** 绘制矩形，如图9-286所示。

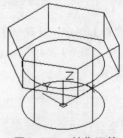

图9-285 并集运算　　　图9-286 绘制矩形

**07** 单击【常用】选项卡【建模】组中的【旋转】按钮，创建旋转特征，如图9-287所示。

**08** 选择特征差集运算，如图9-288所示。

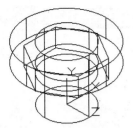 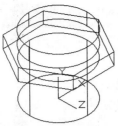

图9-287　创建旋转特征　　图9-288　差集运算

**09** 绘制三角形，如图9-289所示。

**10** 绘制螺旋线，圈数5，顶面、底面半径为10，如图9-290所示。

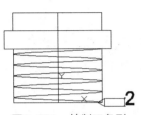 

图9-289　绘制三角形　　图9-290　创建螺旋线

**11** 单击【常用】选项卡【建模】组中的【扫掠】按钮，创建扫掠特征，如图9-291所示。

**12** 选择特征差集运算，如图9-292所示。

图9-291　创建扫掠特征　　图9-292　差集运算

**13** 至此完成密封帽模型的创建，如图9-293所示。

图9-293　密封帽模型

---

## 实例 253

**绘制玩具赛车车轮模型**

⊕ 案例源文件：ywj /09/253.dwg

**01** 绘制6×2的矩形，如图9-294所示。

图9-294　绘制矩形

**02** 绘制两边的圆角图形，如图9-295所示。

图9-295　绘制圆角图形

**03** 绘制圆，如图9-296所示。

**04** 单击【常用】选项卡【建模】组中的【扫掠】按钮，创建扫掠特征，如图9-297所示。

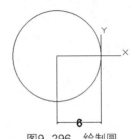 

图9-296　绘制圆　　图9-297　创建扫掠特征

**05** 绘制半径分别为2和2.4的同心圆，如图9-298所示。

**06** 单击【常用】选项卡【建模】组中的【按住并拖动】按钮，拉伸图形，距离为6，如图9-299所示。

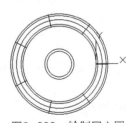 

图9-298　绘制同心圆　　图9-299　拉伸图形

> ⊚提示⋅⋅
>
> 【按住并拖动】工具和【拉伸】工具有些相似，但是【按住并拖动】工具是通过拉伸和偏移动态修改图形对象。

**07** 单击【常用】选项卡【建模】组中的【按住并拖动】按钮，拉伸图形，距离为2，如图9-300所示。

**08** 移动图形，距离为1.5，如图9-301所示。

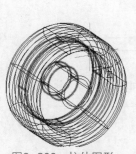
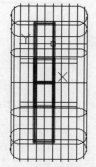

图9-300　拉伸图形　　图9-301　移动图形

**09** 绘制半径为1.6的圆，如图9-302所示。

**10** 单击【常用】选项卡【建模】组中的【拉伸】按钮，拉伸圆，如图9-303所示。

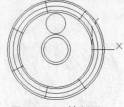
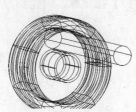

图9-302　绘制圆　　　图9-303　拉伸圆

**11** 选择特征差集运算，如图9-304所示。

**12** 使用【拉伸】工具和【差集】工具，创建其余孔特征，如图9-305所示。

图9-304　差集运算　图9-305　创建其余孔特征

**13** 至此完成玩具赛车车轮模型的创建，如图9-306所示。

图9-306　玩具赛车车轮模型

---

## 实例 254

⊕案例源文件：ywj/09/254.dwg

# 绘制风扇叶片模型

**01** 绘制半径为20的圆，如图9-307所示。

**02** 拉伸圆，距离为14，如图9-308所示。

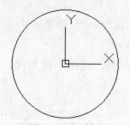
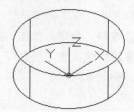

图9-307　绘制圆　　　图9-308　拉伸圆

**03** 单击【实体】选项卡【实体编辑】组中的【抽壳】按钮，创建抽壳特征，厚度为2，如图9-309所示。

**04** 绘制直线，长度12，如图9-310所示。

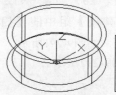

图9-309　创建抽　　图9-310　绘制直线
　　　壳特征

**05** 移动直线，距离为19，如图9-311所示。

**06** 绘制角度直线，角度为45°，如图9-312所示。

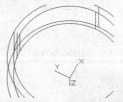
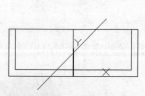

图9-311　移动直线　　图9-312　绘制角度线

**07** 移动角度线，距离为50，如图9-313所示。

**08** 单击【常用】选项卡【建模】组中的【放样】按钮，创建放样曲面，如图9-314所示。

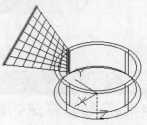

图9-313　移动角度线　　图9-314　创建放样曲面

**09** 单击【常用】选项卡【实体编辑】组中的

【加厚】按钮 ，创建加厚特征，厚度为2，如图9-315所示。

10 单击【实体】选项卡【实体编辑】组中的【圆角边】按钮 ，创建半径为8的倒圆角，如图9-316所示。

图9-315　创建加厚特征　　图9-316　创建圆角特征

11 单击【常用】选项卡【修改】组中的【环形阵列】按钮 ，创建环形阵列，数量为6，如图9-317所示。

12 至此完成风扇叶片模型的创建，如图9-318所示。

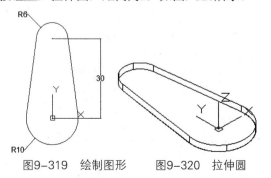

图9-317　创建环形阵列　　图9-318　风扇叶片模型

**实例 255**　案例源文件：ywj/09/255.dwg

## 绘制曲轴模型

01 使用【直线】工具和【圆】工具，绘制图形，如图9-319所示。

02 单击【常用】选项卡【建模】组中的【拉伸】按钮 ，拉伸圆，距离为2，如图9-320所示。

图9-319　绘制图形　　图9-320　拉伸圆

03 复制特征，距离为10，如图9-321所示。

04 绘制半径为4的圆，如图9-322所示。

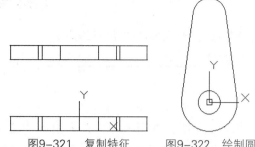

图9-321　复制特征　　图9-322　绘制圆

05 单击【常用】选项卡【建模】组中的【拉伸】按钮 ，拉伸圆，距离为20，如图9-323所示。

06 复制特征，距离为30，如图9-324所示。

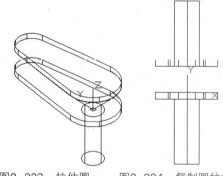

图9-323　拉伸圆　　图9-324　复制圆柱体

07 绘制半径为4的圆，如图9-325所示。

08 拉伸圆，距离为12，如图9-326所示。

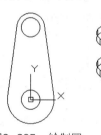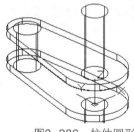

图9-325　绘制圆　　图9-326　拉伸圆形

09 选择特征并集运算，如图9-327所示。

10 至此完成曲轴模型的创建，如图9-328所示。

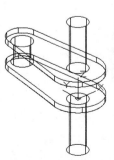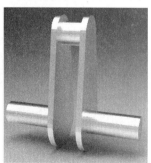

图9-327　并集运算　　图9-328　曲轴模型

## 实例 256
● 案例源文件: ywj /09/256. dwg

# 绘制扳手模型

**01** 绘制40×6的矩形，如图9-329所示。

图9-329　绘制矩形

**02** 单击【常用】选项卡【建模】组中的【拉伸】按钮，拉伸矩形，距离为3，如图9-330所示。

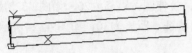

图9-330　拉伸矩形

**03** 单击【实体】选项卡【实体编辑】组中的【圆角边】按钮，创建半径为2的倒圆角，如图9-331所示。

**04** 绘制半径为6的圆，如图9-332所示。

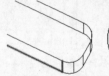 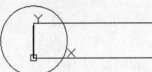

图9-331　创建倒圆角　　　图9-332　绘制圆

**05** 拉伸圆，距离为10，如图9-333所示。

**06** 选择特征并集运算，如图9-334所示。

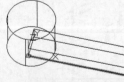 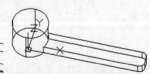

图9-333　拉伸圆　　　图9-334　并集运算

**07** 绘制六边形，外切圆半径为4，如图9-335所示。

**08** 拉伸图形，距离为4，如图9-336所示。

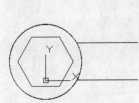 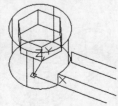

图9-335　绘制六边形　　　图9-336　拉伸图形

**09** 选择特征差集运算，如图9-337所示。

**10** 至此完成扳手模型的创建，如图9-338所示。

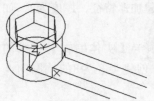 

图9-337　差集运算　　　图9-338　扳手模型

## 实例 257
● 案例源文件: ywj /09/257. dwg

# 绘制螺丝刀柄模型

**01** 绘制半径为4的圆，如图9-339所示。

**02** 单击【常用】选项卡【建模】组中的【拉伸】按钮，拉伸圆，距离为24，如图9-340所示。

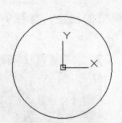 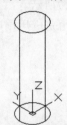

图9-339　绘制圆　　　图9-340　拉伸圆

**03** 单击【实体】选项卡【实体编辑】组中的【圆角边】按钮，创建半径为1的倒圆角，如图9-341所示。

**04** 单击【实体】选项卡【实体编辑】组中的【倒角边】按钮，创建3×1的倒角，如图9-342所示。

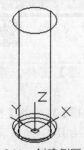 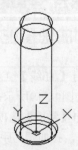

图9-341　创建倒圆角　　　图9-342　创建倒角

**05** 绘制半径为0.7的圆，如图9-343所示。

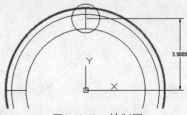

图9-343　绘制圆

**06** 移动圆，距离为1，如图9-344所示。

**07** 拉伸圆，距离为16，如图9-345所示。

图9-344 移动圆　　　图9-345 拉伸圆

**08** 单击【常用】选项卡【修改】组中的【环形阵列】按钮，创建环形阵列，数量为12，如图9-346所示。

**09** 绘制半径为1的圆，如图9-347所示。

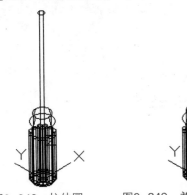

图9-346 创建环形阵列　　图9-347 绘制圆

**10** 拉伸圆，距离为60，如图9-348所示。

**11** 选择特征并集运算，如图9-349所示。

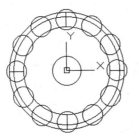

图9-348 拉伸圆　　　图9-349 并集运算

**12** 绘制三角形，如图9-350所示。

**13** 拉伸三角形，如图9-351所示。

**14** 选择特征差集运算，如图9-352所示。

**15** 至此完成螺丝刀柄模型的创建，如图9-353

所示。

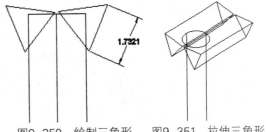

图9-350 绘制三角形　　　图9-351 拉伸三角形

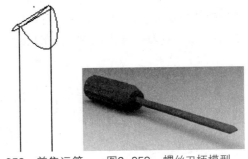

图9-352 差集运算　　　图9-353 螺丝刀柄模型

## 实例 258

## 绘制耳机曲面模型

**01** 绘制半径为10的圆，如图9-354所示。

**02** 单击【常用】选项卡【建模】组中的【拉伸】按钮，拉伸圆，距离为3，如图9-355所示。

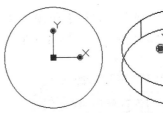
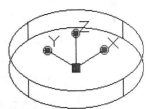

图9-354 绘制圆　　　图9-355 拉伸圆

**03** 单击【实体】选项卡【实体编辑】组中的【圆角边】按钮，创建半径为1的倒圆角，如图9-356所示。

**04** 绘制半径为7.6的圆，如图9-357所示。

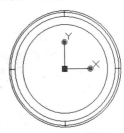

图9-356 创建圆角特征　　　图9-357 绘制圆

**05** 移动圆,距离为2.6,如图9-358所示。

**06** 拉伸圆,如图9-359所示。

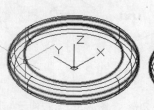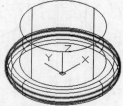

图9-358 移动圆　　　图9-359 拉伸圆

**07** 选择特征差集运算,如图9-360所示。

**08** 绘制半径分别为4、3的同心圆,如图9-361所示。

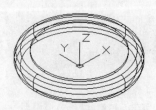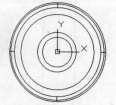

图9-360 差集运算　　　图9-361 绘制同心圆

**09** 移动圆,距离为4,如图9-362所示。

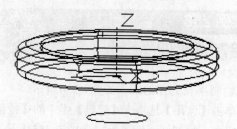

图9-362 移动圆

**10** 单击【常用】选项卡【建模】组中的【放样】按钮，创建放样特征,如图9-363所示。

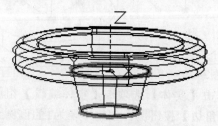

图9-363 创建放样特征

**11** 选择特征并集运算,如图9-364所示。

图9-364 并集运算

**12** 单击【常用】选项卡【修改】组中的【三维镜像】按钮，镜像特征,如图9-365所示。

**13** 单击【常用】选项卡【绘图】组中的【多段线】按钮，绘制图形,如图9-366所示。

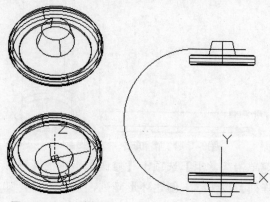

图9-365 创建镜像　　　图9-366 绘制多段线

**14** 绘制长短半径分别为2和0.6的椭圆,如图9-367所示。

图9-367 绘制椭圆

**15** 单击【常用】选项卡【建模】组中的【扫掠】按钮，创建扫掠特征,如图9-368所示。

**16** 至此完成耳机曲面模型的创建,如图9-369所示。

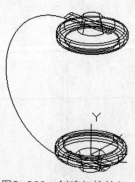

图9-368 创建扫掠特征　　　图9-369 耳机曲面模型

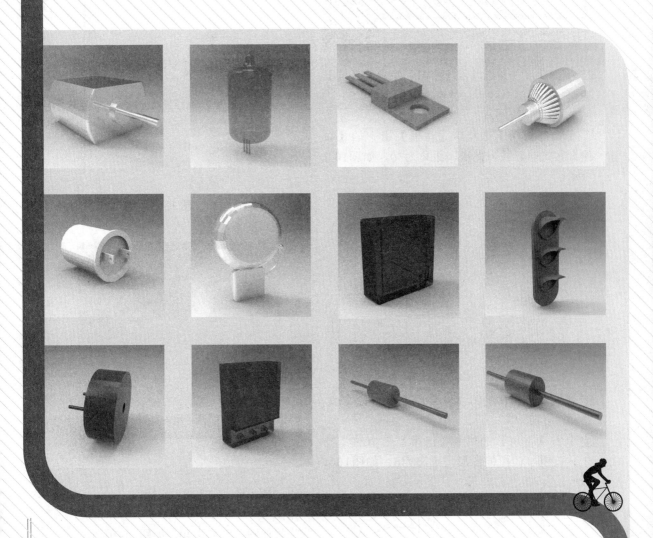

第 **10** 章　绘制三维电气元件

## 实例 259

案例源文件：ywj /10/259. dwg

# 绘制三维二极管

**01** 单击【常用】选项卡【绘图】组中的【圆】按钮○，绘制半径为10的圆，坐标为（0,0），如图10-1所示。

**02** 单击【常用】选项卡【建模】组中的【拉伸】按钮，拉伸图形，距离为30，如图10-2所示。

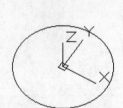 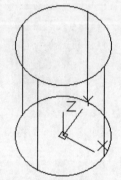

图10-1　绘制圆　　　图10-2　拉伸图形

**03** 绘制半径为10的圆，坐标为（0,0,30），如图10-3所示。

**04** 单击【常用】选项卡【建模】组中的【拉伸】按钮，拉伸图形，距离为6，如图10-4所示。

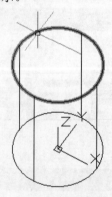 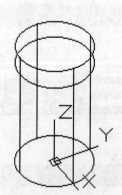

图10-3　绘制圆　　　图10-4　拉伸图形

**05** 绘制半径为2的圆，坐标为（0,0,-50），如图10-5所示。

**06** 单击【常用】选项卡【建模】组中的【拉伸】按钮，拉伸圆，距离为140，如图10-6所示。

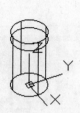 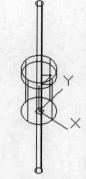

图10-5　绘制圆　　　图10-6　拉伸圆

**07** 至此完成三维二极管模型的创建，如图10-7所示。

图10-7　三维二极管模型

## 实例 260

案例源文件：ywj /10/260. dwg

# 绘制三维电阻

**01** 绘制半径为10的圆，坐标为（0,0），如图10-8所示。

**02** 拉伸圆，距离为40，如图10-9所示。

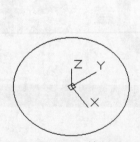 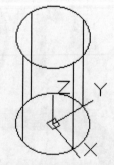

图10-8　绘制圆　　　图10-9　拉伸圆

**03** 单击【实体】选项卡【实体编辑】组中的【圆角边】按钮，创建半径为4的倒圆角，如图10-10所示。

**04** 绘制半径为2的圆，坐标为（0,0,-50），如图10-11所示。

AutoCAD 2020 完全实训手册

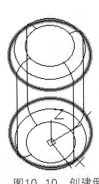
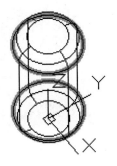

图10-10 创建倒圆角　　图10-11 绘制圆

**05** 拉伸圆，距离为150，如图10-12所示。

**06** 至此完成三维电阻模型的创建，如图10-13所示。

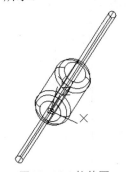
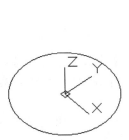

图10-12 拉伸圆　　　　图10-13 三维电阻模型

---

## 实例 261
### 绘制三维电动机
● 案例源文件：ywj /10/261.dwg

**01** 绘制半径为20的圆，坐标为（0,0），如图10-14所示。

**02** 拉伸圆，距离为40，如图10-15所示。

图10-14 绘制圆　　　　图10-15 拉伸圆

---

**03** 绘制半径为6的圆，坐标为（0,0,40），如图10-16所示。

**04** 拉伸圆，距离为2，如图10-17所示。

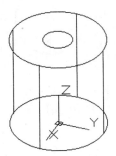
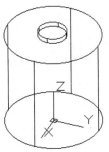

图10-16 绘制圆　　　图10-17 拉伸圆

**05** 绘制半径为1.5的圆，坐标为（0,0,42），如图10-18所示。

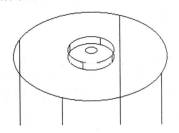

图10-18 绘制圆

**06** 拉伸圆，距离为20，如图10-19所示。

图10-19 拉伸圆

**07** 单击【实体】选项卡【实体编辑】组中的【圆角边】按钮 ，创建半径为1的倒圆角，如图10-20所示。

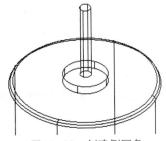

图10-20 创建倒圆角

**08** 绘制60×40的矩形，如图10-21所示。

**09** 移动矩形，如图10-22所示。

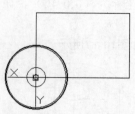

图10-21　绘制矩形　　　图10-22　移动矩形

**10** 再次移动矩形，距离为12，如图10-23所示。

**11** 拉伸矩形，距离为60，如图10-24所示。

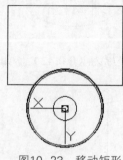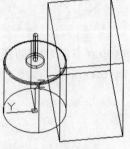

图10-23　移动矩形　　　图10-24　拉伸矩形

**12** 单击【常用】选项卡【修改】组中的【镜像】按钮■，镜像特征，如图10-25所示。

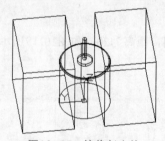

图10-25　镜像长方体

**13** 单击【常用】选项卡【实体编辑】组中的【差集】按钮■，选择特征差集运算，如图10-26所示。

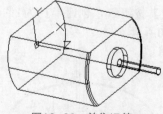

图10-26　差集运算

**14** 至此完成三维电动机模型的创建，如图10-27所示。

图10-27　三维电动机模型

实例 262　　⊙案例源文件：ywj/10/262.dwg

## 绘制三维电子管

**01** 绘制竖直直线，长度为10，如图10-28所示。

**02** 继续绘制图形，如图10-29所示。

图10-28　绘制直线　　　图10-29　绘制直线图形

**03** 绘制圆，如图10-30所示。

**04** 修剪图形，如图10-31所示。

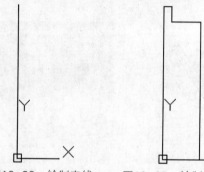

图10-30　绘制圆　　　图10-31　修剪图形

**05** 单击【常用】选项卡【修改】组中的【圆角】按钮■，绘制圆角，半径为1，如图10-32所示。

**06** 单击【常用】选项卡【建模】组中的【旋转】按钮■，创建旋转特征，如图10-33所示。

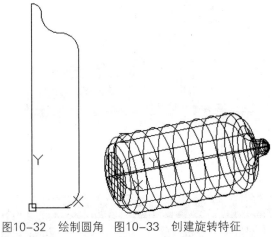

图10-32 绘制圆角  图10-33 创建旋转特征

**07** 单击【常用】选项卡【坐标】组中的Y按钮
，设置新坐标系，如图10-34所示。

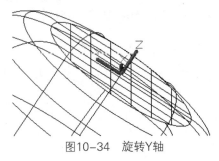

图10-34 旋转Y轴

**08** 绘制半径为0.1的圆，坐标为（0.5,0.5,0），
如图10-35所示。

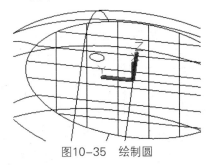

图10-35 绘制圆

**09** 拉伸圆，距离为2，如图10-36所示。

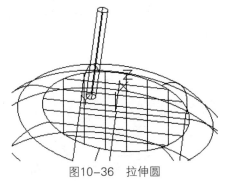

图10-36 拉伸圆

**10** 复制特征，距离为0.5，如图10-37所示。

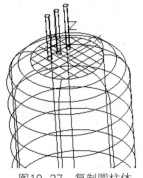

图10-37 复制圆柱体

**11** 至此完成三维电子管模型的创建，如图10-38
所示。

图10-38 三维电子管模型

## 实例263　●案例源文件：ywj/10/263.dwg

# 绘制三维晶体管

**01** 单击【常用】选项卡【绘图】组中的【矩
形】按钮，绘制10×1的矩形，如图10-39
所示。

图10-39 绘制矩形1

**02** 使用【矩形】工具再绘制10×2.5的矩形，
如图10-40所示。

图10-40 绘制矩形2

**03** 拉伸矩形，距离为14，如图10-41所示。

**04** 继续拉伸矩形，距离为6，如图10-42所示。

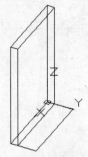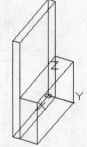

图10-41 拉伸矩形1　　　图10-42 拉伸矩形2

**05** 绘制1.5×0.5的矩形，如图10-43所示。

图10-43 绘制矩形3

**06** 拉伸矩形，距离为14，如图10-44所示。

**07** 复制长方体，间距为3，如图10-45所示。

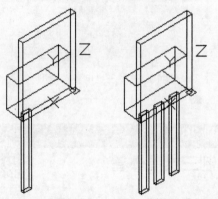

图10-44 拉伸矩形3　　　图10-45 复制长方体

**08** 绘制半径为2的圆，如图10-46所示。

**09** 拉伸圆，如图10-47所示。

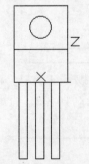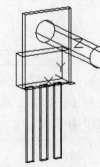

图10-46 绘制圆　　　图10-47 拉伸圆

**10** 选择特征差集运算，如图10-48所示。

**11** 至此完成三维晶体管模型的创建，如图10-49所示。

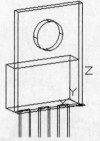

图10-48 差集运算　　图10-49 三维晶体管模型

## 实例 264

# 绘制三维电枢

**01** 绘制半径为40的圆，如图10-50所示。

**02** 拉伸圆，距离为60，如图10-51所示。

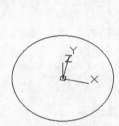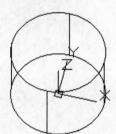

图10-50 绘制圆　　　图10-51 拉伸圆

**03** 绘制半径为20的圆，坐标为（0,0,-20），如图10-52所示。

**04** 拉伸圆，距离为4，如图10-53所示。

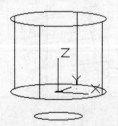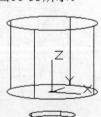

图10-52 绘制圆　　　图10-53 拉伸圆

**05** 绘制半径为16的圆，坐标为（0,0,-24），如图10-54所示。

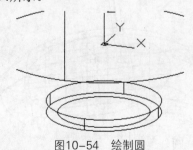

图10-54 绘制圆

**06** 拉伸圆，距离为20，如图10-55所示。

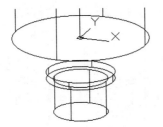

图10-55　拉伸圆

**07** 绘制半径为2的圆，如图10-56所示。

图10-56　绘制圆

**08** 绘制圆弧，如图10-57所示。

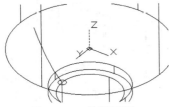

图10-57　绘制圆弧

**09** 单击【常用】选项卡【建模】组中的【扫掠】按钮🔲，创建扫掠特征，如图10-58所示。

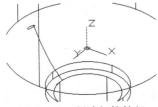

图10-58　创建扫掠特征

**10** 单击【常用】选项卡【修改】组中的【环形阵列】按钮🔲，创建环形阵列，数量为28，如图10-59所示。

**11** 绘制半径为3的圆，如图10-60所示。

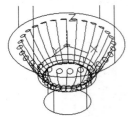

图10-59　阵列特征

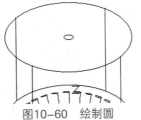

图10-60　绘制圆

**12** 拉伸圆，距离为150，如图10-61所示。

**13** 至此完成三维电枢模型的创建，如图10-62所示。

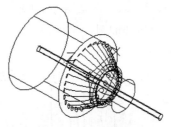

图10-61　拉伸圆

图10-62　三维电枢模型

## 实例 265

⊕ 案例源文件：ywj /10/265. dwg

# 绘制三维电容

**01** 绘制半径为30的圆，如图10-63所示。

**02** 拉伸圆，距离为80，如图10-64所示。

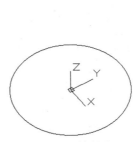

图10-63　绘制圆

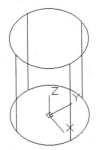

图10-64　拉伸圆

**03** 单击【实体】选项卡【实体编辑】组中的【圆角边】按钮🔲，创建半径为2的倒圆角，如图10-65所示。

**04** 绘制半径为33的圆，坐标为（0,0,80），如图10-66所示。

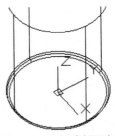

图10-65　创建倒圆角

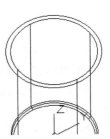

图10-66　绘制圆

05 拉伸圆，距离为3，如图10-67所示。

06 绘制半径为26的圆，坐标为（0,0,78），如图10-68所示。

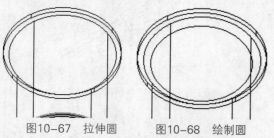

图10-67　拉伸圆　　　　图10-68　绘制圆

07 单击【常用】选项卡【建模】组中的【拉伸】按钮，拉伸圆，如图10-69所示。

08 单击【常用】选项卡【实体编辑】组中的【差集】按钮，选择特征差集运算，如图10-70所示。

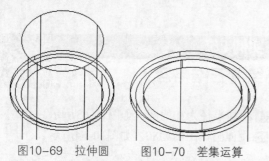

图10-69　拉伸圆　　　　图10-70　差集运算

09 绘制10×1.5的矩形，如图10-71所示。

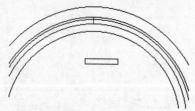

图10-71　绘制矩形

10 拉伸矩形，距离为20，如图10-72所示。

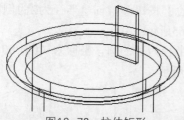

图10-72　拉伸矩形

11 复制特征，如图10-73所示。

12 绘制半径为2的圆，如图10-74所示。

13 单击【常用】选项卡【建模】组中的【拉伸】按钮，拉伸圆，如图10-75所示。

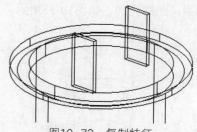

图10-73　复制特征

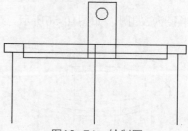

图10-74　绘制圆

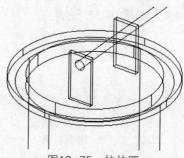

图10-75　拉伸圆

14 单击【常用】选项卡【实体编辑】组中的【差集】按钮，选择特征差集运算，如图10-76所示。

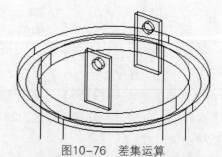

图10-76　差集运算

15 至此完成三维电容模型的创建，如图10-77所示。

图10-77　三维电容模型

## 绘制三维电铃

**01** 绘制半径为50的圆，如图10-78所示。

**02** 拉伸圆，距离为24，如图10-79所示。

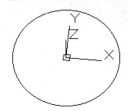
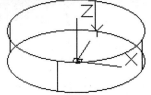

图10-78　绘制圆　　　　图10-79　拉伸圆

**03** 单击【实体】选项卡【实体编辑】组中的【圆角边】按钮，创建半径为15的倒圆角，如图10-80所示。

**04** 绘制50×50的矩形，如图10-81所示。

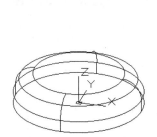
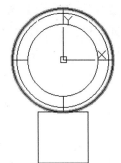

图10-80　创建倒圆角　　图10-81　绘制矩形

**05** 拉伸矩形，距离为10，如图10-82所示。

**06** 单击【实体】选项卡【实体编辑】组中的【圆角边】按钮，创建半径为4的倒圆角，如图10-83所示。

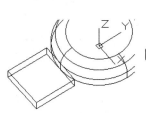
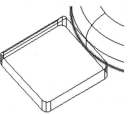

图10-82　拉伸矩形　　图10-83　创建倒圆角

**07** 绘制圆弧，如图10-84所示。

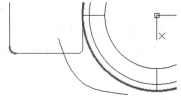

图10-84　绘制圆弧

**08** 单击【常用】选项卡【坐标】组中的Y按钮，设置新坐标系，如图10-85所示。

**09** 绘制半径为2的圆，如图10-86所示。

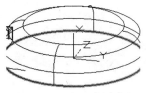
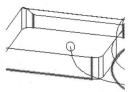

图10-85　设置新坐标系　　　图10-86　绘制圆

**10** 单击【常用】选项卡【建模】组中的【扫掠】按钮，创建扫掠特征，如图10-87所示。

**11** 单击【常用】选项卡【建模】组中的【球体】按钮，创建半径为4的球体，如图10-88所示。

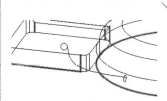

图10-87　创建扫掠特征　　图10-88　创建球体

**12** 至此完成三维电铃模型的创建，如图10-89所示。

图10-89　三维电铃模型

## 绘制三维电压表

**01** 绘制30×40的矩形，如图10-90所示。

**02** 单击【常用】选项卡【建模】组中的【拉伸】按钮，拉伸矩形，距离为8，如图10-91所示。

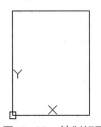
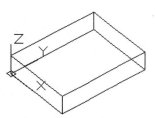

图10-90　绘制矩形　　图10-91　拉伸矩形

第10章　绘制三维电气元件

**03** 绘制30×30的矩形，如图10-92所示。

**04** 拉伸矩形，距离为4，如图10-93所示。

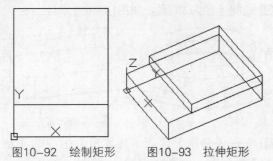

图10-92　绘制矩形　　　图10-93　拉伸矩形

**05** 单击【实体】选项卡【实体编辑】组中的【圆角边】按钮，创建半径为2的倒圆角，如图10-94所示。

**06** 绘制半径分别为1.6、1的同心圆，如图10-95所示。

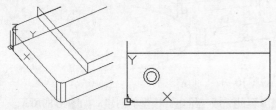

图10-94　创建倒圆角　　图10-95　绘制同心圆

**07** 移动圆，距离为3，如图10-96所示。

**08** 单击【常用】选项卡【建模】组中的【放样】按钮，创建放样特征，如图10-97所示。

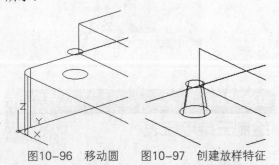

图10-96　移动圆　　图10-97　创建放样特征

**09** 复制特征，距离为8、16，如图10-98所示。

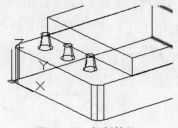

图10-98　复制特征

**10** 至此完成三维电压表模型的创建，如图10-99所示。

图10-99　三维电压表模型

## 实例268

⊛ 案例源文件：ywj /10/268. dwg

### 绘制三维电流表

**01** 绘制20×20的矩形，如图10-100所示。

**02** 单击【常用】选项卡【建模】组中的【拉伸】按钮，拉伸矩形，距离为6，如图10-101所示。

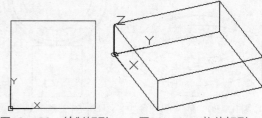

图10-100　绘制矩形　　　图10-101　拉伸矩形

**03** 单击【实体】选项卡【实体编辑】组中的【圆角边】按钮，创建半径为1的倒圆角，如图10-102所示。

**04** 绘制16×16的矩形，起始点为（2,2,5），如图10-103所示。

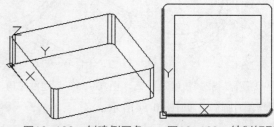

图10-102　创建倒圆角　　图10-103　绘制矩形

**05** 单击【常用】选项卡【建模】组中的【拉伸】按钮，拉伸矩形，如图10-104所示。

**06** 选择特征差集运算，如图10-105所示。

图10-104 拉伸矩形

图10-105 差集运算

**07** 绘制半径为5的圆，如图10-106所示。

**08** 修剪图形，如图10-107所示。

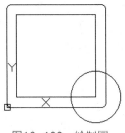
图10-106 绘制圆

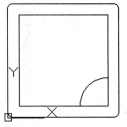
图10-107 修剪图形

**09** 拉伸图形，距离为1，如图10-108所示。

**10** 绘制三角形，如图10-109所示。

图10-108 拉伸图形

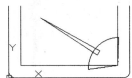
图10-109 绘制三角形

**11** 拉伸图形，距离为1，如图10-110所示。

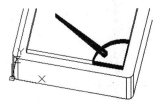
图10-110 拉伸图形

**12** 至此完成三维电流表模型的创建，如图10-111所示。

图10-111 三维电流表模型

---

# 绘制三维频率表

**01** 绘制40×14的矩形，如图10-112所示。

图10-112 绘制矩形

**02** 单击【常用】选项卡【建模】组中的【拉伸】按钮▣，拉伸矩形，距离为18，如图10-113所示。

**03** 绘制48×22的矩形，起始点为（-4，-4），如图10-114所示。

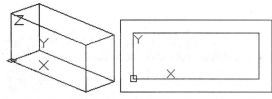
图10-113 拉伸矩形　　　图10-114 绘制矩形

**04** 拉伸矩形，距离为2，如图10-115所示。

**05** 绘制5×2的矩形，如图10-116所示。

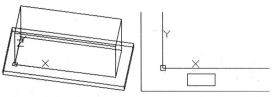
图10-115 拉伸矩形　　　图10-116 绘制矩形

**06** 绘制圆，如图10-117所示。

**07** 单击【常用】选项卡【建模】组中的【拉伸】按钮▣，拉伸图形，距离为3，如图10-118所示。

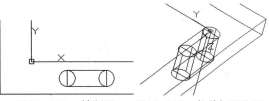
图10-117 绘制圆　　　图10-118 拉伸矩形和圆

**08** 选择特征并集运算，如图10-119所示。

**09** 复制特征，间距为10，如图10-120所示。

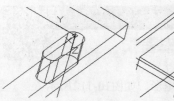

图10-119 并集运算　　图10-120 复制特征

**10** 至此完成三维频率表模型的创建，如图10-121所示。

图10-121 三维频率表模型

## 实例 270

◎案例源文件：ywj/10/270.dwg

# 绘制三维信号灯

**01** 绘制30×60的矩形，如图10-122所示。

**02** 在矩形两端绘制圆，如图10-123所示。

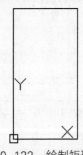
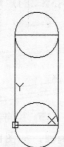

图10-122 绘制矩形　　图10-123 绘制圆

**03** 单击【常用】选项卡【建模】组中的【拉伸】按钮，拉伸图形，距离为4，如图10-124所示。

**04** 单击【常用】选项卡【实体编辑】组中的【并集】按钮，选择特征并集运算，如图10-125所示。

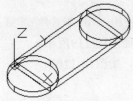
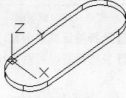

图10-124 拉伸圆和矩形　　图10-125 并集运算

**05** 绘制半径为10的圆，如图10-126所示。

**06** 单击【常用】选项卡【建模】组中的【拉伸】按钮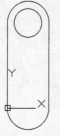，拉伸圆，距离为20，如图10-127所示。

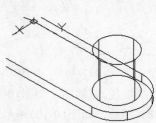

图10-126 绘制圆　　图10-127 拉伸圆

**07** 单击【常用】选项卡【坐标】组中的Y按钮，设置新坐标系，如图10-128所示。

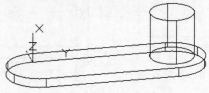

图10-128 设置新坐标系

**08** 绘制半径为18的圆，如图10-129所示。

**09** 单击【常用】选项卡【建模】组中的【拉伸】按钮，拉伸圆，如图10-130所示。

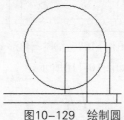

图10-129 绘制圆　　图10-130 拉伸圆

**10** 单击【常用】选项卡【实体编辑】组中的【差集】按钮，选择特征差集运算，如图10-131所示。

**11** 单击【常用】选项卡【坐标】组中的Y按钮，设置新坐标系，如图10-132所示。

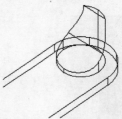
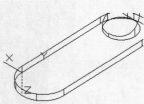

图10-131 差集运算　　图10-132 设置新坐标系

**12** 绘制半径为8的圆，如图10-133所示。

**13** 单击【常用】选项卡【建模】组中的【拉伸】按钮，拉伸圆，如图10-134所示。

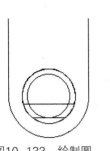

图10-133　绘制圆

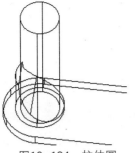

图10-134　拉伸圆

**14** 选择特征差集运算，如图10-135所示。

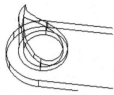

图10-135　差集运算

**15** 复制特征，距离为25，如图10-136所示。

**16** 至此完成三维信号灯模型的创建，如图10-137所示。

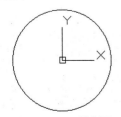

图10-136　复制特征

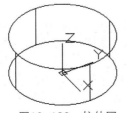

图10-137　三维
信号灯模型

---

**实例 271**

◉ 案例源文件：ywj/10/271.dwg

# 绘制三维蜂鸣器

**01** 绘制半径为20的圆，如图10-138所示。

**02** 单击【常用】选项卡【建模】组中的【拉伸】按钮 ，拉伸圆，距离为16，如图10-139所示。

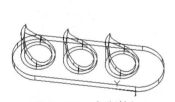

图10-138　绘制圆　　　　图10-139　拉伸圆

---

**03** 绘制半径为3的圆，坐标为（0,0,16），如图10-140所示。

**04** 拉伸圆，距离为10，如图10-141所示。

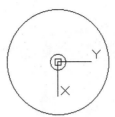

图10-140　绘制圆

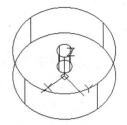

图10-141　拉伸圆

**05** 单击【常用】选项卡【实体编辑】组中的【差集】按钮 ，选择特征差集运算，如图10-142所示。

**06** 绘制半径为1的圆，如图10-143所示。

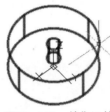

图10-142　差集运算

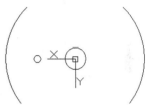

图10-143　绘制圆

**07** 拉伸圆，距离为30，如图10-144所示。

**08** 复制特征，距离为20，如图10-145所示。

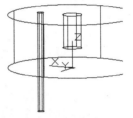

图10-144　拉伸圆　　　　图10-145　复制圆柱体

**09** 至此完成三维蜂鸣器模型的绘制，如图10-146所示。

图10-146　三维蜂鸣器模型

第**11**章 绘制建筑和室内三维模型

## 绘制木桌

**01** 使用【矩形】工具，绘制40×20的矩形，如图11-1所示。

图11-1　绘制矩形

**02** 使用【拉伸】工具，拉伸矩形，距离为2，如图11-2所示。

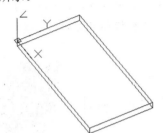

图11-2　拉伸矩形

**03** 单击【常用】选项卡【绘图】组中的【矩形】按钮 □ ，绘制36×16的矩形，如图11-3所示。

图11-3　绘制矩形

**04** 单击【常用】选项卡【建模】组中的【拉伸】按钮 ■ ，拉伸矩形，距离为4，如图11-4所示。

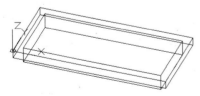

图11-4　拉伸矩形

**05** 单击【常用】选项卡【实体编辑】组中的【并集】按钮 ■ ，选择特征并集运算，如图11-5所示。

**06** 单击【常用】选项卡【绘图】组中的【矩形】按钮 □ ，绘制3×3的矩形，如图11-6所示。

所示。

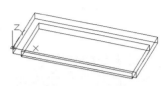

图11-5　并集运算　　　图11-6　绘制矩形

**07** 单击【常用】选项卡【建模】组中的【拉伸】按钮 ■ ，拉伸矩形，距离为20，如图11-7所示。

**08** 单击【常用】选项卡【修改】组中的【复制】按钮 ■ ，复制特征，距离为33、13，如图11-8所示。

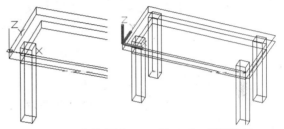

图11-7　拉伸矩形　　　图11-8　复制特征

**09** 至此完成木桌模型的设计，如图11-9所示。

图11-9　木桌模型

## 绘制木椅

**01** 绘制20×20的矩形，如图11-10所示。

**02** 拉伸矩形，距离为1，如图11-11所示。

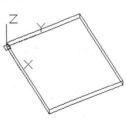

图11-10　绘制矩形　　　图11-11　拉伸矩形

**03** 绘制16×16的矩形，如图11-12所示。

**04** 拉伸矩形，距离为3，如图11-13所示。

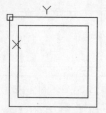 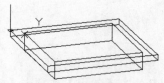

图11-12 绘制矩形　　图11-13 拉伸矩形

**05** 绘制3×3的矩形，如图11-14所示。

**06** 拉伸矩形，距离为14，得到椅子腿，如图11-15所示。

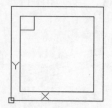 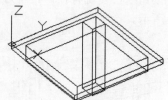

图11-14 绘制矩形　　图11-15 拉伸矩形

**07** 复制椅子腿特征，距离均为13，如图11-16所示。

**08** 绘制3×3的矩形，如图11-17所示。

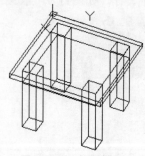

图11-16 复制特征　　图11-17 绘制矩形

**09** 拉伸矩形，距离为14，如图11-18所示。

**10** 复制长方体特征，距离为17，如图11-19所示。

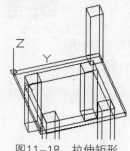 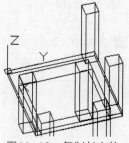

图11-18 拉伸矩形　　图11-19 复制长方体

**11** 绘制4×4的矩形，如图11-20所示。

**12** 拉伸矩形，距离为4，如图11-21所示。

**13** 移动长方体，距离为3，如图11-22所示。

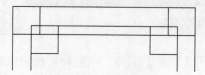

图11-20 绘制矩形

 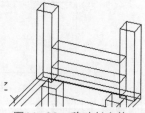

图11-21 拉伸矩形　　图11-22 移动长方体

**14** 复制特征，距离为5，如图11-23所示。

**15** 至此完成木椅模型的绘制，如图11-24所示。

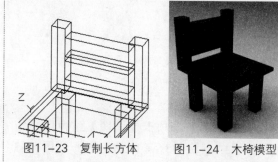 

图11-23 复制长方体　　图11-24 木椅模型

## 实例 274
案例源文件：ywj /11/274. dwg

# 绘制高脚杯

**01** 绘制半径为20的圆，如图11-25所示。

**02** 单击【常用】选项卡【建模】组中的【拉伸】按钮，拉伸圆，距离为2，如图11-26所示。

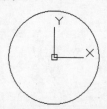 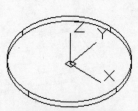

图11-25 绘制圆　　图11-26 拉伸圆

**03** 绘制半径为3的圆，如图11-27所示。

**04** 拉伸圆，距离为80，如图11-28所示。

**05** 单击【常用】选项卡【实体编辑】组中的【并集】按钮，选择特征并集运算，如图11-29所示。

**06** 单击【实体】选项卡【实体编辑】组中的【圆角边】按钮🔘，创建半径为6的倒圆角，如图11-30所示。

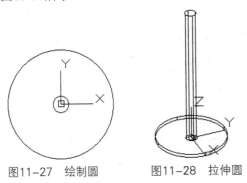

图11-27 绘制圆　　　图11-28 拉伸圆

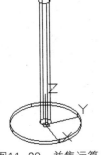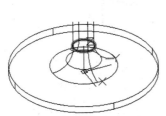

图11-29 并集运算　　图11-30 创建倒圆角

**07** 绘制样条曲线，如图11-31所示。

**08** 单击【常用】选项卡【建模】组中的【旋转】按钮🌀，创建旋转特征，如图11-32所示。

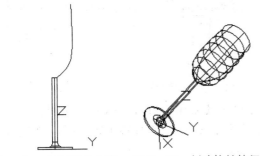

图11-31 绘制样条曲线　图11-32 创建旋转特征

**09** 至此完成高脚杯模型的设计，如图11-33所示。

图11-33 高脚杯模型

## 绘制吧椅

**01** 绘制半径为40的圆，如图11-34所示。

**02** 单击【常用】选项卡【建模】组中的【拉伸】按钮🔲，拉伸圆，距离为4，如图11-35所示。

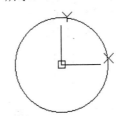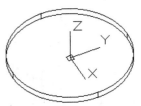

图11-34 绘制圆　　　图11-35 拉伸圆

**03** 绘制半径分别为6、10的同心圆，如图11-36所示。

**04** 移动圆，距离为140，如图11-37所示。

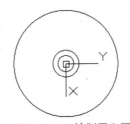

图11-36 绘制同心圆　　图11-37 移动圆

**05** 单击【常用】选项卡【建模】组中的【放样】按钮🔘，创建放样特征，如图11-38所示。

**06** 单击【常用】选项卡【实体编辑】组中的【并集】按钮🔘，选择特征并集运算，如图11-39所示。

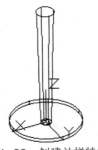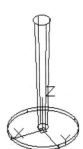

图11-38 创建放样特征　　图11-39 并集运算

**07** 单击【实体】选项卡【实体编辑】组中的【圆角边】按钮🔘，创建半径为6的倒圆角，如图11-40所示。

08 单击【常用】选项卡【建模】组中的【球体】按钮◎，创建半径为40的球体，如图11-41所示。

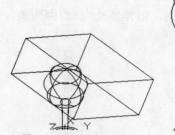

图11-46 拉伸矩形　　　图11-47 差集运算

15 单击【常用】选项卡【坐标】组中的Y按钮↳，设置新坐标系，如图11-48所示。

16 绘制半径为28的圆，如图11-49所示。

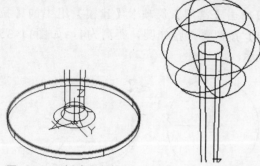

图11-40 创建圆角特征　　　图11-41 创建球体

09 选择特征并集运算，如图11-42所示。

10 单击【常用】选项卡【坐标】组中的Y按钮↳，设置新坐标系，如图11-43所示。

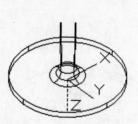
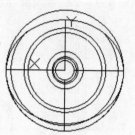

图11-48 设置新坐标系　　　图11-49 绘制圆

17 移动圆，距离为120，如图11-50所示。

18 拉伸圆，如图11-51所示。

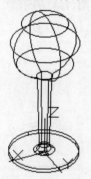

图11-42 并集运算　　　图11-43 设置新坐标系

11 绘制矩形，如图11-44所示。

12 将矩形旋转30°，如图11-45所示。

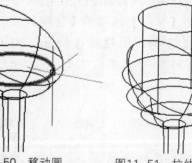

图11-50 移动圆　　　图11-51 拉伸圆

19 单击【常用】选项卡【实体编辑】组中的【差集】按钮⬚，选择特征差集运算，如图11-52所示。

20 至此完成吧椅模型的创建，如图11-53所示。

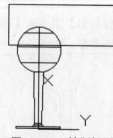
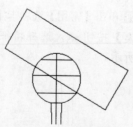

图11-44 绘制矩形　　　图11-45 旋转矩形

13 拉伸矩形，如图11-46所示。

14 单击【常用】选项卡【实体编辑】组中的【差集】按钮⬚，选择特征差集运算，如图11-47所示。

图11-52 差集运算　　　图11-53 吧椅模型

# 绘制简易床

案例源文件: ywj/11/276.dwg

**01** 绘制30×20的矩形,如图11-54所示。

**02** 单击【常用】选项卡【建模】组中的【拉伸】按钮 ,拉伸矩形,距离为3,如图11-55所示。

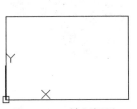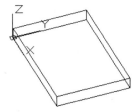

图11-54 绘制矩形　　图11-55 拉伸矩形

**03** 复制特征,距离为31、62,如图11-56所示。

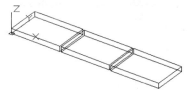

图11-56 复制长方体

**04** 绘制80×16的矩形,起点坐标为(2,2,0),如图11-57所示。

图11-57 绘制矩形

**05** 单击【常用】选项卡【坐标】组中的Y按钮 ,设置新坐标系,如图11-58所示。

**06** 绘制半径为1的圆,如图11-59所示。

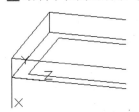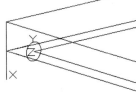

图11-58 设置新坐标系　　图11-59 绘制圆

**07** 单击【常用】选项卡【建模】组中的【扫掠】按钮 ,创建扫掠特征,如图11-60所示。

**08** 绘制半径为1的圆,如图11-61所示。

**09** 拉伸圆,距离为15,如图11-62所示。

图11-60 创建扫掠特征

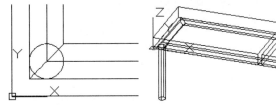

图11-61 绘制圆　　图11-62 拉伸圆

**10** 复制特征,距离为30、70、15,如图11-63所示。

图11-63 复制圆柱体

**11** 至此完成简易床模型的创建,如图11-64所示。

图11-64 简易床模型

# 绘制沙发

案例源文件: ywj/11/277.dwg

**01** 绘制90×30的矩形,如图11-65所示。

图11-65 绘制矩形

**02** 拉伸矩形,距离为8,如图11-66所示。

**03** 绘制10×40的矩形,如图11-67所示。

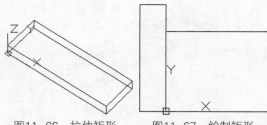

图11-66 拉伸矩形　　　图11-67 绘制矩形

**04** 拉伸矩形，距离为24，如图11-68所示。

**05** 复制特征，距离为100，如图11-69所示。

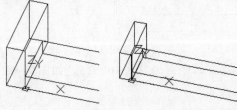

图11-68 拉伸矩形　　　图11-69 复制长方体

**06** 绘制90×15的矩形，如图11-70所示。

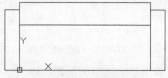

图11-70 绘制矩形

**07** 拉伸长方体，距离为20，如图11-71所示。

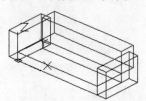

图11-71 拉伸长方体

**08** 绘制90×30的矩形，如图11-72所示。

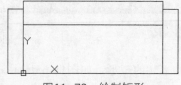

图11-72 绘制矩形

**09** 拉伸矩形，距离为10，如图11-73所示。

**10** 单击【实体】选项卡【实体编辑】组中的【圆角边】按钮，创建半径为6的倒圆角，如图11-74所示。

**11** 继续创建半径为4的倒圆角，如图11-75所示。

**12** 至此完成沙发模型的创建，如图11-76所示。

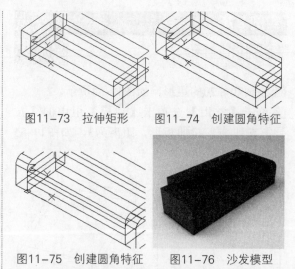

图11-73 拉伸矩形　　　图11-74 创建圆角特征

图11-75 创建圆角特征　　　图11-76 沙发模型

**实例 278**　　⊕ 案例源文件：ywj /11/278. dwg

**绘制门把手**

**01** 绘制半径为10的圆，如图11-77所示。

**02** 单击【常用】选项卡【建模】组中的【拉伸】按钮，拉伸圆，距离为4，如图11-78所示。

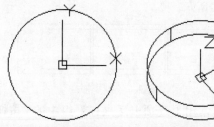

图11-77 绘制圆　　　图11-78 拉伸圆

**03** 绘制半径为4的圆，如图11-79所示。

**04** 拉伸圆，距离为20，如图11-80所示。

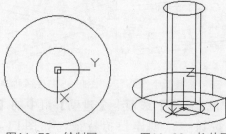

图11-79 绘制圆　　　图11-80 拉伸圆

**05** 绘制半径为4的圆，如图11-81所示。

**06** 拉伸圆，距离为40，如图11-82所示。

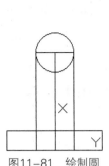

图11-81　绘制圆

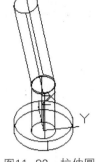

图11-82　拉伸圆

**07** 单击【常用】选项卡【实体编辑】组中的【并集】按钮█，选择特征并集运算，如图11-83所示。

**08** 绘制矩形，如图11-84所示。

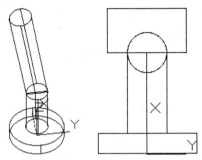

图11-83　并集运算　　图11-84　绘制矩形

**09** 拉伸矩形，如图11-85所示。

**10** 选择特征差集运算，如图11-86所示。

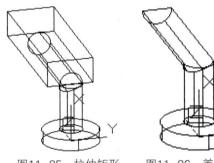

图11-85　拉伸矩形　　图11-86　差集运算

**11** 至此完成门把手模型的创建，如图11-87所示。

图11-87　门把手模型

---

实例 279 ● 案例源文件：ywj /11/279. dwg

# 绘制烟灰缸

**01** 绘制半径为30的圆，如图11-88所示。

**02** 单击【常用】选项卡【建模】组中的【拉伸】按钮█，拉伸圆，距离为16，如图11-89所示。

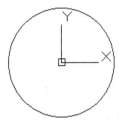
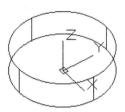

图11-88　绘制圆　　　　图11-89　拉伸圆

**03** 绘制半径为20的圆，如图11-90所示。

**04** 移动圆，距离为4，如图11-91所示。

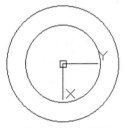
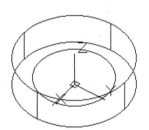

图11-90　绘制圆　　　　图11-91　移动圆

**05** 拉伸圆，如图11-92所示。

**06** 单击【常用】选项卡【实体编辑】组中的【差集】按钮█，选择特征差集运算，如图11-93所示。

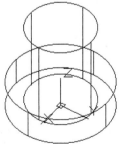
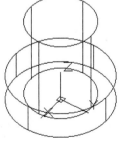
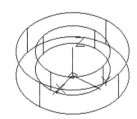

图11-92　拉伸圆　　　　图11-93　差集运算

**07** 单击【实体】选项卡【实体编辑】组中的【圆角边】按钮█，创建半径为1的倒圆角，如图11-94所示。

**08** 单击【常用】选项卡【坐标】组中的Y按钮█，设置新坐标系，如图11-95所示。

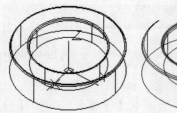 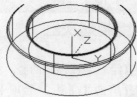

图11-94 创建圆角特征　图11-95 设置新坐标系

**09** 绘制半径为3的圆，如图11-96所示。

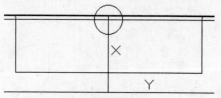

图11-96　绘制圆

**10** 拉伸圆，如图11-97所示。

**11** 单击【常用】选项卡【修改】组中的【环形阵列】按钮，创建环形阵列，数量为3，如图11-98所示。

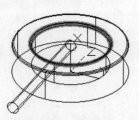 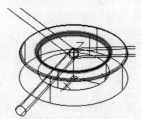

图11-97　拉伸圆　　图11-98　创建环形阵列

**12** 单击【常用】选项卡【实体编辑】组中的【差集】按钮，选择特征差集运算，如图11-99所示。

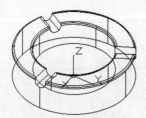

图11-99　差集运算

**13** 至此完成烟灰缸模型的创建，如图11-100所示。

图11-100　烟灰缸模型

实例 280 ⊕ 案例源文件：ywj／11／280.dwg

## 绘制吊灯

**01** 绘制半径为20的圆，如图11-101所示。

**02** 单击【常用】选项卡【坐标】组中的Y按钮，设置新坐标系，如图11-102所示。

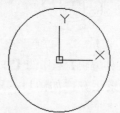 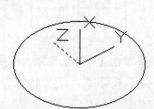

图11-101　绘制圆　　图11-102　设置新坐标系

**03** 绘制圆弧，如图11-103所示。

**04** 单击【常用】选项卡【建模】组中的【旋转】按钮，创建旋转特征，如图11-104所示。

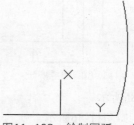 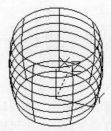

图11-103　绘制圆弧　　图11-104　创建旋转特征

**05** 绘制半径为4的圆，如图11-105所示。

**06** 移动圆，距离为80，如图11-106所示。

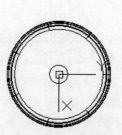 

图11-105　绘制圆　　图11-106　移动圆

**07** 单击【常用】选项卡【建模】组中的【放样】按钮，创建放样特征，如图11-107所示。

**08** 绘制半径为2的圆，如图11-108所示。

**09** 移动圆，距离为60，如图11-109所示。

**10** 单击【常用】选项卡【建模】组中的【拉伸】按钮，拉伸圆，距离为100，如图11-110

所示。

图11-107 创建放样特征

图11-108 绘制圆

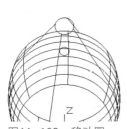

图11-109 移动圆

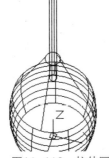

图11-110 拉伸圆

**11** 至此完成吊灯模型的创建，如图11-111所示。

图11-111 吊灯模型

---

## 实例 281
● 案例源文件：ywj/11/281.dwg

# 绘制抽屉柜

**01** 绘制60×20的矩形，如图11-112所示。

图11-112 绘制矩形

**02** 拉伸矩形，距离为2，如图11-113所示。

**03** 单击【实体】选项卡【实体编辑】组中的
【圆角边】按钮 ，创建半径为4的倒圆角，
如图11-114所示。

图11-113 拉伸矩形

图11-114 创建倒圆角

**04** 绘制宽度为1的矩形，如图11-115所示。

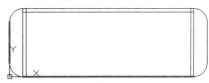

图11-115 绘制矩形

**05** 拉伸矩形，距离为40，如图11-116所示。

**06** 单击【常用】选项卡【坐标】组中的X按钮
 ，设置新坐标系，如图11-117所示。

图11-116 拉伸矩形　　图11-117 设置新坐标系

**07** 绘制50×1的矩形，如图11-118所示。

**08** 绘制1×15和20×1的两个矩形，如图11-119
所示。

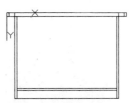

图11-118 绘制矩形　　图11-119 绘制两个矩形

**09** 继续绘制15×1和1×10的两个矩形，如图11-120
所示。

**10** 单击【常用】选项卡【建模】组中的【拉
伸】按钮 ，拉伸矩形，如图11-121所示。

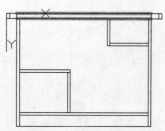

图11-120 再次绘制两个矩形

图11-121 拉伸矩形

**11** 绘制20×1的矩形，如图11-122所示。

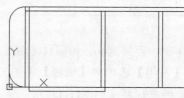

图11-122 绘制矩形

**12** 将矩形旋转-30°，如图11-123所示。

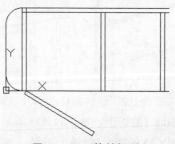

图11-123 旋转矩形

**13** 拉伸矩形，距离为15，如图11-124所示。

**14** 完成抽屉柜模型的创建，如图11-125所示。

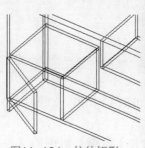

图11-124 拉伸矩形

图11-125 抽屉柜模型

AutoCAD 2020 完全实训手册

**实例 282** ● 案例源文件：ywj/11/282.dwg

## 绘制冰箱

**01** 绘制30×20的矩形，如图11-126所示。

**02** 拉伸矩形，距离为50，如图11-127所示。

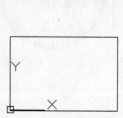 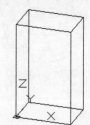

图11-126 绘制矩形　　　图11-127 拉伸矩形

**03** 再次绘制矩形，距离XY面35，如图11-128所示。

**04** 绘制半径为0.5的圆，如图11-129所示。

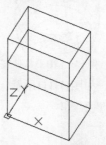 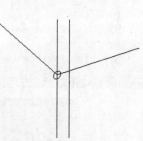

图11-128 绘制矩形　　　图11-129 绘制圆

**05** 单击【常用】选项卡【建模】组中的【扫掠】按钮🗗，创建扫掠特征，如图11-130所示。

**06** 单击【常用】选项卡【实体编辑】组中的【差集】按钮📦，选择特征差集运算，如图11-131所示。

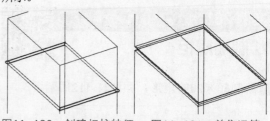

图11-130 创建扫掠特征　　图11-131 差集运算

**07** 绘制样条曲线，如图11-132所示。

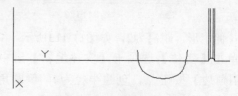

图11-132 绘制样条曲线

**08** 绘制半径为0.5的圆，如图11-133所示。

**09** 单击【常用】选项卡【建模】组中的【扫掠】按钮🔲，创建扫掠特征，得到冰箱把手，如图11-134所示。

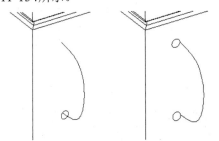

图11-133　绘制圆　　　图11-134　创建扫掠特征

**10** 向下复制冰箱把手，距离为15，如图11-135所示。

**11** 至此完成冰箱模型的创建，如图11-136所示。

图11-135　复制特征　　　图11-136　冰箱模型

## 实例 283

# 绘制上下床

**01** 绘制60×30的矩形，如图11-137所示。

**02** 拉伸矩形，距离为4，如图11-138所示。

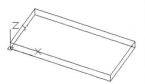

图11-137　绘制矩形　　　图11-138　拉伸矩形

**03** 绘制4×30的矩形，如图11-139所示。

**04** 拉伸矩形，距离为4，如图11-140所示。

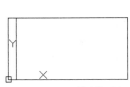

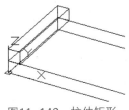

图11-139　绘制矩形　　　图11-140　拉伸矩形

**05** 移动长方体，距离为6，如图11-141所示。

**06** 绘制4×4的矩形，如图11-142所示。

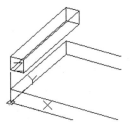
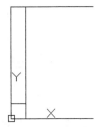

图11-141　移动长方体　　图11-142　绘制矩形

**07** 拉伸矩形，距离为14，如图11-143所示。

**08** 复制特征，如图11-144所示。

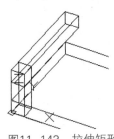
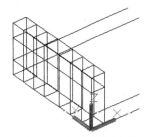

图11-143　拉伸矩形　　图11-144　复制长方体

**09** 单击【常用】选项卡【实体编辑】组中的【并集】按钮🔲，选择特征并集运算，如图11-145所示。

**10** 复制特征，距离为56，如图11-146所示。

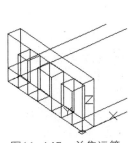
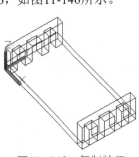

图11-145　并集运算　　图11-146　复制特征

**11** 继续复制特征，距离为40，如图11-147所示。

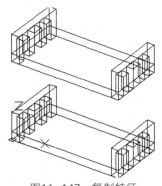

图11-147　复制特征

01
02
03
04
05
06
07
08
09
10

**11**

第11章　绘制建筑和室内三维模型

**12** 绘制4×4的矩形，如图11-148所示。

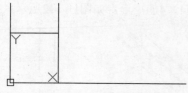

图11-148　绘制矩形

**13** 移动矩形，距离为8，如图11-149所示。

**14** 拉伸矩形，距离为60，如图11-150所示。

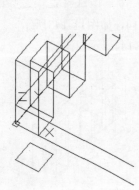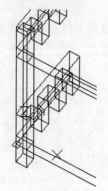

图11-149　移动矩形　　　图11-150　拉伸矩形

**15** 复制特征，距离为26、56，如图11-151所示。

**16** 至此完成上下床模型的创建，如图11-152所示。

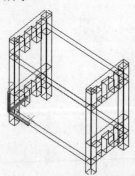

图11-151　复制长方体　　图11-152　上下床模型

**实例 284** ◉案例源文件 ywj /11/284.dwg

**绘制电视**

**01** 绘制40×30的矩形，如图11-153所示。

**02** 拉伸矩形，距离为30，如图11-154所示。

**03** 单击【实体】选项卡【实体编辑】组中的【圆角边】按钮，创建半径为2的倒圆角，如图11-155所示。

**04** 绘制30×20的矩形，如图11-156所示。

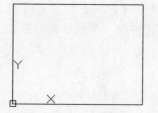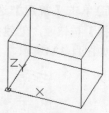

图11-153　绘制矩形　　　图11-154　拉伸矩形

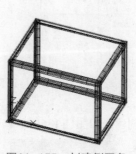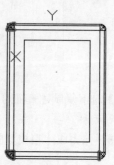

图11-155　创建倒圆角　　图11-156　绘制矩形

**05** 拉伸矩形，距离为2，如图11-157所示。

**06** 单击【常用】选项卡【实体编辑】组中的【差集】按钮，选择特征差集运算，如图11-158所示。

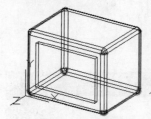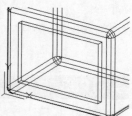

图11-157　拉伸矩形　　　图11-158　差集运算

**07** 绘制半径为1的圆，如图11-159所示。

**08** 拉伸圆，距离为0.5，如图11-160所示。

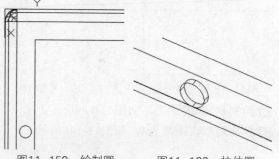

图11-159　绘制圆　　　　图11-160　拉伸圆

**09** 创建半径为0.1的倒圆角，如图11-161所示。

**10** 绘制45°的直线，如图11-162所示。

**11** 绘制半径为0.2的圆，如图11-163所示。

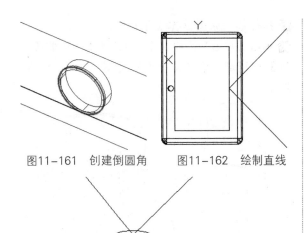

图11-161　创建倒圆角　　图11-162　绘制直线

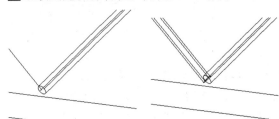

图11-163　绘制圆

**12** 单击【常用】选项卡【建模】组中的【扫掠】按钮，创建扫掠特征，如图11-164所示。

**13** 继续创建扫掠特征，如图11-165所示。

图11-164　创建扫掠特征　图11-165　创建扫掠特征

**14** 至此完成电视模型的绘制，如图11-166所示。

图11-166　电视模型

## 实例285　●案例源文件：ywj/11/285.dwg

## 绘制床头柜

**01** 绘制40×40的矩形，如图11-167所示。

**02** 单击【常用】选项卡【建模】组中的【拉伸】按钮，拉伸矩形，距离为50，如图11-168

所示。

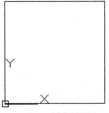

图11-167　绘制矩形　　图11-168　拉伸矩形

**03** 绘制44×44的矩形，起始点为（-2,-2,0），如图11-169所示。

**04** 拉伸矩形，距离为4，如图11-170所示。

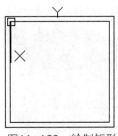 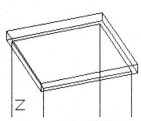

图11-169　绘制矩形　　　图11-170　拉伸矩形

**05** 单击【实体】选项卡【实体编辑】组中的【圆角边】按钮，创建半径为3的倒圆角，如图11-171所示。

图11-171　创建圆角特征

**06** 单击【常用】选项卡【坐标】组中的Y按钮，设置新坐标系，如图11-172所示。

**07** 绘制20×40的矩形，如图11-173所示。

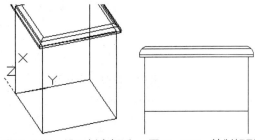

图11-172　设置新坐标系　图11-173　绘制矩形

**08** 拉伸矩形，距离为3，如图11-174所示。

**09** 单击【实体】选项卡【实体编辑】组中的【圆角边】按钮，创建半径为3的倒圆角，如图11-175所示。

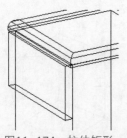 

图11-174 拉伸矩形　　图11-175 创建圆角特征

**10** 复制特征，距离为21，如图11-176所示。

**11** 至此完成床头柜模型的创建，如图11-177所示。

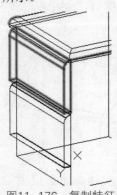 

图11-176 复制特征　　图11-177 床头柜模型

---

## 实例286

### 绘制洗手盆

 案例源文件：ywj /11/286. dwg

**01** 绘制半径为40的圆，如图11-178所示。

**02** 拉伸圆，距离为30，如图11-179所示。

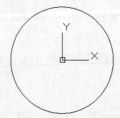 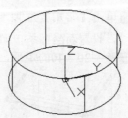

图11-178 绘制圆　　图11-179 拉伸圆

**03** 绘制半径为34的圆，如图11-180所示。

**04** 移动圆，距离为4，如图11-181所示。

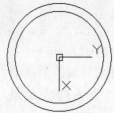 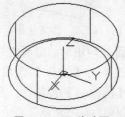

图11-180 绘制圆　　图11-181 移动圆

---

**05** 拉伸圆，如图11-182所示。

**06** 单击【常用】选项卡【实体编辑】组中的【差集】按钮，选择特征差集运算，如图11-183所示。

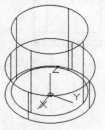 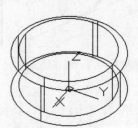

图11-182 拉伸圆　　图11-183 差集运算

**07** 绘制半径为20的圆，如图11-184所示。

**08** 拉伸圆，距离为30，如图11-185所示。

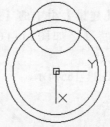 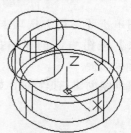

图11-184 绘制圆　　图11-185 拉伸圆

**09** 选择特征并集运算，如图11-186所示。

**10** 单击【常用】选项卡【绘图】组中的【矩形】按钮，绘制矩形，如图11-187所示。

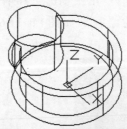 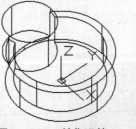

图11-186 并集运算　　图11-187 绘制矩形

**11** 单击【常用】选项卡【建模】组中的【拉伸】按钮，拉伸矩形，如图11-188所示。

**12** 单击【常用】选项卡【实体编辑】组中的【差集】按钮，选择特征差集运算，如图11-189所示。

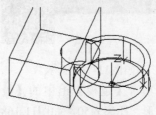 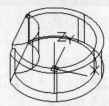

图11-188 拉伸矩形　　图11-189 差集运算

**13** 绘制半径为6的圆，如图11-190所示。

**14** 拉伸圆，距离为50，如图11-191所示。

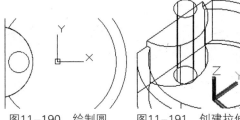

图11-190　绘制圆　　　图11-191　创建拉伸特征

**15** 单击【常用】选项卡【坐标】组中的Y按钮 ⌐ᶜʸ，设置新坐标系，如图11-192所示。

**16** 绘制半径为3的圆，如图11-193所示。

图11-192　设置新坐标系　　图11-193　绘制圆

**17** 拉伸圆，距离为30，如图11-194所示。

**18** 至此完成洗手盆模型的创建，如图11-195所示。

图11-194　拉伸圆　　　图11-195　洗手盆模型

**实例 287** ●案例源文件：ywj/11/287.dwg

# 绘制煤气灶

**01** 绘制40×20的矩形，如图11-196所示。

图11-196　绘制矩形

**02** 单击【拉伸】按钮 ▣，拉伸矩形，距离为10，如图11-197所示。

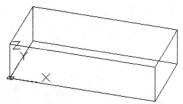

图11-197　拉伸矩形

**03** 单击【圆角边】按钮 ◱，创建半径为1的倒圆角，如图11-198所示。

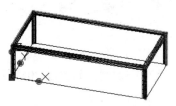

图11-198　创建倒圆角

**04** 绘制半径分别为2、3的同心圆，如图11-199所示。

**05** 单击【常用】选项卡【建模】组中的【放样】按钮 ▽，创建放样特征，如图11-200所示。

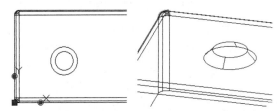

图11-199　绘制同心圆　图11-200　创建放样特征

**06** 绘制12×1的矩形，如图11-201所示。

**07** 拉伸矩形，距离为1，如图11-202所示。

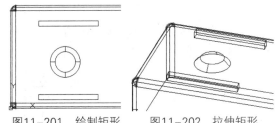

图11-201　绘制矩形　　　图11-202　拉伸矩形

**08** 单击【直线】按钮 ◿，绘制直线，如图11-203所示。

**09** 绘制圆，如图11-204所示。

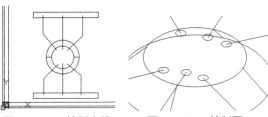

图11-203　绘制直线　　　图11-204　绘制圆

10 单击【常用】选项卡【建模】组中的【扫掠】按钮🔲，创建扫掠特征，如图11-205所示。

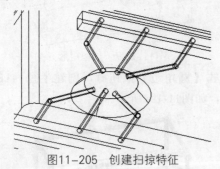

图11-205 创建扫掠特征

11 绘制半径为0.5的圆，如图11-206所示。

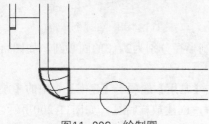

图11-206 绘制圆

12 拉伸圆，如图11-207所示。

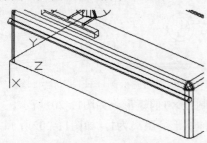

图11-207 拉伸圆

13 选择特征差集运算，如图11-208所示。

14 绘制10×10的矩形，如图11-209所示。

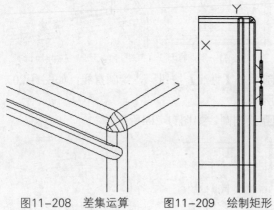

图11-208 差集运算　　图11-209 绘制矩形

15 单击【拉伸】按钮🔲，拉伸矩形，距离为1，如图11-210所示。

16 单击【差集】按钮🔲，选择特征差集运算，如图11-211所示。

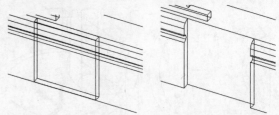

图11-210 拉伸矩形　　图11-211 差集运算

17 绘制半径为2的圆，如图11-212所示。

18 拉伸圆，距离为2，如图11-213所示。

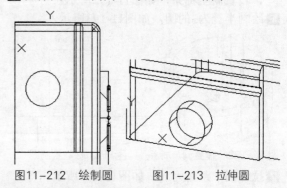

图11-212 绘制圆　　图11-213 拉伸圆

19 绘制矩形，如图11-214所示。

图11-214 绘制矩形

20 拉伸矩形，距离为1，如图11-215所示。

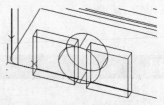

图11-215 拉伸矩形

21 选择特征差集运算，如图11-216所示。

22 单击【圆角边】按钮🔲，创建半径为0.2的倒圆角，如图11-217所示。

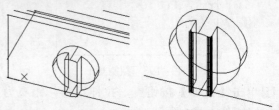

图11-216 差集运算　　图11-217 创建倒圆角

**23** 复制特征，如图11-218所示。

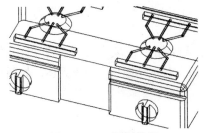

图11-218　复制特征

**24** 至此完成煤气灶模型的创建，如图11-219所示。

图11-219　煤气灶模型

## 实例 288
案例源文件：ywj/11/288.dwg

# 绘制木门

**01** 绘制80×30的矩形，如图11-220所示。

图11-220　绘制矩形

**02** 单击【拉伸】按钮 ，拉伸矩形，距离为2，如图11-221所示。

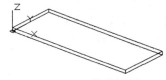

图11-221　拉伸矩形

**03** 绘制35×10的矩形，如图11-222所示。

图11-222　绘制矩形

**04** 复制三个矩形，如图11-223所示。

**05** 拉伸矩形，距离为0.5，如图11-224所示。

**06** 选择特征差集运算，如图11-225所示。

图11-223　复制矩形

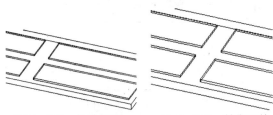

图11-224　拉伸矩形　　图11-225　差集运算

**07** 创建半径为0.2的倒圆角，如图11-226所示。

**08** 绘制半径为1的圆，如图11-227所示。

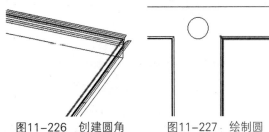

图11-226　创建圆角　　图11-227　绘制圆

**09** 拉伸圆，距离为2，如图11-228所示。

**10** 单击【常用】选项卡【建模】组中的【球体】按钮 ，创建半径为1.6的球体，如图11-229所示。

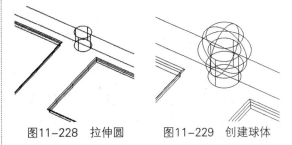

图11-228　拉伸圆　　图11-229　创建球体

**11** 至此完成木门模型的创建，如图11-230所示。

图11-230　木门模型

## 绘制餐桌

01 单击【常用】选项卡【绘图】组中的【矩形】按钮▭，绘制40×16的矩形，如图11-231所示。

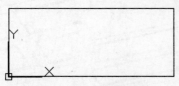

图11-231　绘制矩形

02 单击【常用】选项卡【建模】组中的【拉伸】按钮▣，拉伸矩形，距离为4，如图11-232所示。

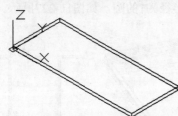

图11-232　拉伸矩形

03 单击【实体】选项卡【实体编辑】组中的【圆角边】按钮◉，创建半径为5的倒圆角，如图11-233所示。

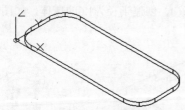

图11-233　创建圆角特征

04 单击【常用】选项卡【绘图】组中的【圆】按钮⊙，绘制半径为1.6的圆，圆心为（10,8），如图11-234所示。

05 单击【常用】选项卡【建模】组中的【拉伸】按钮▣，拉伸圆，距离为18，如图11-235所示。

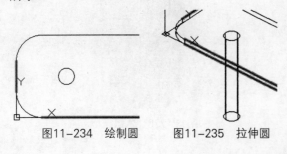

图11-234　绘制圆　　　　图11-235　拉伸圆

06 单击【常用】选项卡【绘图】组中的【圆】按钮⊙，绘制半径为5的圆，圆心为（10,8），如图11-236所示。

07 单击【常用】选项卡【修改】组中的【移动】按钮✥，移动图形，距离为18，如图11-237所示。

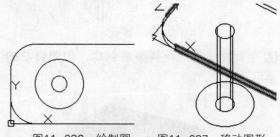

图11-236　绘制圆　　　图11-237　移动图形

08 单击【常用】选项卡【建模】组中的【拉伸】按钮▣，拉伸图形，距离为2，如图11-238所示。

09 单击【常用】选项卡【实体编辑】组中的【并集】按钮⬕，选择特征并集运算，如图11-239所示。

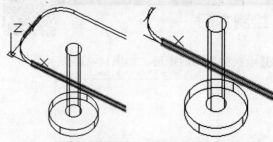

图11-238　拉伸圆　　　图11-239　并集运算

10 单击【实体】选项卡【实体编辑】组中的【圆角边】按钮◉，创建半径为2的倒圆角，如图11-240所示。

11 单击【常用】选项卡【修改】组中的【复制】按钮❁，复制特征，距离为16，如图11-241所示。

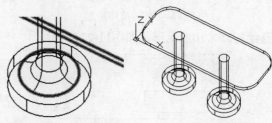

图11-240　创建倒圆角　　　图11-241　复制特征

12 至此完成餐桌模型的创建，如图11-242所示。

图11-242 餐桌模型

## 实例 290
### 绘制办公桌

**01** 绘制10×10的矩形，如图11-243所示。

**02** 拉伸矩形，距离为14，如图11-244所示。

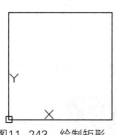

图11-243 绘制矩形

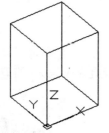

图11-244 拉伸矩形

**03** 绘制10×1的矩形，如图11-245所示。

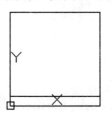

图11-245 绘制矩形

**04** 拉伸矩形，距离为3，如图11-246所示。

图11-246 拉伸矩形

**05** 选择特征差集运算，如图11-247所示。

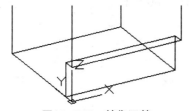

图11-247 差集运算

**06** 绘制4×10的矩形，如图11-248所示。

**07** 拉伸矩形，距离为2，如图11-249所示。

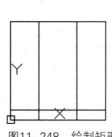

图11-248 绘制矩形

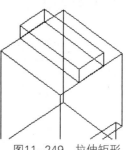

图11-249 拉伸矩形

**08** 绘制30×10的矩形，如图11-250所示。

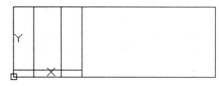

图11-250 绘制矩形

**09** 拉伸矩形，距离为1，如图11-251所示。

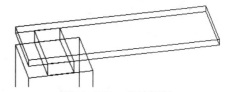

图11-251 拉伸矩形

**10** 绘制1×10的矩形，如图11-252所示。

**11** 拉伸矩形，距离为1，如图11-253所示。

图11-252 绘制矩形　　图11-253 拉伸矩形

**12** 至此完成办公桌模型的创建，如图11-254所示。

图11-254 办公桌模型

实例 291

绘制会议桌

**实例 291**

案例源文件：ywj /11/291.dwg

# 绘制会议桌

**01** 绘制90×30的矩形，如图11-255所示。

图11-255 绘制矩形

**02** 单击【拉伸】按钮 ▣，拉伸矩形，距离为2，如图11-256所示。

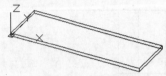

图11-256 拉伸矩形

**03** 单击【圆角边】按钮 ▣，创建半径为10的倒圆角，如图11-257所示。

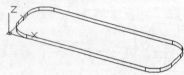

图11-257 创建圆角特征

**04** 绘制70×10的矩形，起始坐标为（10,10），如图11-258所示。

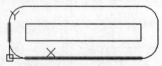

图11-258 绘制矩形

**05** 单击【拉伸】按钮 ▣，拉伸矩形，如图11-259所示。

**06** 选择特征差集运算，如图11-260所示。

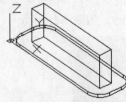 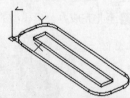

图11-259 拉伸矩形　　图11-260 差集运算

**07** 绘制80×2的矩形，起始点为（5,5），如图11-261所示。

**08** 拉伸矩形，距离为20，如图11-262所示。

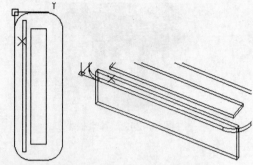

图11-261 绘制矩形　图11-262 拉伸矩形

**09** 复制特征，距离为20，如图11-263所示。

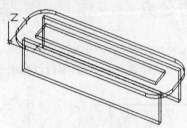

图11-263 复制长方体

**10** 至此完成会议桌模型的创建，如图11-264所示。

图11-264 会议桌模型

**实例 292**

案例源文件：ywj /11/292.dwg

# 绘制大堂前台

**01** 绘制30×10的矩形，如图11-265所示。

图11-265 绘制矩形

**02** 单击【拉伸】按钮 ▣，拉伸矩形，距离为8，如图11-266所示。

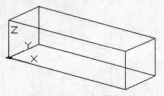

图11-266 拉伸矩形

**03** 绘制25×10的矩形，如图11-267所示。

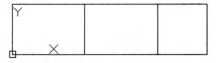

图11-267　绘制矩形

**04** 单击【拉伸】按钮，拉伸矩形，距离为4，如图11-268所示。

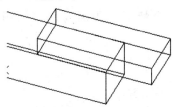

图11-268　拉伸矩形

**05** 绘制8×10的矩形，如图11-269所示。

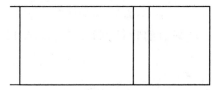

图11-269　绘制矩形

**06** 拉伸矩形，距离为8，如图11-270所示。

**07** 单击【常用】选项卡【坐标】组中的Y按钮，设置新坐标系，如图11-271所示。

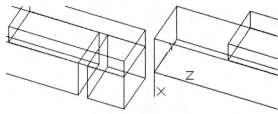

图11-270　拉伸矩形　　图11-271　设置新坐标系

**08** 绘制半径为0.5的圆，如图11-272所示。

**09** 拉伸圆，如图11-273所示。

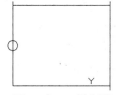　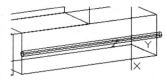

图11-272　绘制圆　　图11-273　拉伸圆

**10** 单击【差集】按钮，选择特征差集运算，如图11-274所示。

**11** 至此完成大堂前台模型的创建，如图11-275所示。

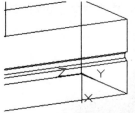　

图11-274　差集运算　　图11-275　大堂前台模型

## 实例 293

# 绘制公园座椅

**01** 绘制8×26的矩形，如图11-276所示。

**02** 拉伸矩形，距离为30，如图11-277所示。

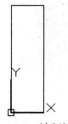

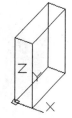

图11-276　绘制矩形　　图11-277　拉伸矩形

**03** 绘制80×2的矩形，如图11-278所示。

图11-278　绘制矩形

**04** 拉伸矩形，距离为3，如图11-279所示。

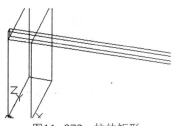

图11-279　拉伸矩形

**05** 创建矩形阵列，数量为7，如图11-280所示。

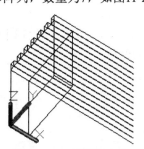

图11-280　阵列长方体

**06** 复制第一个长方体特征，距离为72，如图11-281所示。

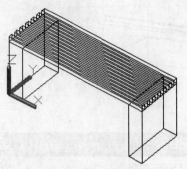

图11-281　复制特征

**07** 至此完成公园座椅的创建，如图11-282所示。

图11-282　公园座椅模型

### 实例 294
案例源文件：ywj/11/294.dwg

# 绘制茶几

**01** 绘制40×15的矩形，如图11-283所示。

图11-283　绘制矩形

**02** 在两端绘制圆，如图11-284所示。

图11-284　绘制圆

**03** 单击【拉伸】按钮，拉伸图形，距离为1，如图11-285所示。

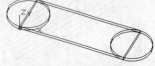

图11-285　拉伸图形

**04** 单击【并集】按钮，选择特征并集运算，如图11-286所示。

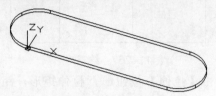

图11-286　并集运算

**05** 复制一个特征，距离为10，如图11-287所示。

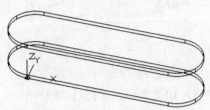

图11-287　复制特征

**06** 放大复制后的特征到1.2倍，如图11-288所示。

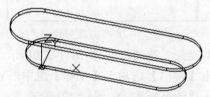

图11-288　放大特征

**07** 绘制半径为1.5的圆，如图11-289所示。

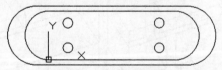

图11-289　绘制圆

**08** 拉伸圆，距离为20，如图11-290所示。

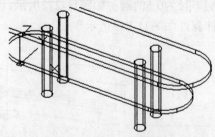

图11-290　拉伸圆

**09** 绘制圆弧，如图11-291所示。

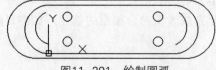

图11-291　绘制圆弧

**10** 绘制半径为1的圆，如图11-292所示。

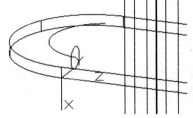

图11-292　绘制圆

**11** 单击【扫掠】按钮 🔄，创建扫掠特征，如图11-293所示。

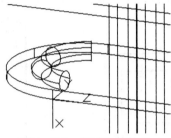

图11-293　创建扫掠特征

**12** 至此完成茶几模型的创建，结果如图11-294所示。

图11-294　茶几模型

**实例 295**　🌐 案例源文件：ywj/11/295.dwg

## 绘制秋千

**01** 绘制半径为10的圆，如图11-295所示。

**02** 单击【常用】选项卡【坐标】组中的Y按钮 🔄，设置新坐标系，如图11-296所示。

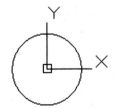
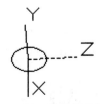

图1-295　绘制圆　　图11-296　设置新坐标系

**03** 单击【直线】按钮 📏，绘制直线图形，长度为200、角度为60°，如图11-297所示。

**04** 单击【扫掠】按钮 🔄，创建扫掠特征，如图11-298所示。

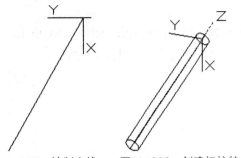

图11-297　绘制直线　　图11-298　创建扫掠特征

**05** 旋转图形30°，如图11-299所示。

**06** 复制特征，距离为300，如图11-300所示。

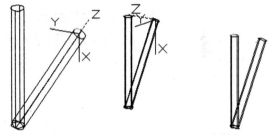

图11-299　旋转特征　　图11-300　复制特征

**07** 单击Y按钮 🔄，设置新坐标系，如图11-301所示。

**08** 绘制半径为10的圆，如图11-302所示。

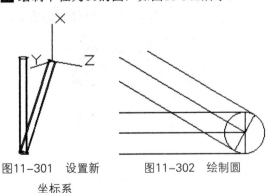

图11-301　设置新坐标系　　　图11-302　绘制圆

**09** 拉伸圆，距离为300，如图11-303所示。

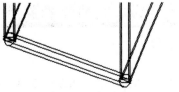

图11-303　拉伸圆

**10** 绘制60×20的矩形，如图11-304所示。

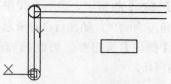

图11-304 绘制矩形

**11** 拉伸矩形，距离为2，如图11-305所示。

**12** 绘制直线图形，如图11-306所示。

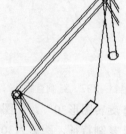

图11-305 拉伸矩形　图11-306 绘制直线

**13** 再绘制半径为1的圆，如图11-307所示。

**14** 单击【扫掠】按钮 🔄 ，创建扫掠特征，如图11-308所示。

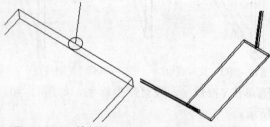

图11-307 绘制圆　图11-308 创建扫掠特征

**15** 至此完成秋千模型的创建，如图11-309所示。

图11-309 秋千模型

**实例 296** 　⊕ 案例源文件：ywj /11/296.dwg

# 绘制护栏

**01** 绘制10×10的矩形，如图11-310所示。

**02** 单击【拉伸】按钮 📦 ，拉伸矩形，距离为80，如图11-311所示。

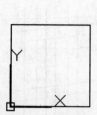
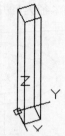

图11-310 绘制矩形　　　图11-311 拉伸矩形

**03** 绘制6×6的矩形，起始点为（2,2），如图11-312所示。

**04** 拉伸矩形，距离为4，如图11-313所示。

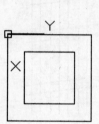
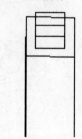

图11-312 绘制矩形　　　图11-313 拉伸矩形

**05** 绘制14×14的矩形，起始点为（-2,-2），如图11-314所示。

**06** 再次拉伸矩形，距离为10，得到栏杆柱，如图11-315所示。

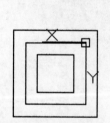

图11-314 绘制矩形　　　图11-315 拉伸矩形

**07** 复制栏杆柱，距离为90，如图11-316所示。

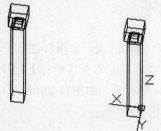

图11-316 复制特征

**08** 绘制90×6的矩形，如图11-317所示。

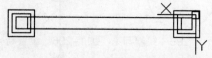

图11-317 绘制矩形

**09** 向上移动图形，距离为10，如图11-318所示。

图11-318　移动矩形

**10** 拉伸矩形，距离为4，得到栏杆，如图11-319所示。

图11-319　拉伸矩形

**11** 复制栏杆，距离为50，如图11-320所示。

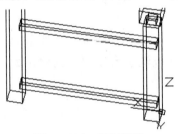

图11-320　复制特征

**12** 绘制半径为1的圆，如图11-321所示。

**13** 拉伸圆，距离为52，得到一个竖直栏杆，如图11-322所示。

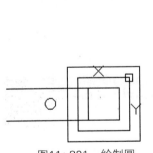 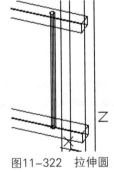

图11-321　绘制圆　　图11-322　拉伸圆

**14** 给竖直栏杆创建矩形阵列，数量为16，如图11-323所示。

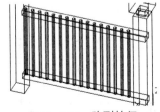

图11-323　阵列特征

**15** 至此完成护栏模型的创建，如图11-324

所示。

图11-324　护栏模型

**实例 297**　　　● 案例源文件：ywj /11/297. dwg

# 绘制洗手台

**01** 绘制半径为20的圆，如图11-325所示。

**02** 在上方绘制60×30的矩形，如图11-326所示。

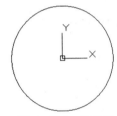 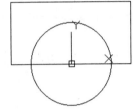

图11-325　绘制圆　　图11-326　绘制矩形

**03** 拉伸图形，距离为10，如图11-327所示。

**04** 使用【矩形】工具和【圆】工具，绘制30×30的矩形和圆，如图11-328所示。

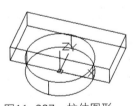 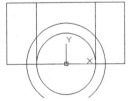

图11-327　拉伸图形　　图11-328　绘制矩形和圆

**05** 拉伸图形，距离为50，如图11-329所示。

**06** 选择所有特征进行并集运算，如图11-330所示。

 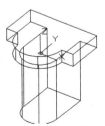

图11-329　拉伸图形　　图11-330　并集运算

**07** 单击【球体】按钮◯，创建半径为20的球体，如图11-331所示。

**08** 向上移动球体图形，距离为18，如图11-332所示。

 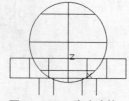

图11-331　创建球体　　图11-332　移动球体

**09** 选择特征差集运算，如图11-333所示。

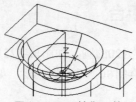

图11-333　差集运算

**10** 绘制12×4的矩形，如图11-334所示。

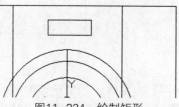

图11-334　绘制矩形

**11** 在矩形两端绘制圆，如图11-335所示。

**12** 拉伸图形，距离为1，如图11-336所示。

 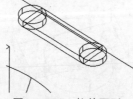

图11-335　绘制圆　　图11-336　拉伸图形

**13** 选择特征并集运算，如图11-337所示。

**14** 绘制半径为1.8的三个圆，如图11-338所示。

图11-337　并集运算　　图11-338　绘制三个圆

**15** 绘制3×10的矩形，如图11-339所示。

**16** 拉伸圆，距离为5，如图11-340所示。

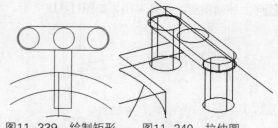

图11-339　绘制矩形　　图11-340　拉伸圆

**17** 拉伸矩形，距离为1，如图11-341所示。

**18** 拉伸另外的圆，距离为3，如图11-342所示。

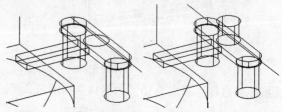

图11-341　拉伸矩形　　图11-342　拉伸圆

**19** 创建半径为1的倒圆角，如图11-343所示。

**20** 至此完成洗手台模型的创建，如图11-344所示。

图11-343　创建倒圆角　　图11-344　洗手台模型

## 实例 298
案例源文件：ywj /11/298. dwg

# 绘制鞋柜

**01** 绘制2×50的两个矩形，如图11-345所示。

**02** 拉伸图形，距离为100，如图11-346所示。

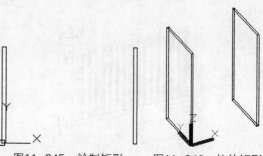

图11-345　绘制矩形　　图11-346　拉伸矩形

**03** 再次绘制矩形，如图11-347所示。

**04** 移动矩形，距离为5，如图11-348所示。

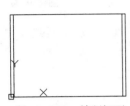 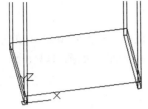

图11-347 绘制矩形　　图11-348 移动矩形

**05** 拉伸矩形，距离为1，如图11-349所示。

**06** 复制5个长方体特征，如图11-350所示。

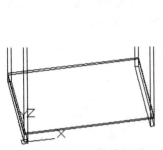 

图11-349 拉伸矩形　　图11-350 复制特征

**07** 绘制矩形，间距为1，如图11-351所示。

图11-351 绘制矩形

**08** 接着绘制10×2的矩形，如图11-352所示。

图11-352 绘制矩形

**09** 拉伸大的矩形，距离为18，如图11-353所示。

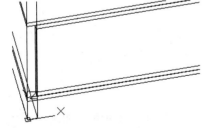

图11-353 拉伸大矩形

**10** 单击【拉伸】按钮 ，拉伸小矩形，距离为1，如图11-354所示。

**11** 创建半径为1的倒圆角，得到把手模型，如图11-355所示。

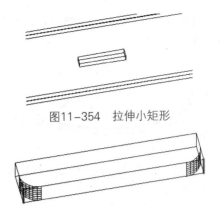

图11-354 拉伸小矩形

图11-355 创建倒圆角

**12** 复制把手模型，如图11-356所示。

图11-356 复制特征

**13** 至此完成鞋柜模型的创建，如图11-357所示。

图11-357 鞋柜模型

## 实例 299　　● 案例源文件：ywj /11/299. dwg

## 绘制酒店旋转门

**01** 绘制半径为60的圆，如图11-358所示。

**02** 在右侧绘制6×1的矩形，如图11-359所示。

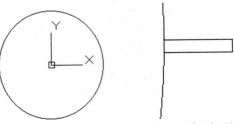

图11-358 绘制圆　　图11-359 绘制矩形

**03** 单击【拉伸】按钮，拉伸圆，距离为4，如图11-360所示。

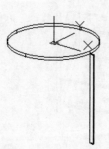

图11-360 拉伸圆

**04** 拉伸矩形，距离为20，作为旋转门框，如图11-361所示。

**05** 给门框创建圆形阵列，数量为4，如图11-362所示。

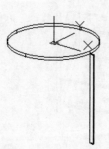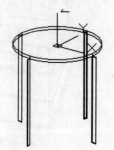

图11-361 拉伸矩形　　图11-362 阵列特征

**06** 绘制底部的直线图形，如图11-363所示。

**07** 拉伸直线图形，距离为120，如图11-364所示。

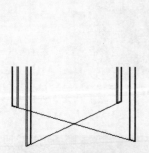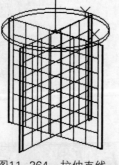

图11-363 绘制直线　　图11-364 拉伸直线

**08** 至此完成酒店旋转门模型的创建，如图11-365所示。

图11-365 酒店旋转门模型

## 绘制别墅模型

**01** 首先绘制100×40的矩形，然后绘制92×32的矩形，如图11-366所示。

图11-366 绘制矩形

**02** 拉伸内侧矩形，距离为20，再拉伸外侧矩形，距离为1，如图11-367所示。

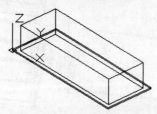

图11-367 拉伸两个矩形

**03** 绘制20×50的矩形，如图11-368所示。

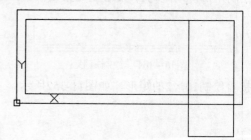

图11-368 绘制矩形

**04** 拉伸矩形，距离为20，如图11-369所示。

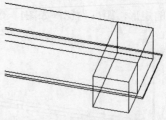

图11-369 拉伸矩形

**05** 绘制间距为2的三个矩形，如图11-370所示。

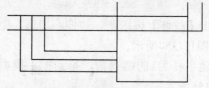

图11-370 绘制三个矩形

**06** 拉伸三个矩形，距离分别为1.1、1.2和1.3，如图11-371所示。

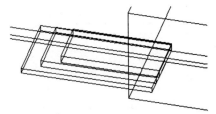

图11-371　拉伸矩形

**07** 绘制多个矩形作为门窗，如图11-372所示。

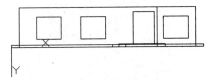

图11-372　绘制矩形

**08** 拉伸门窗图形，距离为1，如图11-373所示。

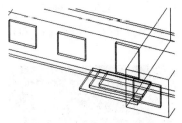

图11-373　拉伸矩形

**09** 选择特征差集运算，如图11-374所示。

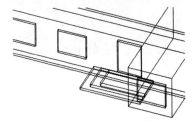

图11-374　差集运算

**10** 绘制1×1的矩形，如图11-375所示。

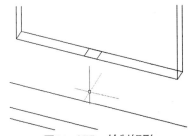

图11-375　绘制矩形

**11** 单击【拉伸】按钮▣，拉伸矩形，如图11-376所示。

**12** 单击【常用】选项卡【实体编辑】组中的【并集】按钮▣，选择特征并集运算，得到一

层的模型，如图11-377所示。

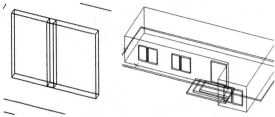

图11-376　拉伸矩形　　图11-377　并集运算

**13** 单击【常用】选项卡【修改】组中的【复制】按钮，复制一层模型特征，如图11-378所示。

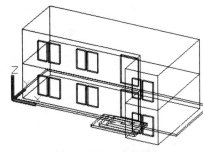

图11-378　复制特征

**14** 绘制92×1的矩形，作为楼板，如图11-379所示。

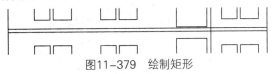

图11-379　绘制矩形

**15** 再绘制15×1的矩形，如图11-380所示。

图11-380　绘制矩形

**16** 拉伸长矩形，距离为1，如图11-381所示。

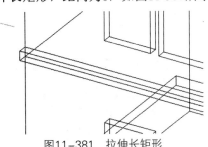

图11-381　拉伸长矩形

**17** 拉伸小矩形，距离为15，如图11-382所示。

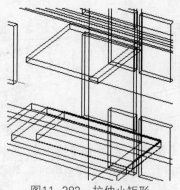

图11-382　拉伸小矩形

**18** 绘制1×14的矩形，如图11-383所示。

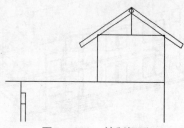

图11-383　绘制矩形

**19** 拉伸矩形，距离为92，如图11-384所示。

图11-384　拉伸矩形

**20** 绘制1×14的三个矩形，如图11-385所示。

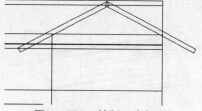

图11-385　绘制三个矩形

**21** 拉伸矩形，距离为35，如图11-386所示。

图11-386　拉伸矩形

**22** 至此完成别墅模型的创建，如图11-387所示。

图11-387　别墅模型